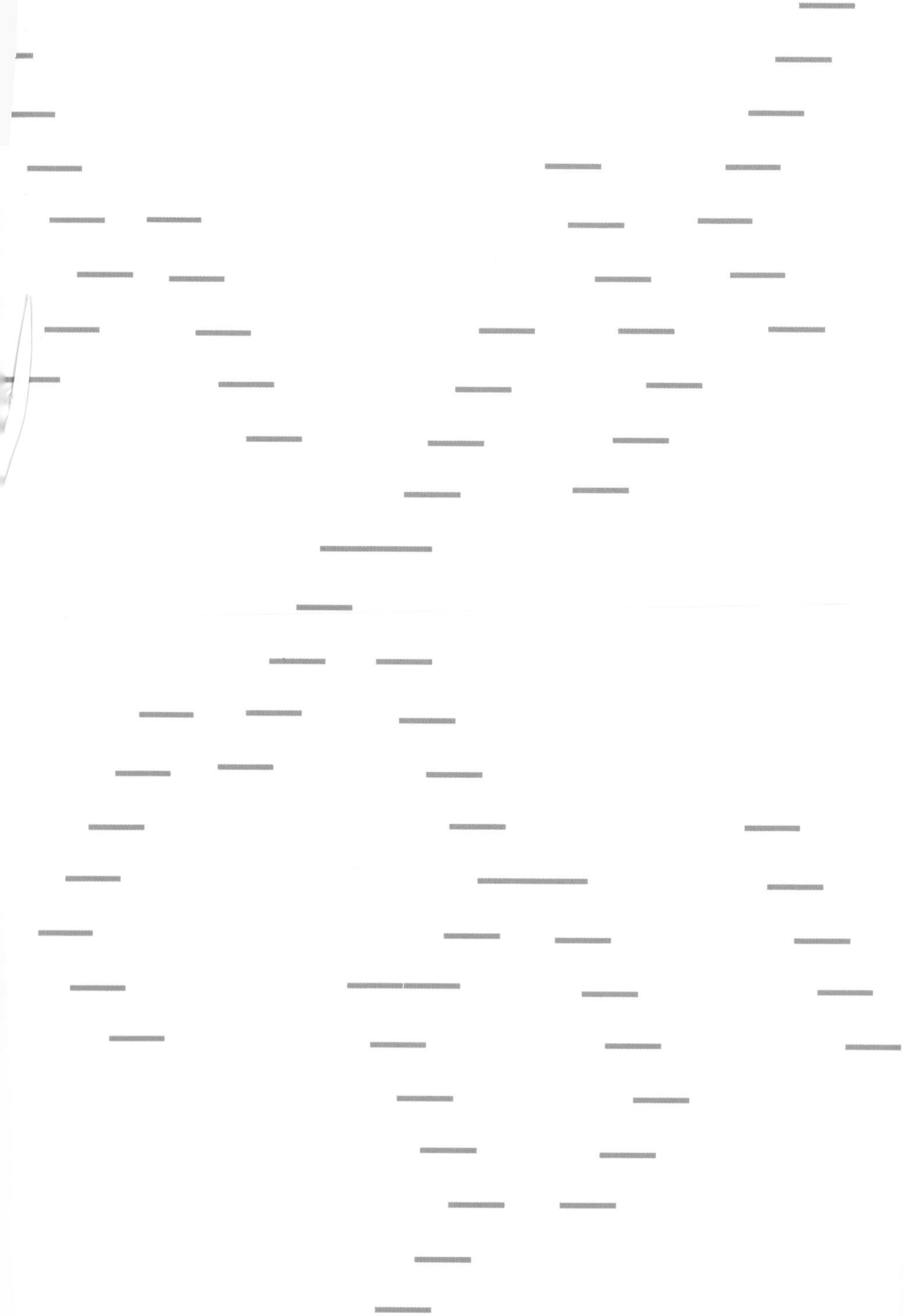

樓梯上上下下的好設計

いい階段の写真集

BMC（bldg. mania cafe）——著
西岡潔——攝影　陳彩華——譯

大師傑作、工匠技藝、時代風華，內行人才知道的40座好樓梯

歡迎來到令人目眩神迷的樓梯世界。

因為「好大樓」這個主題廣受認識的 BMC，這回推出了好大樓中的「好樓梯」。

本書構想來自攝影師西岡潔先生。負責前作《好大樓攝影集 west》攝影工作的西岡先生，在持續拍攝大樓的同時，視線越來越離不開樓梯。他邊拍樓梯邊反覆讚嘆著「這樓梯真棒」，結果不知不覺變成「想出版樓梯的書」。
因此，本書除了是 BMC 的著作，同時也是深受樓梯吸引的攝影師西岡潔的攝影集。

本書以 BMC 所在地大阪為中心，搜羅了我們所知的日本各地的「好樓梯」。樓梯的魅力，就是隨著素材、用途、建造年代，以及觀看角度的不同，呈現出極為豐富多彩的表情。最重要的是，在地板、牆壁、天花板等平面要素所構成的建築空間裡，唯有樓梯是立體的造形。對設計者來說，樓梯也是展現設計技巧的地方，特別是設在大廳等富麗堂皇入口處的樓梯，多為傾力之作，有時就像欣賞著美術館裡展示的藝術品。

然而，樓梯不是只供鑑賞。它與人們的上行下移共存，可說是建築中和人的身心靈交集最密切的地方。觸摸扶手，身體跟隨著樓梯的韻律，眼前的世界隨之變化。舒適的樓梯讓走在上面的人感覺優雅，小型的機能性樓梯則讓人自然流暢地移動。舉例來說，劇場的螺旋梯就像是引導來此度過特別時光的人們，進入非日常的世界。由此，樓梯不僅是美麗之物，也讓上樓下樓的人舉手投足優雅迷人。樓梯的設計，也可說是人的動態的設計。

請感受有著深厚歷史的建築裡的樓梯時代變化，驚嘆建築師的嶄新構想，並且務必體驗工匠打造樓梯的技藝。若是大家能透過本書注意到日常生活中習以為常的樓梯的魅力，便是我們無上的喜悅。

BMC（bldg. mania cafe）

1F

目次

*執筆者的署名 （高）…高岡伸一 （阪）…阪口大介 （夜）…夜長堂 （由）…川原由美子 （雅）…岩田雅希

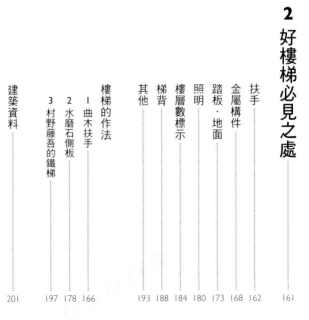

*本書介紹的樓梯中許多禁止參觀。未經許可請勿進入。

好樓梯 40 選

1

好樓梯，可用眼眺望、以手撫觸、雙腳登上爬下，感受品味的存在。
本章彙集 40 座好樓梯，或遠或近、自上自下自側面，
以形形色色的視角欣賞。
箇中的豐富變化令人驚嘆。
隨處所見皆是美，加上可行的結構設計，以工程來實現……
設計者、現場監造者、負責各部分的工匠，所有人都必須具備高超技藝。
請參考「樓梯鑑賞的內行人重點」篇章，一覽這些難得的逸品。

樓梯鑑賞的內行人重點

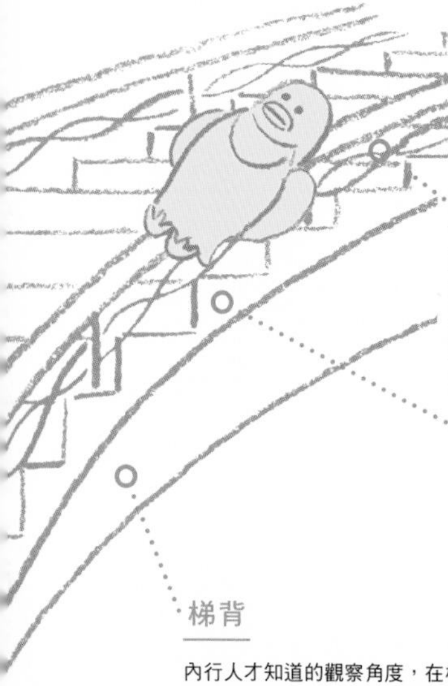

扶手

手直接觸握的部分是「扶手」。務必試握一下。可以感受在抓握度和觸感方面所下的工夫等。

扶手支柱・扶手欄杆

支撐扶手的支柱和填充空隙的欄杆。扶手欄杆的部分形形色色，包括棒、板、裝飾性金屬構件等。因為是面積大且不會直接接觸的地方，凝聚了巧思。

梯背

內行人才知道的觀察角度，在樓梯內面由下仰望。時為平滑有機的曲面，時為支撐樓梯結構的機能美，展現精湛技藝。

樓梯側板

固定在踏板左右兩端來支撐荷重的樓梯桁。無結構功能，只作為踏板端部的處理而使用其他素材時，在建築施工現場也將該部分稱為樓梯側板。

踏面・踏板

腳踏的梯級。經常被踩踏的部分褪了色，或是單獨修補那些部分的色差，都能感受樓梯的歷史。

段差・踢腳板

梯級與梯級間的高度稱為段差。填補段差的縱面是踢腳板。使用人數較多的緩階樓梯，段差低，踏面寬；使用人數較少的機能性樓梯，段差高，踏面窄。

○直線梯

從上到下一直線延伸的樓梯。樓梯平台處通常會一度改變角度，所以扶手等的連接方式也值得一看。

○螺旋梯

做成旋轉渦卷狀的樓梯。踏板一端至另一端的間距寬度會改變，尺寸調整困難，但令人驚奇的名作多為這種類型。

照明

大型挑高樓梯等其他地方未見的非日常空間中展現的絢麗巨大照明，是樓梯奢華的一部分。

裝飾牆

靠牆的樓梯，上下延伸的大面積牆壁是重點欣賞部位。形狀或顏色獨特的磁磚、富動態的浮雕、左右對稱的對花大理石等，享受上下樓梯的連續變化。

樓層數標示

標示在樓梯平台的牆面或地面，表示樓層數的數字。標示的文字設計與樓梯風格一致，凸顯該大樓氛圍的重要配角。

樓梯室

在慎重考量樓梯的時代，有時會精心設計不挑高而是一般樓梯室的空間（現在多為避難用的不起眼平凡樓梯）。樓梯平台的牆面、照明和樓層數標示也是關注重點。

○鏤空梯

踏板與踏板之間鏤空而無踢腳板的輕巧樓梯。一目了然的結構骨架，可欣賞機能美。導引光線進入，也能讓人感受時間的變化。

01

關西大學

（千里山校區）

校區中最具村野藤吾特色的，是建於 1955 年作為圖書館增建建築（現簡文館）裡的這座螺旋梯吧。真想實際造訪驗證那薄得令人驚嘆的厚度和平滑流暢的曲線。

賞心悅目的螺旋梯旁，有著只有幾階上行的簡約樓梯。砌磚般的厚重感，就像老教堂一樣。

關西代表性的私立大學關西大學，其千里山校區就像建築家村野藤吾的建築博物館。戰後轉型為新制大學時著手整修校內設施，從一九四九年（昭和二十四）的研究所校舍開始，到一九八〇年（昭和五十五）的第一高等學校為止，總共整修超過四十座設施。回顧一九八四年（昭和五十九）逝世的村野的一生，其生涯後半段，也就是戰後，幾乎都在進行關西大學相關建設。其中不少部分已拆除或大幅變更，殘存的建築內部也多經整修，但現今仍能充分感受各個時代村野建築的魅力。談到大學校區，印象中是會根據總體規劃井然有序地配置設施或廣場，關西大學千里山校區沒有這樣的整體構想。當學校擴大規模時，就買進周圍的敷地增建，失禮的說法就是有地就蓋。不過受委託設計的村野本人也樂在其中，相較於校區整體的統一感，更多是隨著設施做多樣化的設計變化。四邊形校舍裡有圓形的圖書館，雕刻般的大廳展現形態的不同變化，貼磚裝飾，清水混凝土裝修，白色噴塗加工，直如村野設計的展示櫥窗。

關西大學位在千里丘陵的傾斜地上，高低差非常大，不僅是設施內部，室外的開放空間也遍布具村野特色的樓梯和斜坡，連接各個設施。可惜的是，其中多數已不復存在，但室內的樓梯仍留存至今。樓梯也會隨著時代，以及規模和用途，呈現不同的設計。僅關西大學一處，就能寫成一本樓梯的書呀。真羨慕在這個校區唸書的學生。（高）

建於 1959 年的法文（法律文學）研究室 1 號館。與走廊一體規劃成開放式的高樓梯。研究室木門扇整齊並列的雅緻空間中，經年使用的扶手和地板的光澤令人讚嘆。

彎曲鐵製棒材，做成綁緞帶狀的設計。村野的其他作品中也可見類似的樓梯。

左上　作為大學總部的關西大學會館建於 1965 年。雖然不開放一般人士進入，但前往頂樓大會議室的通道，有非常特別的螺旋梯。薄得極致的鐵梯畫出和緩的弧線，自然光注入，引領大學重要人士前往會議室。村野流的空間演出。

右下　支撐迂迴曲折樓梯的桁梁，讓人想起軟骨動物彎曲的背脊。

左下　建於 1968 年的第三學舍 1 號館。因應進出講堂的眾多學生，設置寬廣的走廊和樓梯。樓梯本身的設計極簡，但它不單作為移動用的空間，也將整體設計成學生休憩的場所。

1960 年之後增建的理工系第四學舍，整體為實用的四邊形設計，樓梯也用簡單的樹脂扶手，但輕快的構成和彎折處略微扭曲變形，依然散發村野風格。

建於 1963 年的綜合體育館（現千里山東體育館）的樓梯。被厚實清水混凝土柱包圍的寬階樓梯雖是沉重的混凝土，卻莫名帶著飄浮感。

STAIRCASE FILE 01

關西大學（千里山校區）

所在地：大阪府吹田市山手町 3-3-35
建築年：1949 年（昭和 24）～
1980 年（昭和 55）
設　計：村野．森建築事務所（村野藤吾）

02

大阪府立中之島圖書館

一九〇四年（明治三十七）開館的大阪府立中之島圖書館，係住友財閥第十五代的住友吉左衛門捐贈興建。本館的設計由當時住友家的建築主技師野口孫市負責。之後在一九二二年（大正十一）增建為現今的形態（增建部分的設計者為建築師日高胖）。與富麗堂皇的大阪市中央公會堂，以及人來人往的大阪市役所相鄰而建，顯得較低調不顯眼。然而，讓人無法聯想到是公共圖書館的宏偉建築，有著神殿般的外觀，特別是中央大廳的樓梯豪華又優雅，美麗絕倫。位在大阪市中心區域，作為大阪市民的圖書館，一九七四年（昭和四十九）被指定為國家的重要文化財。（阪）

上　大膽使用挑高空間的中央大廳。樓梯左右開展，繪出一個大圓通往走廊。

左　與扶手一體化的照明，照亮高雅沉穩的樓梯。

扶手、裝飾、梯背、樓梯平台到一部分牆面，絕佳展現出木頭的光澤質感。

左上　裝飾圓頂上部開有天窗，將柔和的自然光灑入大廳其他無窗的地方。

左下　圓形走廊的照明燈具柔光與天窗灑入的光交疊，維持著高雅的亮度。

STAIRCASE FILE 02

大阪府立中之島圖書館

所在地：大阪府大阪市北區中之島 1-2-10
建築年：1904 年（明治 37），增建 1922 年（大正 11）
結　構：鋼骨補強的石造和磚造
規　模：地上 3 樓
設　計：住友本店臨時建築部（野口孫市、日高胖）

03

USEN 大阪大樓舊館

USEN（時為大阪有線放送社）總部大樓建築，在二〇〇〇年（平成十三）USEN總部移往東京之前，都作為總部使用。從一樓面向道路的展示櫥窗風格窗戶看進來，朱紅色螺旋梯讓人印象深刻。不同於入口處的簡約印象，越往上走，越如生物般姿態變換，引領人們走向併設頂樓庭院的山莊風格寬敞談話室。讓人感受到由設計師非凡執著所打造的美麗螺旋梯，至二〇一三年（平成二十五）仍一貫維持大樓導覽者的丰姿。（夜）

右上　繞到螺旋梯背後，可看見另一種表情。最後陡然扭轉，能欣賞強弱對比。

左上　襯映出簡約入口處的一角，紅毯般色彩的螺旋梯。

下　有涼爽水磨石觸感的扶手，就像手撫觸而上，角度微妙變化。

右　彷如邊描繪半圓，邊賞析陰影的瞬移變化。

隨著樓梯的寬度漸漸窄小，螺旋的終點靜悄悄地淡去。扶手的存在感同樣也漸消失。

從路旁可見，為欣賞樓梯所設的奢侈窗戶。就像畫作般豐富了過往行人的視線。還有光充盈照入入口處，將樓梯展現得更加美麗。

左　多層重疊的梯背光景，感覺彷彿從小孔窺看。

STAIRCASE FILE 03

USEN 大阪大樓舊館

所在地：大阪府大阪市中央區高津 3-15-5
建築年：1973 年（昭和 48）
結　構：鋼骨鋼筋混凝土造
規　模：地上 8 樓，地下 1 樓
設　計：東畑建築事務所

寬敞挑高的入口大廳和樓梯。閃耀白色光澤的大理石和馬賽克壁畫的組合，可以感受到那個時代的「奢華」。

04

丸之內的大樓

東京丸之內是日本代表性商業街。自明治時代三菱社（時名）取得這一帶的土地以來，形成別稱「一丁倫敦」的紅磚街，是日本近代商業街的先驅。接著在戰後的經濟高度成長期，出現高度統一為三十一公尺的大樓天際線。現在以東京車站周邊為中心，因應限制放寬，形成超高層辦公大樓群。丸之內，一直引領著日本商業街。

腳下黑石的有機形態，與往下變細的不鏽鋼扶手組合，像是抽象雕刻作品。

STAIRCASE FILE 04-1

新東京大樓

所在地：東京都千代田區丸之內 3-3-1
建築年：1 期 1963 年（昭和 38）
　　　　2 期 1965 年（昭和 40）
結　構：鋼骨鋼筋混凝土造
規　模：地上 9 樓，地下 4 樓
設　計：三菱地所

分為兩期興建的新東京大樓，特徵是高聳的天花板和寬敞的入口大廳。兩側整齊並列電梯的牆壁，繪有色彩鮮豔的馬賽克壁畫。旁邊如擴接設置的樓梯質樸無華，但流麗的弧度和選用具鮮明質感的素材，彰顯出存在感。

以紅牆為背景的樓梯，白色大理石與黑色形成對比，再以不鏽鋼扶手構成美妙的組合。

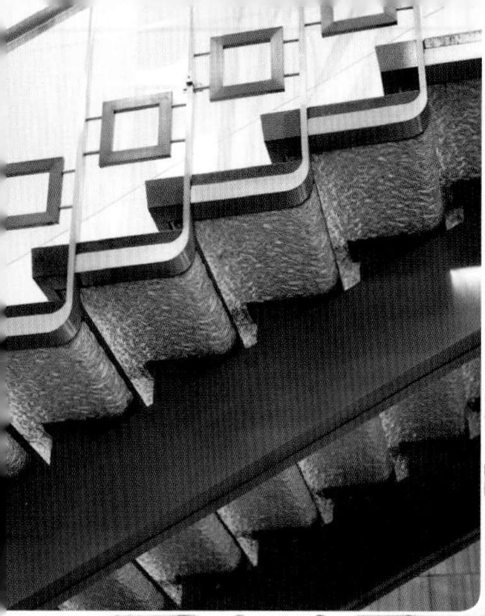

左　孅美精密工業製品的鑄造踏板和不鏽鋼扶手。

下　入口大廳的主樓梯。大理石牆上刻有浮雕。

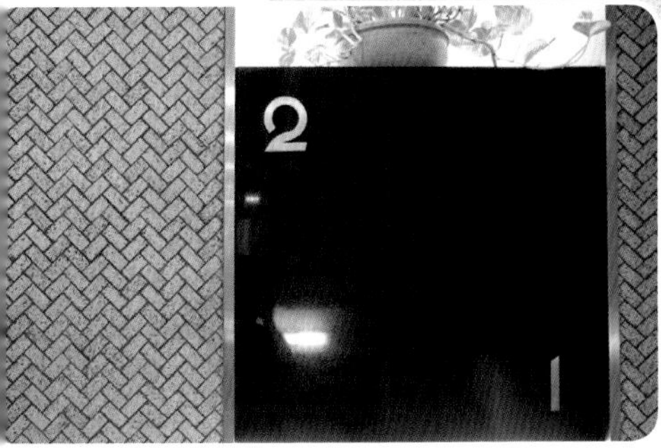

設在帝國劇場旁、面對皇居的寬階樓梯，樓梯平台設有細長的間接照明，與魚骨紋狀白色馬賽克貼磚的組合深具魅力。

這個樓梯的平台也設有浮雕牆。

相較於陸續改建為塔式高層建築的丸之內，有樂町還殘存著一九六〇～七〇年代的大樓。對深愛那個時代的大樓的BMC而言，有樂町一如聖地。沿著街道，大樓的牆面和高度整齊一致，兩旁種植路樹，間距處設有長椅，坐在上面休憩的人的姿態成為街景的一部分。這裡為了追求成為獨一的時代，實現了理想的城市空間。今後這裡的街道，一定能成為更有歷史價值的景觀。

左為國際大樓

STAIRCASE FILE 04-2

國際大樓

所在地：東京都千代田區丸之內 3-1-1
建築年：1966 年（昭和 41）
結　構：鋼骨鋼筋混凝土造
規　模：地上 9 樓，地下 6 樓
設　計：三菱地所

和帝國劇場共同建設的國際大樓，特徵是繽紛的樓梯設計。不只是形狀，包括與商店及外部的關聯，還有素材的選擇等，一如進行樓梯設計的實驗。順帶一提，外觀的設計出自建築師谷口吉郎。

修飾平滑的梯背。樓梯下曾鋪設水池吧。

身後的地下層有畫出如此優雅弧線的樓梯啊。

這裡的辦公大樓群有趣之處在於，它們幾乎是三菱地所一家公司同時期建造的，但帷幕牆和貼磚等外觀的設計卻迥然不同。即使如此，高度和牆面井然，不失丸之內的整體感和品味。室內設計也一樣，各大樓凝聚各種設計規劃，僅漫步其中都愉悅宜人。這些大樓的共通點是，入口大廳一定配置了標誌性的樓梯。無論今昔，在丸之內的大樓工作是上班族地位的象徵。這種驕傲似乎也表現在樓梯的設計上。（高）

左　以貼有方形陶瓷器皿般的牆壁為背景，連接上下樓層的兩座樓梯立體交會。

表現出如上下樓的行人雙腳動作般的扶手裝飾。踏板端部的黑色設計，是三個大樓共同的特色。

STAIRCASE FILE 04-3

有樂町大樓

所在地：東京都千代田區有樂町 1-10-1
建築年：1966 年（昭和 41）
結　構：鋼骨鋼筋混凝土造
規　模：地上 11 樓，地下 5 樓
設　計：三菱地所

靠近有樂町車站，規模自成一格的小巧有樂町大樓，特徵是雖然位處商業街，但與其說是辦公大樓，其室內設計更像購物中心。入口大廳貼滿陶瓷器般具立體感的茶色磁磚，以此為基點，形成可意識到與上下樓層的連續性的開放挑高空間，不鏽鋼鏡面加工的扶手映照著光輝。

SHOPS & RESTAURANTS
2F
RESTAURANTS & SHOPS
レストラン&ショップ
RESTAURANTS & SHOPS

05

北濱懷舊大樓

設置於小空間中的陡坡木樓梯。扶手如蜷縮著身體的生物般，值得一看。增添的補強用鐵製構件也是昔日即有的物件。

仰望樓梯室。特徵是扶手主柱和牆壁框緣的幾何圖案裝飾。天花板的圖樣也是原創設計。

英國的點心和雜貨陳列在細長店面的裡側，二樓灑下的自然光照耀著那座翠綠色樓梯。

北濱懷舊大樓建於曾是大阪繁盛金融中心的北濱，一座明治時代的磚造小洋房。一開始是興建作為股票買賣仲介商的商館，戰後一直是建材公司的總部大樓，一九九六年（平成八）由現在的屋主買下，變身為紅茶專賣店。從內裝殘留的部分原始裝飾，可看出受到世紀末歐洲萌發的新設計潮流，以及利用幾何學的現代設計的影響。設在建物裡側面對河川的樓梯小巧精緻，大小就像住宅用樓梯。（高）

STAIRCASE FILE 05

北濱懷舊大樓

所在地：大阪府大阪市中央區北濱 1-1-26
建築年：1912 年（明治 45）
結　構：磚造
規　模：地上 2 樓，地下 1 樓
設　計：不詳

06

養樂多總部大樓

細棒材構成的三角桁架，撐起整體結構。

為了讓禮堂聽眾順利避難，兩座樓梯交叉形成 X 型樓梯。

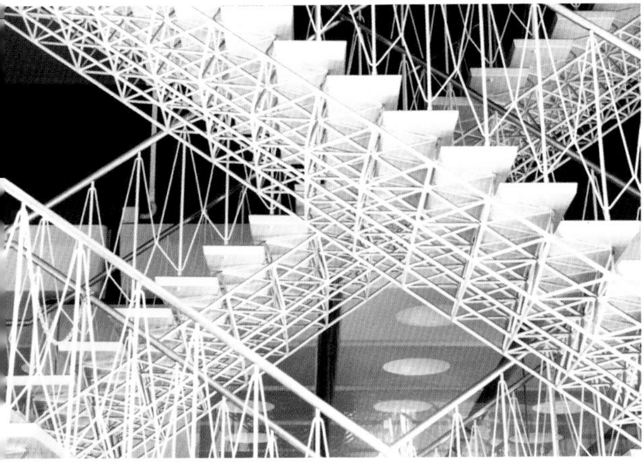

右　潔白天花板、噴泉的爍光和極為纖細樓梯的組合，體現養樂多的企業形象。

懸吊在樓梯上部的六面體巨大照明。運用鏡子的間接照明，產生如光球並排的效果。

一九七二年（昭和四十七）建於新橋車站附近的養樂多總部大樓，由建築家圓堂政嘉領軍的事務所設計。圓堂在乍看保守節制的對稱高層大樓立面，融入了養樂多公司重視的企業識別。高層部的鏡面玻璃帷幕牆代表「光」，中層牆面茂盛的常春藤表示「綠」，還有地面上的噴泉和水的「流麗」，呈現出成為健全企業的期許。與一般辦公大樓不同，擁有超過五百席觀眾席的禮堂，還辦過時裝秀等活動。附帶一提，劍持勇參與了室內設計。（譯註：劍持勇，1912-71，日本現代設計先驅，出身仙台伊達藩武士世家，專擅室內設計、家具設計和工業設計，著名的養樂多塑膠瓶為其代表作品之一）

立面左下彷彿以鐵材編成的纖細樓梯，是禮堂的避難樓梯。僅限緊急用的樓梯，就像一件立體雕刻藝術品啊。（高）

左　通往二樓養樂多禮堂的樓梯，總部入口設於別處。和緩的坡度和紅色地毯呈現不同於日常的效果。

STAIRCASE FILE 06

養樂多總部大樓

所在地：東京都港區東新橋 1-1-19
建築年：1972 年（昭和 47）
結　構：鋼骨鋼筋混凝土造
規　模：地上 14 樓，地下 4 樓
設　計：圓堂建築設計事務所（圓堂政嘉）

07

大丸心齋橋店本館

江戶時代以來，心齋橋筋便是大阪最繁榮興盛的購物街。特別是在大大阪時代（大正後期至昭和初期），櫥窗展示著摩登商品，成為最尖端的流行發源地。面對這條鬧街而建的就是大丸百貨。這座建築是以作品眾多而聞名的建築家一柳米來留（William Merrell Vories）創作的少數商業設施之一，廣為人知的日本代表性裝飾藝術建築。裝飾藝術是二十世紀初西歐廣泛流行的商業設計風格。著名的裝飾藝術建築，包括紐約摩天大樓帝國大廈和克萊斯勒大廈。大丸心齋橋店西北角上彷彿水晶塔的設計，某種程度類似於帝國大廈。不僅在外觀上，室內設計方面，一柳米來留也以幾何形式重疊星形，整體鋪陳華麗的裝飾。一般而言，商業建築內部大幅變動時幾乎不復見竣工當時的模樣，但大丸在一樓的天花板和低樓層的梯廳，以及稱為夾層的中層樓等處，仍可見原始的設計。

經過四次反覆增建完工的大丸心齋橋店，各處設置的樓梯皆美麗非凡。特別是設在中央的樓梯悠緩舒適，儘管使用大理石一般會顯得厚重堂皇，但仍兼有百貨公司的華麗和親近感。西北側，也就是塔的部分所設置的樓梯，通常幾乎不會用到，不過梯背的裝飾和照明器具等仍大有可觀。

在大阪的老牌百貨公司紛紛改建的情況下，大丸百貨是珍貴的存在，證明在大阪城市文化最璀璨的時代，大阪是多麼現代又風格十足。若有機會造訪大丸心齋橋店，不要盡盯著商品，希望大家也能留意周遭空間，體驗其出色不凡之處。（高）

上 埋入扶手裝飾擬寶珠裡的照明，映照在光滑的黑色扶手上。

下 百貨公司中央設置的和緩主樓梯，可從兩側出入。黑白對比美麗優雅。

西北側的樓梯，梯背的幾何圖樣，以及隨樓層而異的精緻照明設計，非常具可看性。

通往上樓層的主樓梯雖然簡單，帶點圓形的設計卻顯得漂亮可愛。

左上　設在西北角的塔的部分的樓梯前。如捲裏起中央的電梯般一路向上。

左下　中層樓的夾層等，除了樓梯之外，大丸心齋橋店亦有許多可觀之處。

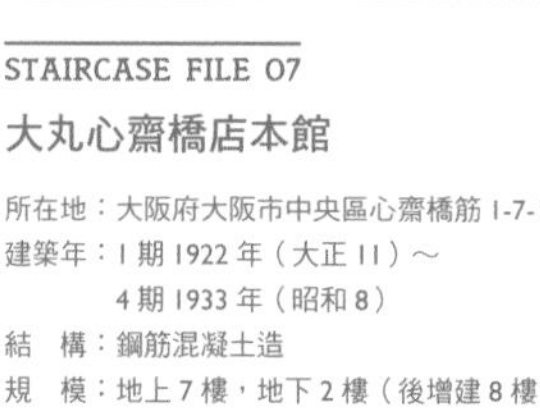

STAIRCASE FILE 07

大丸心齋橋店本館

所在地：大阪府大阪市中央區心齋橋筋 1-7-1
建築年：1 期 1922 年（大正 11）～
　　　　4 期 1933 年（昭和 8）
結　構：鋼筋混凝土造
規　模：地上 7 樓，地下 2 樓（後增建 8 樓）
設　計：一柳米來留建築事務所

通往樓塔的樓梯。現在看來仍像剛裝好一樣的木扶手和欄杆，乍看以為是隨興配置，其實考量了平衡問題。掛著畫作的後側牆壁與樓梯平台地面隔有些許高度，而牆面上僅展示一幅畫，更凸顯出作品本身。

08

Athénée Français

創立於一九一三年（大正五）的Athénée Français，是以法語為主的外語學校。一九六二年（昭和三十七）興建的新校舍由畢業生吉阪隆正設計。後來增建四樓和樓塔作為講堂，現在用於公開講座和放映語言學習相關電影等活動。從樓梯、空間設計到內裝都散發著詼諧風格，牆壁和天花板等的結構線略微傾斜，天花板做出高低差讓人產生平衡錯覺，就像置身繪本的世界一樣趣味十足。這裡如同自由、快樂、具備高度美感意識的法國，意氣昂揚。（由）

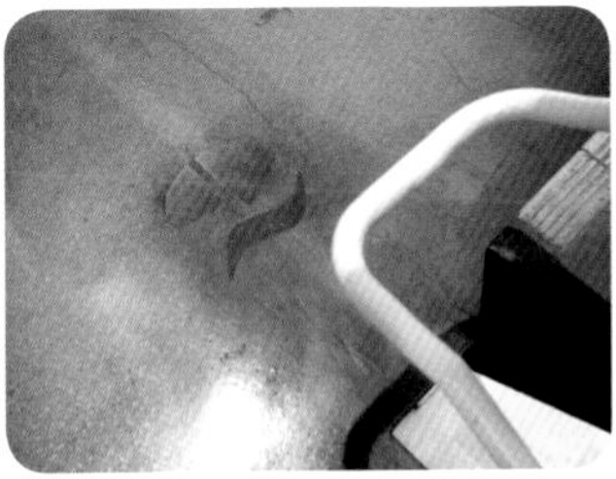

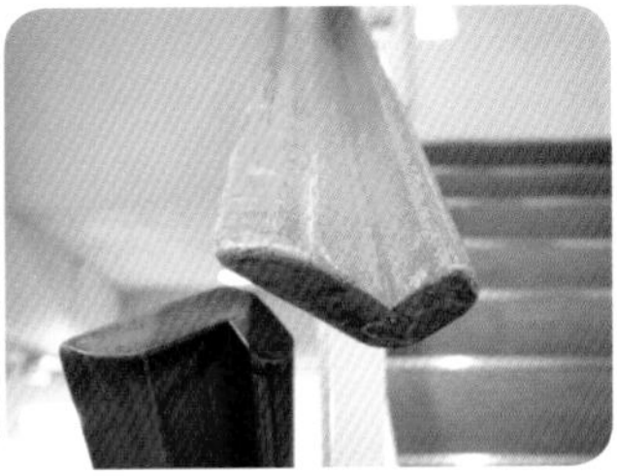

右　本館的樓梯，裝置少見的 L 型斷面木扶手。直接顯露的切面，有效點綴空間。

中　個性化的樓層數標示為設計者的原創設計。以腳步圖案來凸顯強調稍大尺寸的設計。

左　樓梯側板也沒有多餘裝飾，簡單的砂漿加工。白色空間凸顯不現光澤的質感。

純白的牆和堅實砂漿地板，構成簡潔的現代空間。

STAIRCASE FILE 08

Athénée Français

所在地：東京都千代田區神田駿河台 2-11
建築年：1962 年（昭和 37）
結　構：鋼筋混凝土造
規　模：地上 4 樓，地下 2 樓
設　計：吉阪隆正 + U 研究室

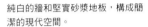

樓塔的樓梯最上部。純白的寂靜空間沐浴在頂燈的光線下，飄蕩著教堂般的神聖氛圍。挑高部分的扶手彎曲形成詼諧的畫面。

樓梯專欄1

紅色樓梯

幾乎每天經過的路上有一棟大樓吸引了我的注意。那是一棟面向大馬路的大樓。牆面近乎整面鋪上玻璃，乍看沒法想像那棟建物的用途。而且，面向道路的一樓就像畫作飾框般鑲嵌出一部分，能看見裡面的樓梯。日復一日，漸漸在意起這座如畫的樓梯。

一天，停下腳步，額頭貼在玻璃上往內窺探。仔細端詳，果不其然，那是勾勒出優雅曲線的螺旋梯的起點。之後，越來越想看怎麼窺視也望不到的樓梯上部，經過一段時間，決心詢問似乎是大樓業主的公司。後來才知道這是USEN大阪大樓舊館（頁26）。或許因為說明自己的身分和從事的活動時傳達了熱情，獲准入館並有人為我導覽內部。

穿過自動門踏進入口處，玻璃後面夢寐以求的樓梯出現在眼前。一如預料的美麗扶手的身姿映入眼簾，不禁心跳加快。白牆旁鮮豔的朱紅踏板彷若紅毯般迎接著來客，營造出特別的氛圍。終於要登上樓梯時，手靠近扶手慢慢仰望，等待著我的是無止境迴旋的體驗。

樓梯，不踏上是不會了解的。從外如眺望畫作所見的沉靜景色只是實景的一部分，真正的姿態隨著觀看角度而異，樓梯彷彿紅色生物一樣扭轉躍動。每次上下紅色樓梯，就像在體內繞行探險的那種難以言喻的感動和興奮，記憶猶新。只是稍微偏離日常道路，便將驚異於那存在的不同世界。

登上頂層七樓，那裡有著山莊風格的寬廣房間。看起來已閒置很長時間。這個附有日本庭園的房間，過去作為談話室。當夕陽西下，窗外茂密的草木映照的影子，像幻象一般籠罩著房間。開窗走到室外，殘留昔日光影的庭園如小森林一樣延伸，好像只有那裡時光靜止。站在可一覽大阪街道的屋頂，似乎能感受到創立者當初創社時描繪的希望。

請教公司的人才知道，他們已經決定近期將搬遷到機能性辦公大樓，不再使用這棟建物，令人惋惜。雖感寂寥，但在此之前能與它相遇，心懷感謝。最後回首，看見牆面一端的創立者遺像。百葉窗透入的光閃耀在笑臉上，令人不可思議地感覺到神性。彷彿紅色樓梯引領著我來到此處。身影可能即將消失的美麗螺旋梯，時間靜靜流動的屋頂庭園，還有照片的笑顏，重合在一起，讓人眼眶泛紅。雖是不發一言的樓梯，但它的存在，有時對我們述說的是比滔滔雄辯更重要的事。（夜）

09

山本仁商店

交融社長夢想的入口螺旋梯，迎接來客。

從二樓樓層看過去，亦可見自在變幻的 S 形。

右下 頂樓為安全考量裝設的扶手，也勾勒出優美的曲線。

山本仁商店的總部設在京都室町，這裡自古即為纖維相關商店聚集地。從一九八七年（昭和六十二）至不久之前，都保有爐灶（窯）和倉庫，是傳統的京都町家建物。江戶時代，京都是根據間口（建物正面寬度）來課稅，所以附近也是一般稱為「鰻魚的寢床」（うなぎの寢床）的細長格局店家。隨著事業版圖擴大，山本仁商店決定改建為現在的總部大樓。

動工當時，室町一帶也開始有越來越多商店將昔日的町家改建為大樓或公寓。備受期待的總部大樓興建，前社長山本彰彥委由有交誼的阿閉設計事務所來設計。即便處於近代，仍考量京都的風格，確保入口處有開闊的空間，並且全部用大理石呈現華麗的氛圍，以便在祇園祭時展示六曲一雙屏風。挑高的螺旋梯還能擺飾山鉾（譯註：神所乘坐的「山車」和「鉾車」，山車為普通花車，鉾車為在山車上載有小屋的花車）。相對地，也採用了當時劃時代的手法。京都不公開設看板只擺門簾的謙抑文化根深柢固，但改建時在正面併設了陳列商品用的玻璃展示窗。

STAIRCASE FILE 09

山本仁商店

所在地：京都府京都市中京區室町通鯉山町 529
建築年：1987 年（昭和 62）
結　構：鋼筋混凝土造
規　模：地上 3 樓
設　計：阿閉建築設計事務所

其中最堅持的一點，也是社長的夢想，就是作為入口主角的那座優雅的樓梯，電影《亂世佳人》中的郝思嘉彷彿從那樓梯上踏階而下。天窗落下滿盈自然光的設計，優雅地迎接著客人。（夜）

穿過頭頂的混凝土大梁，進一步展
現建物的厚重感。

稍強的光照入縫隙的光影固然有趣，微光也形成個性十足的陰影。

10

GROW 北濱大樓

中之島土佐堀川旁的大阪辦公大樓。近年來，這裡吸引了新銳設計事務所進駐，晚上從河畔眺望，會看到非螢光燈的光或無裝飾的天花板，有著時髦的氛圍。有進駐者表示是對樓梯一見鍾情而決定遷入，就在入口旁的樓梯讓人留下獨特的印象。（雅）

STAIRCASE FILE 10

GROW 北濱大樓

所在地：大阪府大阪市中央區北濱東 1-29
建築年：1964 年（昭和 39）
結　構：鋼骨鋼筋混凝土造
規　模：地上 10 樓，地下 2 樓
設　計：大林組

越往上層自然光越難進入，光澤塗裝的梯背營造出白色的明亮空間。

獨立於鋼骨桁的混凝土踏板並列，也就是鏤空梯。以低調的深褐色磁磚為背景，對映彎折向上的白色斷面，木扶手存在感亦顯粗獷有型。

11

綿業會館

在前作《好大樓攝影集west》中收錄了ＢＭＣ欣賞的新館，這回得介紹本館。綿業會館建於一九三一年（昭和六），係作為近代大阪基幹產業的纖維業聚集的會員制俱樂部，將商業之都大阪的繁華傳承至今。現在仍作為俱樂部使用，本館為指定重要文化財。建設時投入相當於同年重建的大阪城天守閣三倍的費用，可看出當時纖維業的繁榮和奢華作風。

上　迎接會館訪客的入口大廳。坐鎮對稱空間中央的是在遺囑中捐出財產的岡常夫（東洋紡公司專務）的雕像。空間整體利用稱為石灰華的義大利石材修飾。

左　如舞台裝置般的大樓梯。上下樓時往樓梯平台裡面走去，可抵1962年（昭和37）興建的新館。

左頁上　一路通往地下層食堂的螺旋木梯。木踏板在空間中畫出如展開撲克牌般的弧線。

左頁右下　雅緻摩登的輕快設計，透過村野藤吾的樓梯展現出來。

左頁左下　使用編藤和端部的曲折等，果然能感受到村野風格。

設在二樓談話室，用牆壁支撐踏板的懸臂梯。扶手有華麗鐵製構件。

詹姆斯一世風格的富麗堂皇談話室中，賦予樓梯動感。樓廳後方曾有圖書室。

主要為員工使用的內部樓梯。堪稱簡樸的手法，展現彷彿從船艙走下的獨特氛圍。

與本館相較，新館的樓梯簡潔卻非僅機能考量，正是渡邊事務所的設計風格。

設計者渡邊節能夠自由運用各種樣式的設計，入口大廳是義大利文藝復興風格，談話室為詹姆斯一世風格，貴賓室則是安妮皇后風格，隨房間不同而改變設計樣式。這是考量會員的喜好，得以因應選擇偏愛的空間。

因此，樓梯的設計也繽紛多樣。眾所皆知，渡邊節是本書經常提及的建築師村野藤吾的老師，而村野也以主要製圖者的身分參與綿業會館的設計。特別是通往地下層食堂的摩登螺旋木梯，一眼即能看出與日後的村野作品的相似處。雖然無法藉由資料確認，但包含食堂在內的地下層區域可能出自村野的設計。（高）

STAIRCASE FILE 11

綿業會館

所在地：大阪府大阪市中央區備後町 2-5-8
建築年：（本館）1931 年（昭和 6）
（新館）1962 年（昭和 37）
結　構：鋼骨鋼筋混凝土造
規　模：地上 7 樓，地下 1 樓
設　計：（本館）渡邊節建築事務所
（新館）渡邊建築事務所

曼哈頓的大樓也有這種避難鐵梯。
通往地面的下行部分通常收起。

12

中產連大樓

從大道剛轉入小巷，中產連大樓乍然現身。一個個風格相異的綠色系磁磚貼滿外牆，隨機配置的窗戶、上勾的頂樓屋頂等個性獨具的外觀，這樣的存在感讓對建築不感興趣的人也不免駐足。此外，內部最富象徵性的主樓梯，從素材、形態到細部加工都講究堅持，從任何角度看都可見豐富的表情。當時參與大樓建設的人對這棟建物的深切情感，至今仍觸動人心。（由）

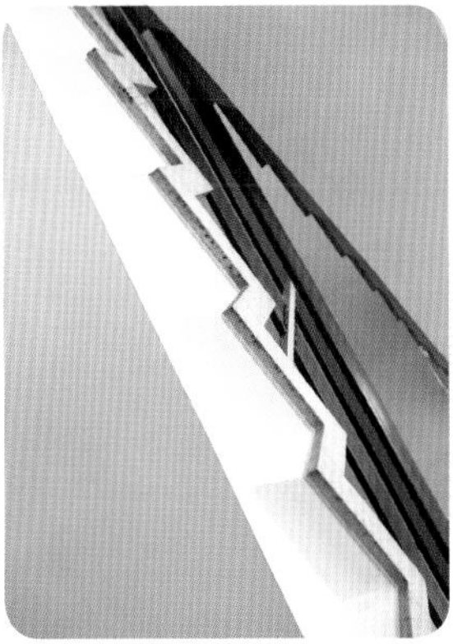

仰望所見美景。仔細端看會發現，配合梯級的混凝土斷面，有彷若影子浮起的立體感。

上　可說是空間象徵的主樓梯。打開正面玄關大門時，堂堂姿態展現眼前。

左　平緩折返連結樓層的結實木扶手。樓上地板鋪有地毯，給人沉穩的印象。

樓梯地板使用具質感的鈷藍色塑膠地磚，絕無僅有特別訂做的顏色，無法替換維修的珍貴材料。與樓下的橘色地磚形成美麗對比。

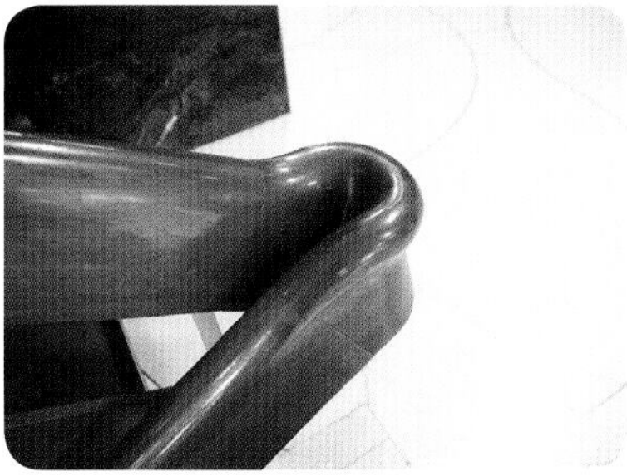

強而有力的折角。有時因承受一定重量和天然素材的關係而造成扶手變形，因此部分位置以螺絲固定修補，以便繼續使用。

右上　削去混凝土，有著俐落直線條的梯背。滲入的光影隨角度不同微妙變化。

右下　二樓通往三樓的懸空狀樓梯平台空間。現在基於安全考量在扶手周邊設有圍欄，並設置隔間牆區隔出裡側的吸菸區，以前則是能貼著樓梯迴轉。

STAIRCASE FILE 12

中產連大樓

所在地：愛知縣名古屋市東區白壁 3-12-13
建築年：1963 年（昭和 38）
結　構：鋼筋混凝土造
規　模：地上 4 樓，地下 1 樓
設　計：坂倉準三建築研究所

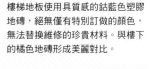

二十世紀日本代表性建築家丹下健三初期作品之一。出身倉吉市，也是丹下健三老師的建築家岸田日出刀，共同設計這棟地方都市廳舍。以混凝土強調柱梁和屋簷，堪稱日本傳統建築之美的設計，亦可見於隔年完成的可謂丹下健三初期傑作的香川縣廳舍。在架有大屋頂的半室外廣場空間中央，坐落著通往市民大廳的堅實混凝土樓梯，那是這個市廳舍的象徵。雖然登錄為有形文化財，但外觀殘留鋼骨粗糙的耐震補強痕跡，略顯遺憾。與倉吉市廳舍西側相鄰的倉吉市立成德小學，一八七三年（明治六）創校，歷史悠久。教室並排

繞到樓梯後面，圓柱支撐著樓梯平台。前端變細的設計，表現出荷重集中的意象。

13

倉吉市廳舍・倉吉市立成德小學

STAIRCASE FILE 13-1

倉吉市廳舍

所在地：鳥取縣倉吉市葵町 722
建築年：1956 年（昭和 31）
結　構：鋼筋混凝土造
規　模：地上 3 樓，地下 1 樓
設　計：岸田日出刀 + 丹下健三

設於挑高半室外空間的樓梯。超越人的尺度的粗厚扶手魄力十足。相對於挑高的開放感，登上樓梯後的迴廊天花板很低，形成強調出簷的日式空間。

校舍內的樓梯，為了方便學生上下而加寬樓梯寬度，就像舞台的觀眾席一樣。如直接翻轉整座樓梯般的梯背，以兩根清水混凝土桁支撐的結構帶著動態感。

倉吉市立成德小學

於陽台與走廊之間，昭和時期典型混凝土校舍特有的風清氣爽，讓人心曠神怡。樓梯面向外部道路側呈一直線設置，特色是共用部分有開闊的空間。從外照入的光，讓面對著大開口部的樓梯有一種開放感。從外面透過玻璃，可以看見令人印象深刻的厚實斷面。（由）

設在校舍外部的樓梯由外牆支撐，形成外伸式樓梯，具重量感的清水混凝土樓梯看似輕快浮起。

STAIRCASE FILE 13-2

倉吉市立成德小學

所在地：鳥取縣倉吉市仲之町 733
建築年：1962 年（昭和 37）
結　構：鋼筋混凝土造
規　模：地上 3 樓
設　計：不詳

14 食道園大樓

開創出燒肉餐廳類別的食道園。宗右衛門町本店和北新地店就像雙胞胎一樣，同樣在大阪萬博時期，出自以設計高級餐飲店聞名的生山高資不容妥協的設計。幾乎全然採納這樣耗時費工又成本驚人的提案的業主，不禁讓人為他的度量致敬。特別是本店還存留許多當時的設計。（雅）

上　凹凸的磁磚牆、富圖樣的水磨石地板、純和風的木製裝飾等，彙聚了乍看各自不同且特色鮮明的建材。地板的圖樣統整了整體風格。（宗右衛門町本店）

下　水磨石地板、大理石牆和不鏽鋼鑲板都是竣工當時的設計。大圓並排的單調地板調和了不同的素材和質感，令人印象深刻。（宗右衛門町本店）

奢華的不鏽鋼扁鋼曲折而成的扶手欄杆。優雅輕盈的輪廓，是開店當時為了將燒肉的形象轉化為有品味的高級餐飲，所做的嶄新設計。樓梯側板的細邊框水磨石線條亦顯輕快。（北新地店）

座位牆壁上以馬賽克磚描繪曼哈頓夜景。獨特的頂罩形狀和地板的設計，無不強調鮮明的風格。（宗右衛門町本店）

即使處於繁忙鬧街，奇特的外觀仍特別引人注目。反覆的圖案是骨？還是「肉」字？高度裝飾性卻決不低俗的設計。（宗右衛門町本店）

STAIRCASE FILE 14

食道園
宗右衛門町本店大樓

所在地：大阪府大阪市中央區
宗右衛門町 5-13
建築年：1968 年（昭和 43）
結　構：鋼筋混凝土造
規　模：地上 6 樓，地下 1 樓
設　計：生美術建築設計研究所
（生山高資）

食道園
北新地店大樓

所在地：大阪府大阪市北區
曾根崎新地 1-6-4
建築年：1969 年（昭和 44）
結　構：鋼筋混凝土造
規　模：地上 4 樓，地下 1 樓
設　計：生美術建築設計研究所
（生山高資）

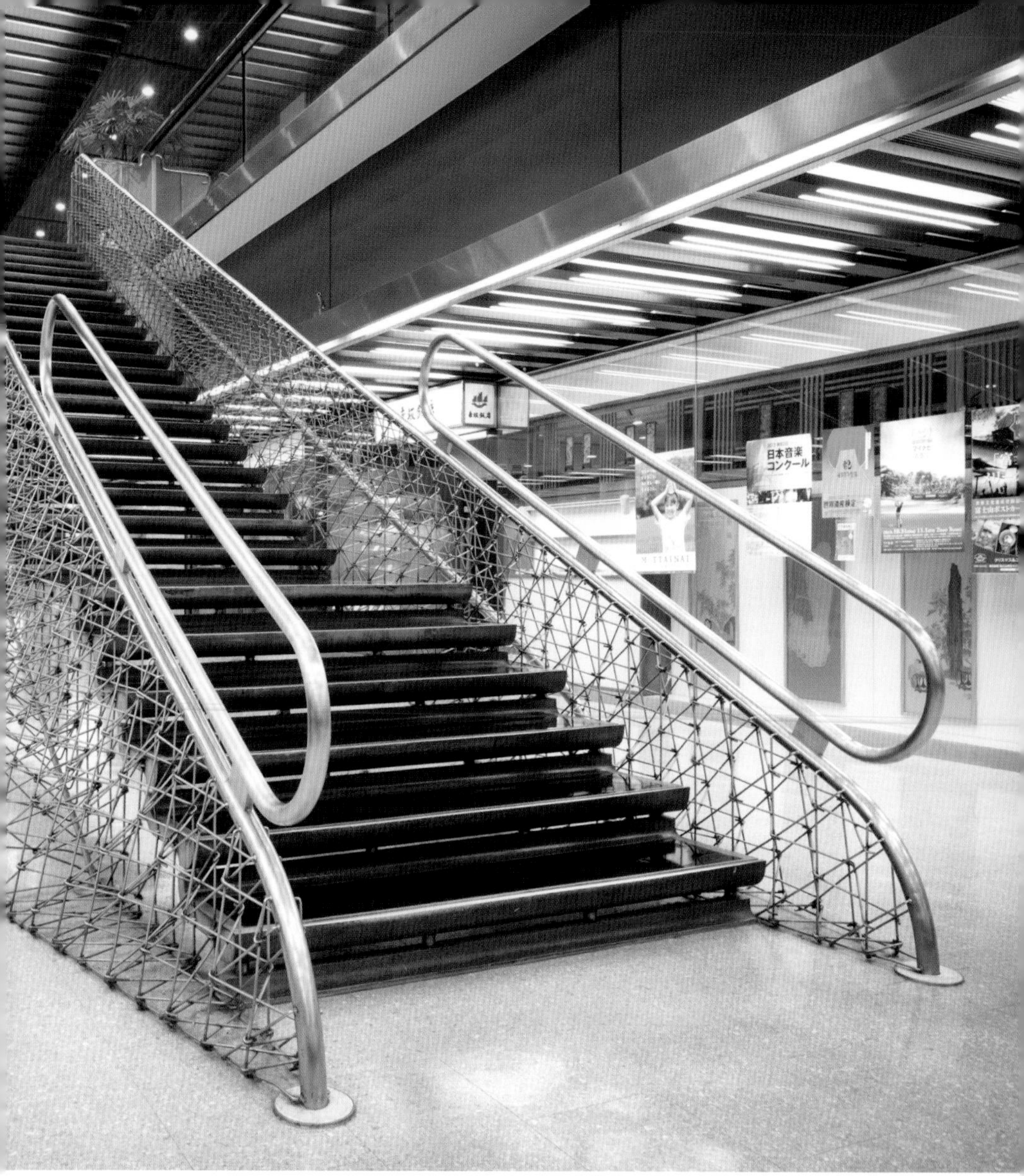

挑高空間裡的樓梯，連接兩旁並列餐飲店等商店的一樓中央走廊與地下層中央廣場。與其說是實用的樓梯，更像飄蕩著一件藝術品般的存在感。

15

Palaceside Building

不鏽鋼線網狀編織包住不鏽鋼軸，直接形成結構體，吊起固定鋁踏板的工法令人驚奇。樓梯下方亦無須支撐柱，有著彷彿懸空的錯覺。

別名「夢的樓梯」，讓使用者感覺熟悉。曾作為連續劇拍攝場景。

藉由天花板面的整面照明，使正面入口的樓梯具開放感。寬闊的樓梯寬度凸顯出尺度感，能充裕接納忙碌往來的人們。

斷面形狀極富特色的粗厚木扶手。加工成上下樓梯時好握的形狀。

通往地下層盥洗室的樓梯，男女隔間牆上開有圓洞。這樣的巧思讓厚重的牆壁也有通暢的效果。

日建設計首席建築師林昌二所領軍設計的 Palaceside Building，一如其名建在皇居（Palace）旁（side），是全長約兩百公尺的大型辦公大樓。雖然地點僻靜，但除了每日新聞社之外，還有懷舊的食堂和居酒屋、鮮果汁攤位等進駐，平日因附近的上班族而顯得熱鬧繁忙。此外，這棟建築獲頒許多建築界獎項。一九九九年（平成十一）獲選「近代建築二十選」，是唯一入選的戰後辦公大樓。館內各區域設計不同，可以欣賞各區配置的樓梯的特色。（由）

風格一變，這裡是如太空站的圓形梯廳。眼前兩個獨立的開關按鈕，至今仍有彷彿會發出電子音的近未來感。

STAIRCASE FILE 15

Palaceside Building

所在地：東京都千代田區一之橋 1-1-1
建築年：1966 年（昭和 41）
結　構：鋼骨鋼筋混凝土造
規　模：地上 9 樓，地下 6 樓
設　計：日建設計（林昌二）

右・左上　裝飾點綴的主樓梯。廣用渦卷的神祕紋樣，登上樓梯也像超越了時代。

左下　頂層的扶手支柱上有著星紋，彷彿異神降臨。樓梯本身是簡約的混凝土製，但一個個藝術品般的裝飾虜獲人心。

16

芝川大樓

大阪船場地區近年來再次受到矚目，早已確立名勝地位的數棟近代建築中，芝川大樓大放異采。以「馬雅印加」文明為設計圖案所蘊生的濃厚氛圍，與特色鮮明、魅力獨具的租賃空間相連，產生相乘效果。（雅）

而我愛不釋手的其實是後樓梯。若把整棟大樓想成豪華郵輪，主樓梯是客人用，後面則是船員忙上忙下的樓梯。如同堅固是唯一使命，質樸剛健。

梯背是只有鋼板和鉚釘的世界。在這棟雄偉的建物裡，感受到無言的鉚釘踏聲中沉靜的氛圍。

上　用比主樓梯的部分軟的木頭做成的扶手，觸感極佳。

下　波紋鋼板的磨損見證了九十年歲月。鐵是可以藉由這樣的摩擦滲入歷史的代表性素材。

STAIRCASE FILE 16

芝川大樓

所在地：大阪府大阪市中央區伏見町 3-3-3
建築年：1927 年（昭和 2）
結　構：鋼筋混凝土造
規　模：地上 4 樓，地下 1 樓
設　計：渋谷五郎（基本計畫．結構設計）
　　　　本間乙彥（意匠設計）

17

Yamato International
大阪總部

如清川流瀉的螺旋梯。沿著弧形牆面的樓梯優雅漫遊的姿態，不禁令人興嘆。收斂整體空間的色調，凸顯出纖細的彎面。

Yamato大阪總部坐落在服飾相關店鋪聚集的街上。奶油色的清爽外觀，即使在喧鬧的大阪商業街上，也瀰漫著沉穩安定的氣息。走到一樓入口大廳盡頭往上看，會看見螺旋梯向最頂樓延伸。與其說華美，不如說散發著魅惑氛圍，越看越被它的美吸引。（由）

梯背可見螺旋內側加工切出些許段差，強調仰望時感受到的魄力。梯背的柔光照明演示出陰影，勾勒著弧線的牆面溫柔地包裹住樓梯。

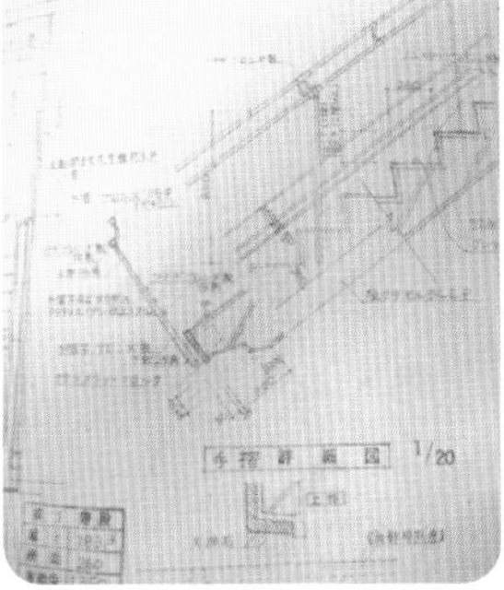

有幸閱覽珍貴的設計圖面！一邊讚嘆當時手繪圖面的精細。甚而，得知是出自BMC成員之一曾任職的建築事務所的設計，更被這不期然的偶然所感動。

有著如五線譜般平行線的扶手，以及彷彿可以看見音符從某處彈出似的樓梯彎曲處，就像演奏音樂一樣節奏輕妙。此外，人的視線所及看到最多的一樓部分，牆面改貼石材，呈現厚重沉穩的表情。從二樓樓層可以欣賞兩者的對比。

右　俐落的銀色樓層數標示。縱長纖細的字體與樓梯氛圍也很相稱。

左　靠近細看，可看到兩根平行的扶手接合處的精緻做工。刻意加上巧思的部分，成為易顯單調的扶手的特色。

STAIRCASE FILE 17

Yamato International 大阪總部

所在地：大阪府大阪市中央區博勞町 2-3-9
建築年：1968 年（昭和 43）
結　構：鋼筋混凝土造
規　模：地上 6 樓，地下 1 樓
設　計：三座建築事務所

右　樓梯旁的電梯。極盡單純明快的樓層數標示和絕妙均衡的配置，也值得矚目。不鏽鋼門面刻有植物花紋，古典的印象與樓梯很搭調。

左　像拉糖般做出自由形狀的金屬構件扶手。為了配合地板面的複雜線條，頂樓的扶手搖曳畫出弧線。

18 城野大樓

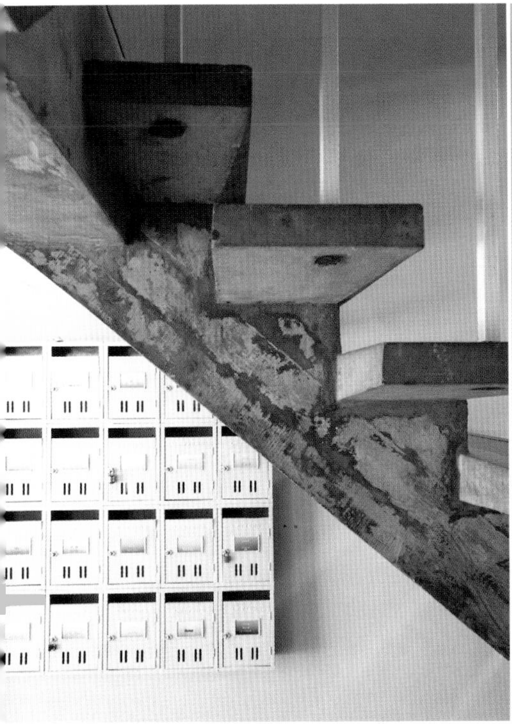

支撐樓梯的混凝土表面的斑紋，調和了經年使用的信箱鐵材質感。

白天日光射入入口深處，映出樓梯的影子。隨著時間呈現不同表情。

冠上業主姓氏的城野大樓，是懷抱著深切的情感來維護。徹底清掃，改裝部分堅持使用特定的素材。定期與住戶交流的業主，審慎地照護這棟大樓。要在面積有限的樓梯室巧妙營造出開放空間，就是憑靠這座鏤空梯。混凝土踏板各自獨立，光和風穿透而過。（阪）

STAIRCASE FILE 18

城野大樓

所在地：大阪府大阪市北區万歳町 3-41
建築年：1967 年（昭和 42）
結　構：鋼筋混凝土造
規　模：地上 4 樓
設　計：光洋建設

19

東京文化會館

鋪設在兩種地板材邊界的橘色水磨石圖案設計非常漂亮。

通往觀眾席的主樓梯。讓屏息以待即將開始的舞台而正前往大廳的人安心寧神，令人寬心的大扶手。

右上　門廳連接大廳的空間，充滿著溫暖的粉紅色彩。被無肌理的平滑牆壁包圍，就像置身生物體內。

記念東京建都五百年所建的東京文化會館，也已落成滿五十週年，其威嚴和風格可說是經過歷史洗禮的證明。非凡的音響效果深受國內外藝術家憧憬。聖俗的區別逐漸消失的今日，仍是一個讓人想衣裝筆挺修飾儀容後前往，與其他觀眾正襟就座欣賞音樂的古典殿堂。（譯註：聖俗（ハレとケ）在日本係指儀式、典禮或盛事等「晴」（晴れ），也就是「聖」（非日常生活）的部分，以及稱為「褻」（ケ）的「俗」（日常生活）的部分）（雅）

次頁　無盡的正圓，近乎完美的螺旋梯。讓觀眾情緒昂揚的紅是「動脈」。相對地，讓演出者鎮靜的藍則是「靜脈」。兩座樓梯不為人知的演出，直如為這棟莊嚴的建築注入生命的血液。紅色螺旋通往餐廳和音樂資料室，無須門票即可進入，希望務必親身體驗一次。

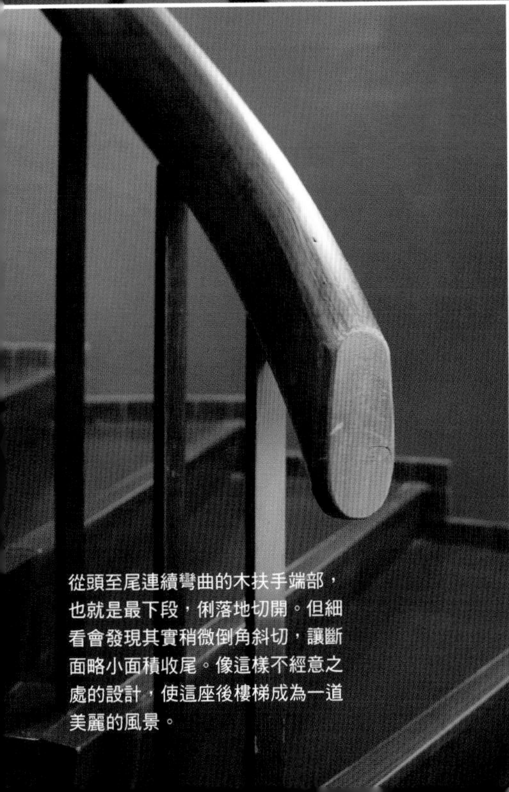

從頭至尾連續彎曲的木扶手端部，也就是最下段，俐落地切開。但細看會發現其實稍微倒角斜切，讓斷面略小面積收尾。像這樣不經意之處的設計，使這座後棲梯成為一道美麗的風景。

右　建物的四樓還有大中小型會議室。磁磚牆不同顏色和凹凸的組合，魅力十足。附屬於兩個會議室的同步口譯房間，為了能觀看整個會場而架高地板，所以只有這裡有前段樓梯。

下　這個小樓梯鋪有和樓層地板一樣的地毯。為了能欣賞到美麗磁磚牆的最底部，稍留間隙做成獨立的小樓梯。因為看似祕密入口，沒事也想登上樓梯看看。

從外所見的會館內部，承繼文化會館的莊嚴意象，並設計了如星星般燈光閃耀的深藍天花板，以及懸浮的餐廳層下方溫暖的粉色天花板等，外部無法想像的驚喜。

藍色螺旋梯的側板上，留有在此演出的國內外藝術家的字跡。落筆多顯慎重，讓人感受到在這裡演出的驕傲和喜悅。

STAIRCASE FILE 19

東京文化會館

所在地：東京都台東區上野公園 5-45
建築年：1961 年（昭和 36）
結　構：鋼骨鋼筋混凝土造
規　模：地上 4 樓，地下 1 樓
設　計：前川國男建築設計事務所

映照在純白大廳中的螺旋梯紅毯和木側桁。塗黑的細鋼材，上下支撐著樓梯。

20

日生劇場

（日本生命日比谷大樓）

右上　每登上一階，情緒隨之更為高揚。映在眼前的樓廳扶手也值得注目。

右下　引領造訪劇場的人們至觀眾席的主要大樓梯。中央的扶手太纖細，讓人不忍緊握。迂迴穿行空間的藝術品般的扶手。

左下　剛上樓梯處看起來彷彿懸空，村野設計的標準作法。

螺旋梯是特別的樓梯。在偌大空間中設置寬敞的螺旋梯，僅此便能強調空間，形成一件藝術。僅是緩緩上下螺旋梯，就能感受到自己似乎與眾不同。螺旋梯的魅力，與追求非日常的體驗而造訪劇場空間很相稱。一步步登上螺旋梯的同時，也從日常空間移轉到非日常的空間啊。自在操控螺旋梯魔力的建築家村野藤吾，在代表作之一的日比谷日生劇場中，也設置了幾座螺旋梯。位居一樓大廳一角的螺旋梯小而簡單，卻凝結了村野設計的精華。幾乎不見存在的纖細不鏽鋼扶手，勾勒的弧度大到讓工匠泫然欲泣的木側桁，還有只用在剛上樓梯處擺脫重力般懸浮的白色大理石踏板。木頭、大理石和金屬的素材組合，生趣盎然。鋪上紅毯的這座螺旋梯，帶給我們如漫舞空中的極樂體驗。（高）

設在樓梯下方的休息區。小巧可愛的蝴蝶狀椅子也出自村野的設計。

STAIRCASE FILE 20

日生劇場（日本生命日比谷大樓）

所在地：東京都千代田區有樂町 1-1-1
建築年：1963 年（昭和 38）
結　構：鋼骨鋼筋混凝土造
規　模：地上 8 樓，地下 5 樓
設　計：村野．森建築事務所（村野藤吾）

樓梯專欄 2

村野藤吾的好樓梯

村野藤吾是BMC的偶像

在本書和前作《好大樓攝影集west》等作品裡，我們BMC成員的敘述中反覆提到村野藤吾。這裡就重新介紹建築家村野藤吾吧。

一八九一年（明治二十四），村野藤吾出生於佐賀縣。早稻田大學建築系畢業後，進入以綿業會館（頁58）等作品著名的大阪建築家渡邊節的事務所累積經驗，一九二九年（昭和四）獨立。直至一九八四年（昭和五十九）以九十三歲高齡過世前，設計不輟，可謂二十世紀日本代表性大建築家。

BMC關注的不局限於建築家的「作品」，也致力傳達建於市街的普通大樓的魅力，多次提到村野的「作品」或許會覺得不協調。但對我們來說，村野是特別的，畢生都在大阪經營事務所，在大阪留下為數眾多的建物，所以令人偏愛，就像當地的偶像一樣。一般認為代表大阪的建築家是安藤忠雄先生，而BMC力推村野。

獲譽樓梯名家的村野藤吾

村野藤吾的職業生涯很長，生涯中設計了非常多建築物。設計內容極為多樣化，從個人住宅或喫茶店、大型辦公大樓到廳舍、劇場、旅館，甚至將赤坂離宮改裝為迎賓館，涉獵範圍之廣令人驚嘆。此外，設計風格含括裝飾豐富的古典修飾、排除裝飾的現代風格大樓，以及和式數寄屋建築和茶室等，不受時代潮流影響，全方位發揮才能。村野持續創作的特有建築世界裡，樓梯的設計尤為出色，被尊稱為日本建築界的樓梯名家。村野本身也以獨特的構思來設計樓梯。木頭、混凝土、金屬，以及石頭、玻璃或藤等，自由組合各種素材，打造出纖細又流麗的樓梯。與其說那是建築的一部分，更像一件獨立的工藝品。

村野藤吾的樓梯很煽情

一言蔽之，村野的樓梯很「煽情」。總之，豔麗奪目。選擇的素材和具原始感的加工、在空中畫出的扶手有機曲線，還有平滑加工的梯背，以及隨之伴生的微妙陰影。這些合為一體，富有說不盡的官能性，直接訴諸觀者的情感。一般認為建築是根據工學計算和理性的計畫所完成的，但村野的建築非僅如此。二十一世紀的今日，是否存在能設計出這般魅惑樓梯的建築家呢。

誘人的村野樓梯

經常論及村野藤吾的建築評論家長谷川堯說，建築裡的樓梯，是人的精神和身體與建築連結最緊密的地方。踏在樓梯踏板上，握著扶手，隨樓梯誘導而改變身體方向，視界隨之變化。的確，看到村野的螺旋梯會自然地想上樓，感覺登上樓梯是某種特別的行為。若曾體驗便能了解這樣的感受。此外，村野本身也以他設計的日生劇場大樓梯為例，說明奢華的不鏽鋼扶手（頁92）就像女士要踏上梯級時，紳士立刻伸手讓女士自然地將手靠上。村野藤吾的樓梯，是誘惑著人心和身體的樓梯啊。（高）

21

奧野大樓

位於銀座一角醞釀著懷舊氛圍的奧野大樓，是昭和初期興建的高級公寓。溝紋磚外牆附有花台的近代住居空間，當時曾有許多名人入住。現在善用為商店租賃大樓，被大樓魅力吸引而聚集的畫廊等，盡情改裝昔日的住居使用。擁有獨特氛圍的空間曾作為電影場景，還在村上春樹原著改編的電影《挪威的森林》（二〇一〇）中登場。

由於建築左右兩側分別建成，形成兩座樓梯並排的奇特空間構成。樓梯旁的蛇腹式電梯即使更新了機械，現今仍保有舊時風情。（高）

右　面向道路、最先建成的左側樓梯，被柱子圍成小空間。

左　兩年後的 1934 年建成的右側樓梯。少了柱子較顯寬敞，但依舊迷你。

右　日本也很少見的蛇腹式電梯。樓層標示指針富時代氣息。

左　貼有藍綠色厚磁磚的一樓入口周邊。巨大木主柱成為樓梯特色。

兩座樓梯隔窗並排的奇妙風景。增建前只有面向外牆的窗。

STAIRCASE FILE 21

奧野大樓

所在地：東京都中央區銀座 1-9-8
建築年：1932 年（昭和 7），
　　　　增建 1934 年（昭和 9）
結　構：鋼筋混凝土造
規　模：地上 7 樓，地下 1 樓
設　計：川元良一

22

油脂工業會館大樓

在隱於市街所建的普通大樓，而非著名建築家或設計事務所廣為人知的作品中發現美麗的樓梯時，真是無比喜悅。面向東京日本橋的昭和通興建的油脂工業會館大樓，就是其中之一。在那個時代，樓梯如同大樓的門面，是設計者一展長才的地方，所以這類偶遇出乎意外地並不算少。

油脂工業會館大樓是以油脂業發展為宗旨而設立於一九四八年（昭和二十三）的財團，在一九六三年（昭和三十八）興建的。在那個時代，各業界團體相繼興建「會館」，甚至產生會館建築這種大樓類型。會館中設有氣派的會議室和談話室等，為了支援業界的結婚旺季，有時會附設典禮會場。作為業界門面的會館建築，經常可見魅力十足的出色建築作品。

隨著之後的改建，從金屬鑲板覆蓋的大樓外觀無法想像內部的情況，但一步入玄關，勾勒出和緩弧線的優雅樓梯迎面而來。樓梯在二樓處曲折，像被吸入挑高空間上方一樣上竄，一直延伸到九樓。這是還沒有稱為豎穴區劃法

右　挑高的入口大廳，三座形狀各異的樓梯交錯。女性雕像具有凸顯重點的效果。

左　黑色寬扶手畫出如緞帶般的曲線，往地下層潛入。

規的時代才有的空間構成。其他還有潛入一樓地板下而通往地下層的樓梯、設在建物深處的第二座樓梯，以及梯廳、頂樓作為結婚會場的會議室等，未使用特別素材和設計手法的部位也都細心設計，表達出那個時代日本建築的高品質。（高）

上　樓梯徐緩地彎曲，就像自然引導著從玄關進來的訪客。

下　二樓通往三樓的樓梯。右側扶手的縱格柵有和風旅館的意境，饒富興味。

曲面形成衝突對比的複雜梯背，陰
影美麗非凡。

木扶手細部。

三樓以上的樓梯室裡面雖顯簡單，
但樓梯平台的弧面、具空間張力的
黑色壁腳板和大型木扶手，構成富
設計感的樓梯。

曾為結婚會場的頂樓會議室。

不花俏但精心打造的梯廳。

第二座樓梯整體呈現柔和的印象，
扶手上裝設的普普風板材很可愛。

STAIRCASE FILE 22

油脂工業會館大樓

所在地：東京都中央區日本橋 3-13-11
建築年：1963 年（昭和 38）
結　構：鋼骨鋼筋混凝土造
規　模：地上 9 樓，地下 2 樓
設　計：三井建築設計事務所

23

生駒大樓

樓梯折返處如畫糖般柔滑的曲線，當然不是彎折大理石，而是以雕刻手法削製。牆上的照明器具是當時的原始設計。

右　鋪上紅毯的樓梯兩側，大理石塊並排出迎。規模小卻極盡奢華的樓梯。

生駒大樓建於大正結束昭和初始，大阪稱為「大大阪」誇耀繁華的時代。將當時的人民之力傳承至今，大阪代表性近代建築之一。大樓前的堺筋，是御堂筋完成前的大阪主要街道，與其垂直相交的平野町通同樣商店間間相連，是稱為「平野漫步」的華麗街道，而不是「銀座漫步」或「心齋橋漫步」。銷售進口鐘錶和貴金屬的商店總店大樓，正好建在這個交叉口上。在當時那個稱為大大阪的時代，幾乎都還是木造的兩層樓町家建築，建於精華地交叉口的五層樓鋼筋混凝土造大樓，肯定引起驚嘆造訪。鐘錶店風格的屋頂上，有座三個時鐘的時鐘塔，扮演為街上行人報時的角色。

生駒大樓在商業大樓風格的自由設計中，加入中南美古文明圖案，成為裝飾藝術風。設計者宗兵藏是當時關西受敬仰的傑出建築家，但實際上由年輕的工作人員負責，以嶄新的感性來設計。外牆的茶色磁磚，是加入那時流行的條紋模樣的溝紋磚。室內的豪華設計不遜於當時的大型百貨公司，展現銷售高級品的商店風

口字迴旋的主樓梯。越往上方樓層，樓梯修飾越簡單。

貌。展示櫃並列的低樓層樓梯以義大利大理石打造，不吝惜地使用整塊大小的石材。雖然現在大樓是一樓有管理員常駐的高級租賃辦公室，但住戶或訪客多半不用電梯，而是讚嘆地上下樓梯。相對於豪華的主樓梯，後側設有員工專用的簡單小樓梯，但為了配合沒有多餘用地的平面計畫，在必要的最小限度空間裡放入樓梯。立體形態往上延伸的樓梯裡側經泥水匠修飾加工，描畫出的優美曲線完美出色。（高）

STAIRCASE FILE 23

生駒大樓

所在地：大阪府大阪市中央區平野町 2-2-12
建築年：1930 年（昭和 5）
結　構：鋼筋混凝土造
規　模：地上 5 樓，地下 1 樓
設　計：宗建築事務所（宗兵藏）

員工專用的後樓梯，同樣不豪華卻顯美麗。泥水匠細心加工的梯背，在照明的光線下白淨動人。

24 新新橋大樓

右　低樓層各處所設的樓梯，考量設計和施工效率而採統一的相同設計，但牆壁磁磚顏色隨地點而異。踏板是在工廠做好的工業製品。

手扶梯旁的牆壁也貼有三角形的特色磁磚。

電視的情報節目等採訪中年上班族時，一定是以建在新橋車站前的大樓為背景做訪談。新新橋大樓建於一九七一年（昭和四十六）日本再開發大樓的最初期，若仔細端詳，可發現外觀會略有變化。戰後新橋違規店家的範圍擴增。為了整頓密集的木造棚屋，以都市的不燃化和土地的有效利用為目標，規劃出這棟大樓。低層部的外觀覆有波紋圖樣的設計，那是運用稱為預鑄混凝土的新技術，根據所謂斐波那契數列的數學法則來決定間距。戰後的都市開發流程中，也曾計畫在低層部的屋頂上設置單軌列車的新車站。

進入內部，寬廣的樓面中庶民店舖間間相連，所以樓梯也很多。基本上，所有樓梯都採相同設計，但考慮到可能造成不知自己位在何處的困擾，牆面磁磚的顏色隨地點而異。那種深色調，正是昭和時代的氣息啊。（高）

STAIRCASE FILE 24

新新橋大樓

所在地：東京都港區新橋 2-16-1
建築年：1971 年（昭和 46）
結　構：鋼骨鋼筋混凝土造、鋼筋混凝土造
規　模：地上 11 樓，地下 4 樓
設　計：松田平田坂本設計事務所

新阪急大樓

竣工當時的手扶梯，扶手透明部分為曲面玻璃，稱為 nude escalator。照明映照，醞釀出復古風未來感的氛圍。

右　入口大廳迎接訪客的手扶梯。島田魂作的作品「海之泡」自天花板懸吊而下，手扶梯下方打造了枯山水小庭園，避免有人潛入。那個時代這類大樓的典型作法。

一九六三年（昭和三十八）日本建築基準法修正之前，日本的建築高度是有限制的（譯註：不得超過三十一公尺）。因此，在城市加速高度密集化的經濟高度成長期，大樓橫向擴張，敷地大量建設。當時人們將這樣巨大的大樓稱為巨型大樓（Mammoth building）。

新阪急大樓建於一九六二年（昭和三十七），是位在大阪車站前的巨型大樓。名稱中的「新」，是因為道路對面有一九二九年（昭和四）建成的梅田阪急大樓（阪急百貨，二〇一〇年改建）。設計者小川正以金屬素材鋁和不鏽鋼表現出新意。沿著御堂筋勾畫出大弧線的金屬外牆，反射出不刺眼的陽光。以新阪急大樓的巨大外牆為背景，村野藤吾設計的梅田地下街換氣塔，形成大阪車站前的昭和風景。

右　商業設施所在的低層部樓梯，打造在寬敞空間的中央位置。牆壁也用大理石裝修，磨光的表面反射照明。

左　側面做兩段式設計，以便讓樓梯看起來不顯厚重。

隨著大樓的巨大化，上下移動的主角從樓梯變成電梯和手扶梯。新阪急大樓也將樓梯納入裡側的樓梯室，入口大廳的正面坐落著藝術品般的手扶梯。另外，前往上層辦公樓層的人，靠九台電梯大量運送。新阪急大樓的樓梯雖不華麗，仍是細心打造。迎接超高層時代的前夕，這棟大樓可說是日本大樓的一件完成版作品。

（高）

STAIRCASE FILE 25

新阪急大樓

所在地：大阪府大阪市北區梅田 1-12-39
建築年：1962 年（昭和 37）
結　構：鋼骨鋼筋混凝土造
規　模：地上 12 樓，地下 5 樓
設　計：竹中工務店（小川正）

新阪急大樓後側設置的室外避難樓梯也值得一看。下樓往地面層的樓梯，平時為了不影響交通而升起，緊急時就像科幻電影場景一樣降下梯子。

仰望樓梯所見景象。樓梯部分的洗鍊設計與商店層的金屬天花板，形成有趣的對比。

26 新橋車站前大樓一號館

就建在新新橋大樓（頁108）對側，中間相隔JR新橋站，兩棟大樓的玻璃外觀各具特色，同樣建於戰後復興期的再開發密集街區。至於大阪，大阪站前第一～第四大樓的興建背景也是如此（頁116）。規模較大的一號館於一九六六年（昭和四十一）完工。全面採用當時國外進口深受注目的細長玻璃素材Pro-filit玻璃，做成格紋的外觀設計，今日看來依然魅力十足。內部的樓梯就設計而言雖屬尋常，不同於現今素材的木扶手仍引人矚目。在那個時代，無論大型再開發大樓或小型私人大樓，樓梯扶手一般是木製。（高）

就像吸收了建在不規則敷地上大樓的偏斜，在三角形中加上角度的樓梯。空間的變化效果趣味橫生。

經年使用的木扶手。細看接合部分嵌入了固定用的板。柔和的木紋彷若北歐家具。

昔日懷舊風情猶存。

STAIRCASE FILE 26

新橋車站前大樓一號館

所在地：東京都港區新橋 2-20-15
建築年：1966 年（昭和 41）
結　構：鋼骨鋼筋混凝土造
規　模：地上 12 樓，地下 4 樓
設　計：佐藤武夫設計事務所

右上　那個時代的大樓，入口大廳、樓梯與接待櫃台是套組設計。

右下　通往地下層的御影石厚重樓梯旁有抽象的雕刻，據說是公開徵選出的兒童畫作。

27

大阪站前第二大樓

一九七六年（昭和五十一）完工的大阪站前第二大樓，作為戰後大阪站前開發事業（第一～第四大樓）而興建。一樓的中心有噴泉，挑高的動態空間直抵三樓天花板。從大樓中噴泉水舞的景象，可以感受到建設當時的美好時代。此外，這棟建物在四樓以上呈口字型，營造出光線自頂燈灑下的奢華氛圍。（阪）

右上．左下　南北向皆可通的樓梯。非一口氣向上，中間折返的風景轉變，讓人享受前往其他樓層的樂趣。

左上　定期噴水的大型水舞噴泉。在大樓中越過噴泉所見的樓梯饒富趣味。

浮在水面上的表現方式令人著迷。
點燈的小噴泉水面幽幽搖曳。

透明壓克力板嵌入不鏽鋼框架中，在水景旁展現風景。同樣的設計一直延續到樓梯上。

STAIRCASE FILE 27

大阪站前第二大樓

所在地：大阪府大阪市北區梅田 1-2-2
建築年：1976 年（昭和 51）
結　構：鋼骨鋼筋混凝土造
規　模：地上 16 樓，地下 4 樓
設　計：安井建築設計事務所

高度和角度都打造為柔和曲線的不鏽鋼扶手。扶手欄杆的壓克力也彎曲為圓形。

28

青山大樓

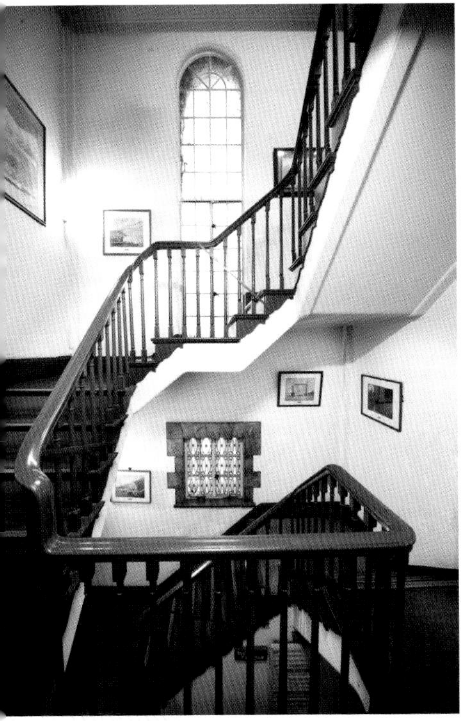

透窗的光盈滿樓梯室。以這個挑高空間為中心，配置各樓層的房間。

青山大樓隨處可見的彩繪玻璃都是原始創作。

青山大樓是曾以實業家身分活躍的野田源次郎，在一九二一年（大正十）所建的都市型個人住宅。當時流行的西班牙風格外牆上，覆滿從甲子園分株的長春藤。豪華打造的內部，設有從一樓廚房將料理送上樓的升降梯，經常在屋頂花園舉辦宴會。地下層還有舞廳。青山大樓的樓梯，在住宅風格的人性化尺度木梯上，以裝飾性扶手欄杆醞釀出洋房的氛圍。外牆上所開的窗仍是竣工當時的鋼製窗框，殘存的原始彩繪玻璃彌足珍貴啊。青山大樓現在善用為設計事務所等進駐的租賃大樓。（高）

STAIRCASE FILE 28

青山大樓

所在地：大阪府大阪市中央區伏見町 2-2-6
建築年：1921 年（大正 10）
結　構：鋼筋混凝土造
規　模：地上 3 樓，地下 1 樓（後增建 5 樓）
設　計：大林組

右　從玄關大廳仰望。富韻律感而顯輕快的木梯。

29

妙像寺

為了讓高齡者也能輕鬆上樓，降低段差，樓梯也加寬，感受到連細部都為使用者考量周全的心情。

沿著大阪的谷町筋行進，伴著迷你庭園的螺旋梯乍現眼前。它的本尊是二樓部分為寺廟的大樓。如果沒有看板，光從外觀完全無法想像大樓裡竟有寺廟。寺廟之所以設在二樓，作用是可以遠離市街塵囂，營造出沉穩平靜的空間。

通常作為腳踏車停車場等的一樓空間，還善用巧思設置了燈籠和石製淨手處，變身為療癒的空間。與細心照顧的植栽相應的鮮綠色，帶來清爽的印象。（夜）

左　通往二樓的樓梯越往上越寬，寺廟本殿與住宅比鄰。大樓中也有吊鐘和瓦片，這種不平衡和自然寬厚才是最大的魅力。

螺旋梯的作用是避免上層被過度窺視。另一個考量是隔開車水馬龍的大馬路，守護悠閒的住居空間。

令人懷念的日式庭園風迷你庭園。雖是善用樓梯下方空間的方法之一，但此處的手法難得一見。

看似和緩的螺旋，樓梯裡側卻是如此令人屏息的豔麗。側板的綠色成為特點。

STAIRCASE FILE 29

妙像寺

所在地：大阪府大阪市中央區谷町 8-2-14
建築年：1964 年（昭和 39）
結　構：鋼筋混凝土造
規　模：地下 1 樓，地上 4 樓
設　計：松田設計事務所

30

大阪神大樓

提到大阪的百貨公司建築，首先會浮現大丸心齋橋店（頁44）等戰前的大大阪時代建造的華麗建築。事實上，戰後二十世紀間興建的新百貨公司並不多。阪神百貨最初也是以阪神市場（阪神マート）之名，在一九四〇年（昭和十五）於現址開幕，那時因戰爭影響而不得不中斷施工，開業時僅使用地上四層樓建物的地下一樓。之後因應戰後的高度成長而不斷增建，一九

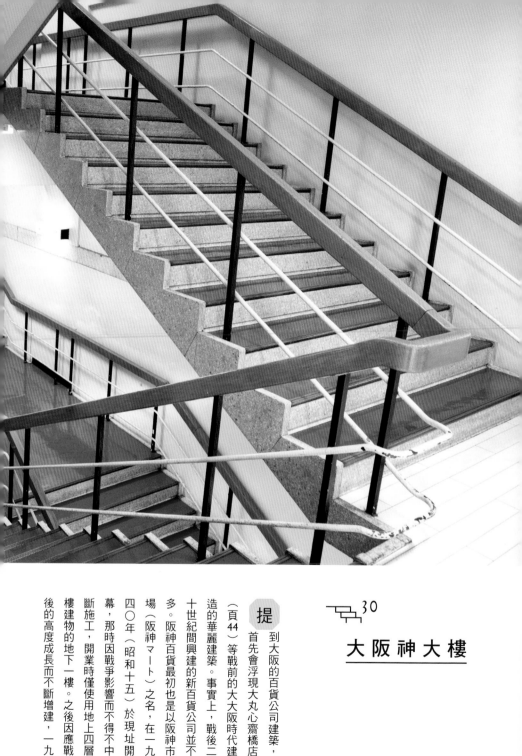

兩座樓梯相交形成所謂X型樓梯，相連處的樓梯平台寬敞如中層樓。在寬廣的空間中，樓梯深處又可見樓梯，成為百貨公司X型樓梯特有的構圖。

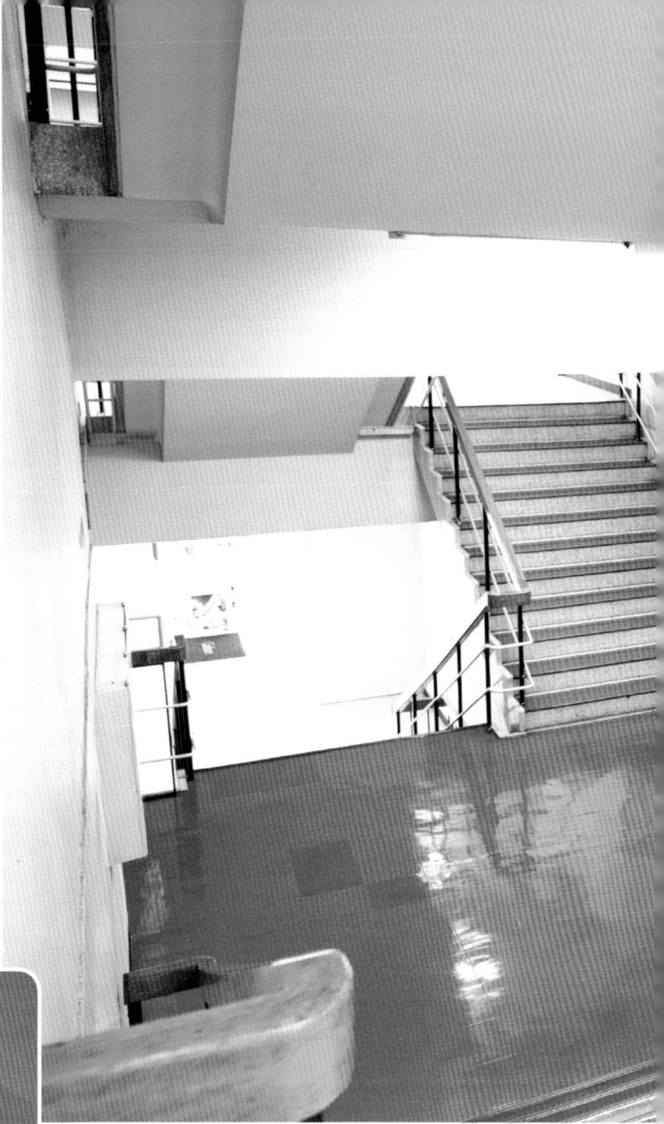

結實的木扶手與白色光面鋼管的簡單組合，卻散發某種北歐的現代風格設計感。

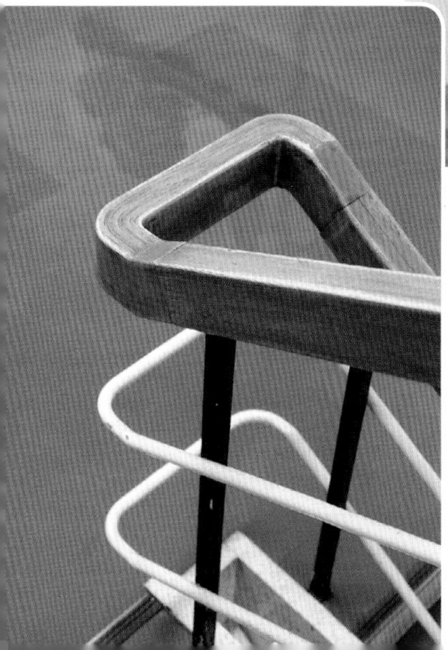

六三年（昭和三十八）終於竣工。「大阪神大樓」這個名稱，包含了相關人士對足足花了二十多年才完工的感慨。在大阪站前以長型的大牆面宣示存在感的大樓外觀，過去曾是慣常的水平連窗式辦公大樓樣貌，但二〇〇二年（平成十四）運用鋁鑲板改裝，才變成現在流行的風貌。

百貨公司和劇場等有不特定多數人大量聚集的設施的樓梯，考量災難時的避難，依法訂定嚴格的

基準。因此，百貨公司設有許多很寬的樓梯。阪神百貨中央位置附近設置的最大型樓梯，形成所謂X型樓梯，兩座交錯的樓梯在樓梯平台相連，不管從哪一側都可上下樓。

商業設施的室內裝修不斷頻繁改裝，已難見完工當時的面貌，但作為配角的樓梯卻意外地多保有原貌。經年使用的木扶手，以及讓人想到紅毯的紅色塑膠地磚，都讓人留下深刻印象。

現在正計畫將大阪神大樓與新阪急大樓（頁110）改建為一體。

（高）

或許是考量耐久性，地下層的扶手改為不鏽鋼。X型樓梯像舞台的大樓梯一樣會合，最後再次分開通往最底層而到達地面。讓人不禁想跟著走下去的樓梯啊。

STAIRCASE FILE 30

大阪神大樓

所在地：大阪府大阪市北區梅田 1-13-13
建築年：1963 年（昭和 38）
結　構：鋼骨鋼筋混凝土造
規　模：地上 11 樓，地下 5 樓
設　計：大林組

樓梯專欄 3

在國外發現的好樓梯

某個早晨，赫爾辛基的旅館。在頂樓餐廳用完早餐準備回房間，正伸手按著電梯按鈕時，眼角餘光察覺到了某個東西。那是有著木框的圓角玻璃展示櫥窗一般的牆。然後，裡面是樓梯……。窺探內部，牆面有鳥類造型的藝術品輕盈飛舞。彷彿受到邀請一樣踏入展示櫥窗，走下樓梯，回首一望，挑高空間中切出的曲線吸引目光，取出的角度也很漂亮。[*1] 沿著樓梯邊緣的壁腳板（牆壁與

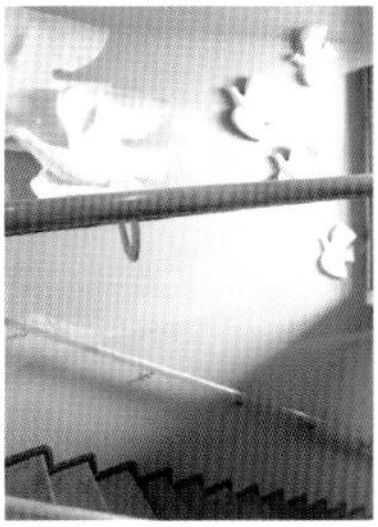

地板相接處裝設的構材）也做成巧緻的圓角。接著前方出現的是，更加出色的樓梯！[*2] 天花板懸吊而下的裝飾照明、地毯絕妙的色彩和圖樣讓人屏息，而靠近一看，扶手勾勒出生動的線條，支撐扶手的金屬構件看似節奏輕快地歌唱著。[*3]

被美麗的北歐樓梯誘惑的東方人。那是什麼感覺？或許就像初次邂逅碧眼白人女性的感覺吧。（阪）

*2

*1

*3

31

TAKIYA
總部大樓

金屬構件製造商風格的黃銅嵌條所打造的地板圖樣，隨處可見金屬畫龍點睛。樓梯扶手是木製。停下時手會習慣握著圓盤狀頂端。

樓梯室一樓是磨石加工＊和御影石組合而成的圖樣設計。

＊和水磨石一樣，混合石頭後塗上砂漿，不經切削而呈現石頭自然形態的表面磨洗加工。

主要生產世界著名美術館使用的掛畫嵌線的公司總部大樓。一樓作為物流據點，為了讓乘載貨物的車輛進出而設有大屋頂，雖然是設計簡單的大樓，但以翹曲的清水混凝土屋簷為映照背景，仿鳥造型的不鏽鋼金屬構件的存在感，讓人讚嘆不愧是本業專長。（雅）

在通往二樓的樓梯平台俯視停車場的窗上，有鳥類造型的金屬構件。

米色磁磚襯映著紅色電梯門。這種上釉磚因色調幅度小而有微妙的色斑，加上不規則表面，賞心悅目。

右　讓木扶手懸浮的平行鋼構件，以及支撐的支柱，都是很細的杆。

STAIRCASE FILE 31

TAKIYA 總部大樓

所在地：大阪府大阪市中央區島之內 1-10-12
建築年：1966 年（昭和 41）
結　構：鋼筋混凝土造
規　模：地上 5 樓，地下 1 樓
設　計：清水和彌設計事務所

32

東光園

鳥取米子的老牌旅館東光園，可說是設計者菊竹清訓的代表性著名建築。以作為現代主義建築象徵的出簷的水平線和柱等垂直線為軸，像砌磚一樣的奇特結構，真是令人印象深刻。窮究至極的結構設計，以其建築之美精采地完美呈現。凸出於本館的樓梯室鋪裝玻璃，連結起所有樓層，以減輕建物整體的重量。由於結構複雜，館內每個角落都細心考量，讓人能享受遠離日常生活的時光。（由）

右上　整面鋪裝玻璃的開放式樓梯室，自然光充分灑入。平行延伸的纖細扶手、配合踏面梯級切割的玻璃牆面等，搭配樓梯的匠心獨具設計，賞心悅目。

右下　若從外部看，可見整排樓梯凸出的獨特設計。

左上・下　由下面仰望，盡是混凝土造特有的自由形狀。梯背無光澤的質感描繪出如船底般的弧面。

STAIRCASE FILE 32

東光園

所在地：鳥取縣米子市皆生溫泉 3-17-7
建築年：1964 年（昭和 39）
結　構：鋼骨鋼筋混凝土造
規　模：地上 7 樓，地下 1 樓
設　計：菊竹清訓建築設計事務所

33

舊岩崎邸庭園洋館

這個樓梯其實沒有支柱。越過美麗
奪目的梯背，自一樓、二樓仰望精

右　多扇窗照入滿盈的光線，可欣賞精細裝飾所生成的陰影。

右下　通往地下層的螺旋梯。光線落在懸出美麗弧線的半圓地面上，窗邊牆壁的形狀也經過特別設計。

下　從一樓主廳通往二樓的大樓梯。兩根一組配置的柱和南側外觀所見的列柱相同，一樓是托斯坎柱式，二樓是愛奧尼亞柱式。隨處可見精緻的裝飾，二樓牆面鏤空拱窗的簡潔匠意，讓整體顯得平衡又深具品味。

一樓的柱上可見 17 世紀英國詹姆斯一世風格的漂亮裝飾。雕有纖細雕刻的結構體是奢華的存在。

牆壁與樓梯部分的邊界用金色飾帶鑲飾，非常吸睛。

扶手支柱上的爵床葉形裝飾，在上方灑入的光線中留下美麗的側影。

幾何圖樣的彩繪玻璃並非無機的意象。光線變弱那段時間，它盡情發揮存在感，在挑高空間中投映出豐富的陰影變化。

讓喜歡《坂本龍馬》的讀者不禁驚嘆「這裡不是彌太郎之子的家嗎……」的建築：舊岩崎邸庭園（譯註：岩崎彌太郎為坂本龍馬的同鄉友人，三菱財閥創始人）。這裡是三菱財閥第三代領導者岩崎久彌（岩崎彌太郎長子）的住宅，作為近代日本代表性住宅的極盡奢華歐式宅邸。在文藝復興樣式、伊斯蘭風格圖樣、殖民樣式中，加入鄉間別墅的意象等各種匠心獨具的設計，並巧妙連結和館，即使在世界住宅史中都可謂稀有建築。（雅）

STAIRCASE FILE 33

舊岩崎邸庭園洋館

所在地：東京都台東區池之端 1-3-45
建築年：1896 年（明治 29）左右
結　構：木造，附磚造地下室
規　模：地上 2 樓，地下 1 樓
設　計：康德（Josiah Conder）

34

東京讚岐俱樂部

混凝土的厚重感與磚型玻璃照明，絕妙平衡。陽台裡側設置的照明也獨具特色。

右　樓梯呈現出美與緊張感的調和。特異的設計為使用者帶來不同於日常的感受。

左上　大尺寸拋光磁磚。

左下　複雜切割的玻璃照明，反射絢麗的光。

穿過石造大門，外形摩登的建物出現眼前。東京讚岐俱樂部過去由香川縣廳生協（消費生活協同組合）經營，現在則是大家都能利用的住宿設施。設計者是國立能樂堂的設計師大江宏。館內大量使用特別訂做的大尺寸深色彩釉磚，吸引目光。入口處挑高設計，連續的幾何圖樣扶手欄杆高雅齊列。訪客將感受到鄉土風情和都會之美。（夜）

STAIRCASE FILE 34

東京讚岐俱樂部

所在地：東京都港區三田 1-11-9
建築年：1972 年（昭和 47）
結　構：鋼骨鋼筋混凝土造、鋼筋混凝土造
規　模：地上 12 樓，地下 1 樓
設　計：大江宏建築事務所

35

大阪朝日大樓

大阪朝日大樓魅力十足。竣工當時被稱為「日本最令人感動的建物」，其現代風格的設計到了二十一世紀依然毫不遜色。究竟多麼先進前衛呢，與同年完工的綿業會館（頁58）相比便一目了然。使用許多幾何排列設計的裝飾玻璃，大膽採用當時仍很少見的金屬鑲板。想必是以建築來表現身為新聞媒體的前瞻性吧。

設在建物南側的鑲玻璃牆面樓梯。樓梯的造形浮現在自然光背景中。

相對於輕快的玻璃牆，樓梯的骨架打造得堅實厚重。

當然，樓梯也很摩登。大阪朝日大樓的樓梯要角是設在建物南側的鑲玻璃牆面樓梯。現在具透明感的玻璃樓梯在辦公大樓等地方尋常可見，但在昭和初期的日本，這樣的設計堪稱先銳。一九六八年（昭和四十三）朝日新聞大樓建成後，幾乎遮蔽了所有視野，但在此之前，從這個樓梯室應該可以眺望大阪市中心。而從街道仰望大阪朝日大樓的鑲玻璃牆面樓梯，陽光閃耀，無疑誇示著其現代風格的時代風貌。另一方面，相對於玻璃的現代感，樓梯本身出乎意料地古典，施以裝飾藝術風設計的地方等處，讓人感受到那個時代的風格。

凸出於屋頂的瞭望塔曾是航空標塔。塔頂點亮的燈是飛經大阪上空的飛機的路標。照片中的塔位在建於南邊附近的朝日新聞大樓屋頂，沿襲原有設計，作為象徵而重建。雖然已無航空標塔的功能，但為了在塔頂掛上社旗，負責的人員還是得每天上下塔中的樓梯。在勉強一人通行的狹窄樓梯裡，透過玻璃眺望下方景色，彷彿自己正搭乘著一架想像的巨大飛機。

但可惜的是，大阪朝日大樓在二〇一三年進行解體工程，新大樓預定二〇一七年完工。（高）

朝日新聞大樓的屋頂重建了過去的航空標塔，玻璃上覆有圓管。登上符合功能的簡單鋼骨梯時，如漂浮在中之島的空中。

右　俯視樓梯與玻璃牆的間隙，好像會被吸入一樣。看起來就像自框架凸出的棒材支撐著玻璃牆。1968年建成的朝日新聞大樓的外牆就在眼前，兩棟大樓的樓梯彷彿相呼應般，十分有趣。

左為大阪朝日大樓，
右為朝日新聞大樓。

STAIRCASE FILE 35

大阪朝日大樓

所在地：不復存在
建築年：1931 年（昭和 6）
結　構：鋼骨鋼筋混凝土造
規　模：地上 10 樓，地下 2 樓
設　計：竹中工務店（石川純一郎）

室內設置的另一座樓梯，素材不同，但設計相似。

36

藥業年金會館

右上　巧妙利用段差，讓地板上的圖樣更立體醒目。這樣細微的變化也是重要的特點。

右下　不起眼的內側樓梯室選用別致成熟的紫色。在梁底做出角度，高明地運用有限的光源。

上　從入口處拾階而上，來到寬敞的展覽空間。樓梯上描繪的圖樣，就像引導通往展覽空間的路標。

藥業年金會館是作為藥品公司相關的員工研修和休憩場所而興建。剛踏入內部，全部是大理石的華美入口大廳和接待櫃台迎面而來。通往二樓的樓梯是採光充足的挑高設計。地板上宛如祕密地圖的奇妙圖樣遍布各處，甚至天花板上也有鏡像般的相同圖樣。（夜）

STAIRCASE FILE 36

藥業年金會館

所在地：大阪府大阪市中央區谷町 6-5-4
建築年：1978 年（昭和 53）
結　構：鋼骨鋼筋混凝土造
規　模：地上 7 樓，地下 1 樓
設　計：翔建築設計事務所

37

大阪倶樂部

右　大阪俱樂部的木製樓梯讓所有人都有優雅的心情。黃昏時落日餘暉透過黃色的玻璃，將整個空間染成金黃。

下　仰望梯背的設計，出奇摩登。在白色牆壁相襯下，不見沉重感。

大阪俱樂部是會員制的紳士社交場所。一九一二年（大正元）創立，歷史悠久，現今仍持續維護這樣的傳統。老紳士平日的午後開始下圍棋娛樂，或是在吧台與故友話家常……。位處商業街正中央，只有這裡像在另一個世界，時間緩緩流逝。一九二四年（大正十三），第二代建物完工，作為大阪代表性建築家之一的安井武雄年輕時的作品而廣為人知。外觀有著義大利老街氛圍，但重要地方可見安井式自由奔放的設計，興味盎然。大阪俱樂部的主樓梯是木製。深琥珀色的高雅木頭色調可以感受到歲月的累積，不只是扶手和扶手支柱，踏板也都是木製。因此，腳踏的觸感柔軟，沒有混凝土樓梯帶來的硬固冰冷感覺。僅是如此也能感受到特別氛圍的樓梯，加上在坡度和緩的樓梯上鋪

不只是扶手，支撐的支柱也用木頭精心製作。樓梯那端並排著俱樂部會員專用的房間。

樓梯室的大片彩色玻璃被氣派的赤陶磚圍繞。

著紅毯，走下樓梯的人都會覺得自己是特別的人物吧。

此外，二樓與三樓間的樓梯平台開有大窗，經歷過輝煌時代的彩色玻璃上嵌有彩繪玻璃。落日射入剛好設在西面的窗，黃昏時整個樓梯室空間染成金黃。真是無與倫比的光景啊。

大阪俱樂部是會員專用的設施，原則上不能參觀，但有時會舉辦一般人士可參加的音樂會或演講等，也能在這裡辦婚禮。（高）

STAIRCASE FILE 37

大阪俱樂部

所在地：大阪府大阪市中央區今橋 4-4-11
建築年：1924 年（大正 13）
結　構：鋼筋混凝土造
規　模：地上 4 樓，地下 1 樓
設　計：片岡建築事務所（安井武雄）

扶手和金屬構件伴隨著美麗奪目的樓梯，加上踏面精鍊的黑色，更添生動變化。

彷彿直接忠實再現手繪的草圖。這裡幾乎不存在直線。

一九六六年（昭和四十一）興建作為舊千代田生命保險總部大樓，二〇〇三年（平成十五）承繼為目黑區綜合廳舍。這棟建物出自村野藤吾的設計，以稱為鋁鑄物的素材構成富連續性的外觀。建物充滿了無法道盡的魅力和極為出色的細部設計。特別是從南側入口進入時，更能實際體驗到空間的戲劇性。純白牆壁、高聳天花板、滿盈射入的自然光……穿過宛若美術館的入口大廳，寶石般的美麗樓梯便映入眼簾啊。充滿躍動感的形狀，從各個角度綻放不同的光芒，魅惑著觀者。（阪）

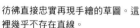

38

目黑區綜合廳舍

左上　從下方仰望樓梯，複雜的曲線交錯。有段差的梯背產生陰影，表情豐富多變。

左下　非圓亦非橢圓，難以言喻的形狀。扶手和樓梯都自由描畫出生動的螺旋線條。

樓梯不用柱或牆來支撐，而是懸空，形成明快的空間。這就是村野魔力。

當光線反射在畫出輪廓線的不鏽鋼側板上，凸顯出獨特的曲線。

即使是乙烯樹脂素材的工業製品扶手，若賦予角度，也會栩栩如生。

STAIRCASE FILE 38

目黑區綜合廳舍

所在地：東京都目黑區上目黑 2-19-15
建築年：1966 年（昭和 41）
結　構：鋼骨鋼筋混凝土造
規　模：地上 6 樓，地下 3 樓（本館棟）
設　計：村野．森建築事務所（村野藤吾）

39

塩野義製藥

舊中央研究所

至今仍殘留下町風情的大阪野田・福島地區，街上突然出現的要塞般大樓，是在日本建築界奠定現代主義基礎的建築家之一坂倉準三所領導的事務所設計的製藥公司研究所。形成外觀特徵的遮陽簾狀白色百葉窗板，是坂倉師承的近代建築巨匠柯比意親授的設計，外牆覆蓋的藍色磁磚則如日本陶瓷的深色調，不僅符合教科書所說的機能主義，還能感受到沉穩的氛圍。設置在ㄇ字型配置中央的入口大廳是天花板高聳的挑高空間，通往設在二樓的雅致接待室的L型樓梯，形成空間的特點。白色空間裡藍色磁磚和紅色天花板的所謂現代風格色彩構成中，明色調的木扶手畫出粗實又明快的線條——宛如看著那個時代的平面設計海報啊。

上　去除無謂之物的簡約樓梯之美，在藍色磁磚牆背景下更突出。

左上　入口大廳的挑高空間尺度，與樓梯的配置形成絕妙的平衡。

左下　樓梯僅固定上下，樓梯平台懸空。曲折處設計些小彎曲，凸顯樓梯的存在感。

坂倉事務所大阪分公司在那個時代經手的建築都很出色，而這棟建築可說是代表作。令人憂心的是，二〇一二年（平成二十四）三月，研究機能移轉他處，現在變成無人使用的狀態。位處這個少有醒目建築的區域，這棟建築今後仍會是地標性大樓。（高）

上　二樓並排著木隔板圍出的接待室。牆壁的藍和天花板的紅，對比不強卻具現代感。

下　扶手厚實，因顏色明亮而無沉重感。

設在大樓各區的機能性樓梯，基本的設計和入口處相同。支撐扶手的支柱非常細。

STAIRCASE FILE 39

塩野義製藥舊中央研究所

所在地：大阪府大阪市福島區鷺洲 5-12-4
建築年：1961 年（昭和 36）
結　構：鋼骨鋼筋混凝土造
規　模：地上 7 樓，地下 1 樓
設　計：坂倉準三建築研究所

就設在帶有角度而成コ字型的建物角落的樓梯，為了吸收這個角度而做成三角形。地板的藍色膠板色澤鮮豔。

40

志乃苑

靜

靜立於大阪市中心人氣住宅區的租賃公寓志乃苑。

正對著牆壁的樓梯室，飄蕩著從外面無法想像的肅穆氛圍。從三列長條狀排列的玻璃磚射入柔光，那光讓牆上浮現斑斑陰影。這樣的寂靜形成教堂的意象。或許因為建物對面是基督教女校的關係吧，但建物的歷史不明。經年的損傷和塵埃悄悄累積，現在作為比較廉價的租賃住宅，但仍可想像建設當時曾是摩登的高級公寓啊。（雅）

叼著鮭魚的熊在客廳的電視或鋼琴上非常常見，但這種熟悉的擺飾出現在這裡，感覺非常特別。

右　屋主是老奶奶吧。隨處細心裝飾著老奶奶家特有的擺飾，彷彿能看到寧靜規律生活的老太太小小的身影。

左　兩層樓高的窗照入的光，使白天始終明亮。位在建物中最佳位置的樓梯。

雖是無色彩空間，但灰色牆壁的粗糙感和像土一樣的質感，感覺溫暖柔和。

右　將支柱減至最少，只使用扶手，凸顯出作為主角的牆壁。

STAIRCASE FILE 40

志乃苑

所在地：大阪府大阪市中央區
玉造 2-28-23
建築年：1960 年（昭和 35）左右
結　構：鋼筋混凝土造
規　模：地上 4 樓
設　計：不詳

2

好樓梯必見之處

好的樓梯，形態和材質都有極為豐富的多樣性。
樓梯是觸手可及的存在……
仔細端詳，一個個部分都引人關注。
本篇大量彙集了各式各樣可稱為傑作的樓梯的細部。
而在欣賞諸多樓梯時，
發現木扶手、金屬支柱和水磨石側板
是好樓梯基本的三要素。
越看越好奇「究竟如何打造的呢」，
於是拜訪各個領域的專家，
深入探討工匠的祕密。

1 扶手

手直接觸握的部分是「扶手」。實際握著，感受方便抓握所下的工夫。觀察重點是素材、尺寸、斷面形狀和彎度。樓梯的等級取決於扶手的美感。日本經濟高度成長期結束前，多半使用曲木扶手，都是現在不知要花多少金錢人力才能打造的高級品。經年觸摸造成的褪色和光澤變化也很重要。接縫處在什麼位置、木紋如何變化，都會讓人漸漸開始關注吧。

不鏽鋼扶手讓樓梯有簡練的存在感。新東京大樓（頁 30）

微光反射，展現各種各樣的表情。大阪站前第二大樓（頁 116）

黑色支柱與銀色扶手的組合，印象鮮明。國際大樓（頁 32）

扶手少見的無光澤質感，自然美好的氛圍。新橋車站前大樓一號館（頁 114）

端部非直接切斷，細心磨圓處理。TAKIYA 總部大樓（頁 130）

角度設計成手掌可自然撫握的美麗表面。新東京大樓

扶手和金屬構件如行軍般整齊一致地折返。大阪神大樓（頁 126）

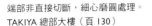

用木頭削出絕妙曲面的扶手斷面，
親密並排。油脂工業會館大樓

不拘形式做出各種角度的表面。形
成些微的曲線也是關注重點。油脂
工業會館大樓（頁 98）

樓梯平台的裝飾營造出古典氣氛。
奧野大樓（頁 96）

像緞帶般舞動。油脂工業會館大樓

自由伸展描畫出的線條上，陽光灑入。美好的一景。西谷大樓

黑與銀組合出奇妙的圖樣

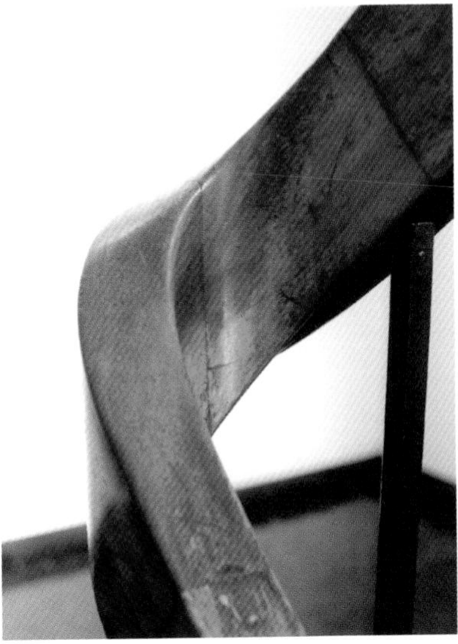

厚實的扶手扭轉而上的身影極具存在感。西谷大樓

適度收縮的斷面看起來很容易抓握

樓梯的作法

—

曲木扶手

好大樓的好樓梯，事實上許多是木扶手與鐵扶手欄杆的組合。每當接觸到魅力十足的木紋、平滑好握的扶手時，在感受絕妙設計的同時，也不禁讚嘆實現了這些設計的施工技術。對BMC來說，日日探尋好大樓時，雖然看過許多這種組合的扶手，但現在興建的新大樓或住宅卻完全不見勾勒出曲線的木扶手，實際上對於如何做出這樣的扶手一直好奇

FUJIKAWA 大樓迷人的美麗琥珀色彎曲扶手

不解。美麗綿延的木紋，但卻如此優美地曲曲彎彎。能夠彎曲木頭嗎？有人推測一些扶手是用一根木頭削出來的，但一看木紋便知真假。

西谷大樓三號館的扶手。複雜的彎折部分是用小型部材削製而成

許多人認為果真是彎曲木頭打造而成……。例如曲木細工家具等，據說是用高溫蒸汽對著木頭進行彎曲加工。可是扶手很粗……會這樣輕易彎曲嗎？

曲木家具的代表：索涅特椅（Thonet chair）

抱著這樣的疑問，造訪了大阪岸和田市木材町的株式會社MO-RIAN（モリアン）的木工工廠。曲木扶手的訂單，現在年約一、兩件或一件都沒有，大概都用在自建的豪宅裡吧。果然沒錯。一如預料，都是非常費工的高級品。業務部的加藤二治男先生說明了曲木扶手的工序。

株式會社 MORIAN 從事各種木製建築部材的製造和銷售

1 根據圖面，製作稱為治具的原寸假設樓梯。

沿著畫在地板上的平面圖立起支柱

配置高度，將圖面立體化

＊強行彎折的木頭，回復原形的力因樹種而異。必須考量表示此力的「彈性恢復率」，製作比圖面稍小彎曲率的治具，而這個縮減幅度是企業機密。

2 彎曲整疊撲克牌般重疊數枚薄板，邊錯開邊彎曲，再用治具固定保持沿著拱形彎曲的狀態。

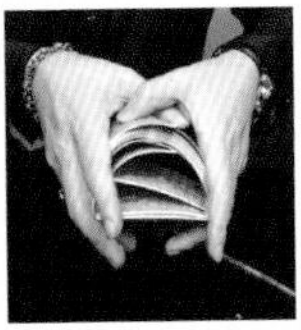

燕尾洗牌法

照片提供：新子景規

＊雖依彎曲率而異，但彎曲幅度小的地方，板厚約五公厘。端部等較小的彎曲曲線處，有時重疊放上數十枚六公厘左右的單板。

＊基本上使用集成材，也可以用無垢板製作。只是成品看起來大同小異。

3 使用鉗具（像鉗子的器具）來緊固，再用接著劑做出曲線四邊形的塊狀物。固定的間距和位置等，需要經驗和直覺來判斷。

鉗具

4 將這個樓梯搬到現場，確認尺寸是否吻合。若彎曲率略有誤差，可進行調整，在外側貼上一枚板子來補足增大，或內側加貼一枚板子來縮減。

＊治具和現場工程各依圖面進行，但施工過程難免稍有變動或出現歪斜。首先由金屬構件商把扶手的基材和扶手欄杆裝在樓梯踏板上。裝設木扶手是現場最後一項工程，不可能與圖面完全吻合。彎曲複雜的部位在搬到現場之前，有時會先送到金屬構件商的工廠，比對木扶手吻合程度。到了現場就無法再彎曲木頭，些微的差距都很難調整處理，如果有誤差，木工只好含淚帶回重新製作。

5 配合扶手的斷面形狀，用特別訂做的刮刀削出四邊形的棒子。因為是三維曲線，只能用刀具手工作業。

原來如此，重疊薄板，彎曲成流動的曲線！只有彎曲不易的端部用無垢材削製或進行細切加工。

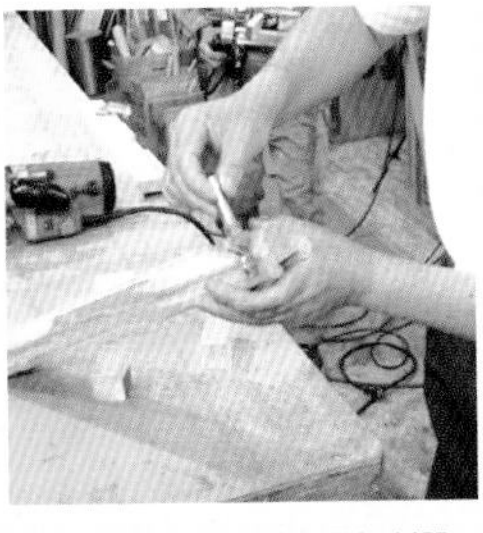

配合扶手斷面形狀的訂做切割器

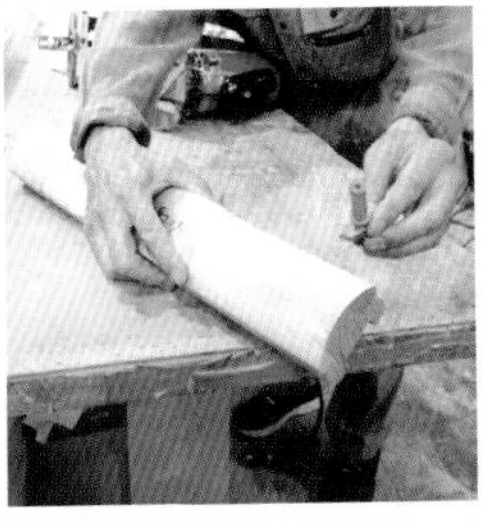

滑動切割器來切削

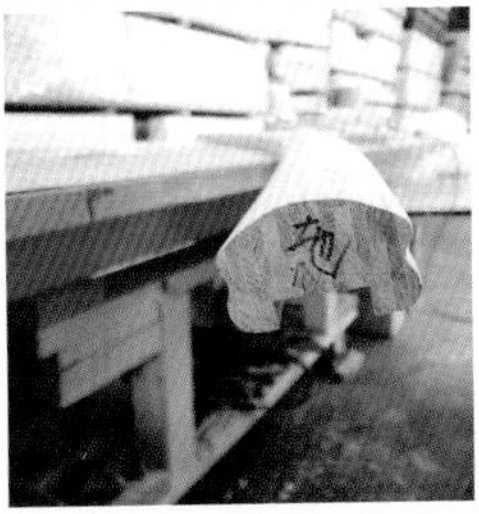

集成材塊削製斷面

如此一來，有著流麗木紋的木扶手彎曲作法之謎，差不多就這樣破解了。

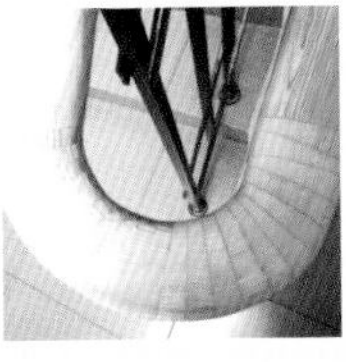

在立陶宛看到的動人成品

雖然MORIAN公司有時也會接到修補大樓樓梯扶手的委託案，但接合部的溝槽等處基本上不可能修補。因為一旦拆開那個部位，彎曲幅度就會變小，木頭本身也會變薄，若是一定要修補，必須製作新的扶手。不過能花高額費用修繕的案子也不多吧。若是看到木扶手，希望充分體驗這個物件的價值呀。（雅）

2 金屬構件

支撐手握扶手的支柱和填滿支柱間隙的扶手欄杆，多為金屬製。由於面積廣又非直接接觸的部分，成為凝聚了巧思特點的美麗裝飾添加之處。這樣原創的構材可說是非常奢侈的物件。配合樓梯角度的精確斜度也變得很重要。看起來昂貴的扶手欄杆當然好，鐵製的直線和圓等簡單構件所組合而成的設計，也摩登出色。

捲繞支柱的模樣很迷人。
關西大學（頁 16）

波浪狀金屬構件，為茶色系暗沉空間添加俏麗

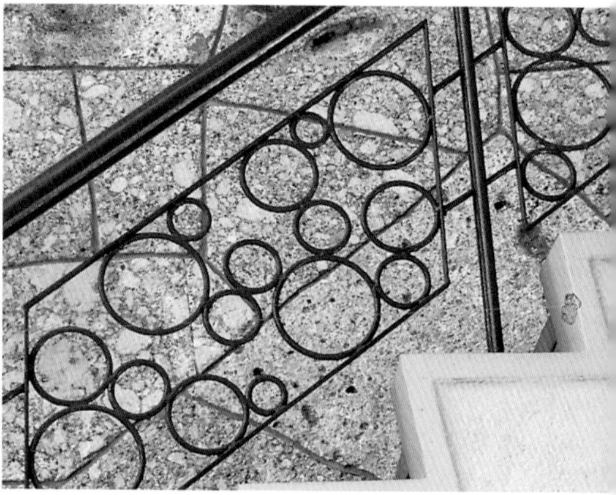

利用銲接也能做出泡泡漂浮般別出心裁的設計。清流會館

S 形、U 形或圓形等金屬構件獨具匠心
的設計，是設計者發揮創意之處！

即使是可愛的圖樣也不會過於精巧，就
是金屬構件的魅力

若延伸至天花板，還能柔和地區隔空間

偶爾會在街角的小型大樓看到強而有力
的巧思設計

反射窗戶照入的光，閃亮耀眼。食道園北新地店大樓（頁 72）

精采至極的直線設計，帶點男性風格

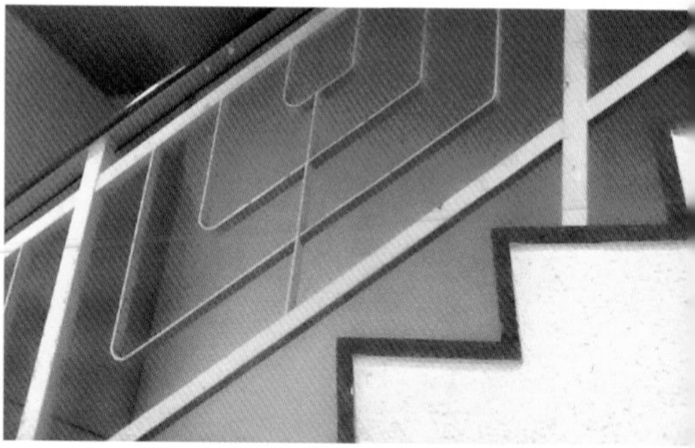

配合樓梯斜度的俐落平行線，看起來漂亮迷人！特色是略呈圓角處

與白色鑲板的組合。凸顯金屬構件的實用性

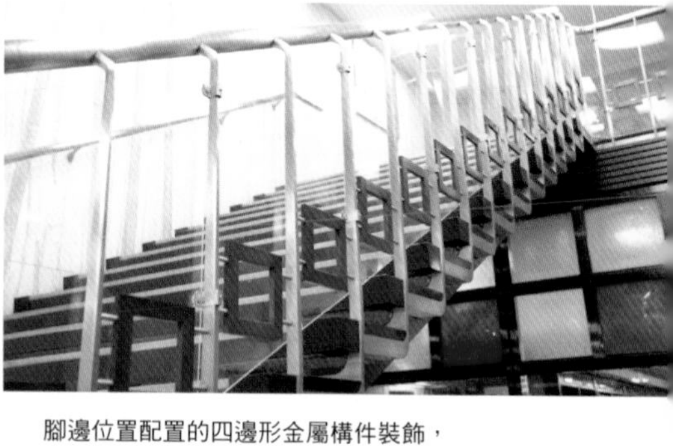

腳邊位置配置的四邊形金屬構件裝飾，營造出與整體空間的一體感。國際大樓（頁 32）

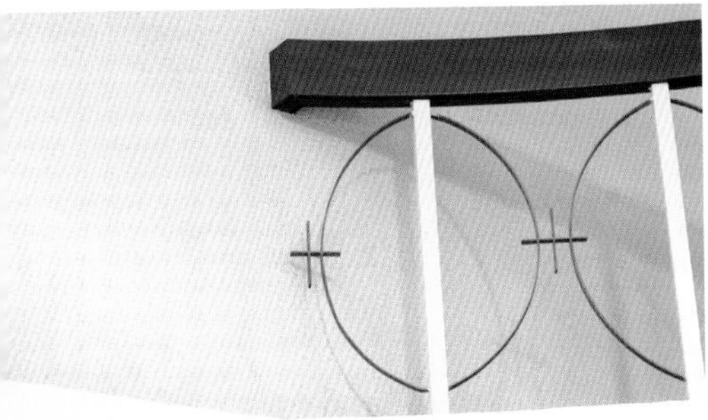

弧線和直線重疊的俐落組合，映在白色牆壁上

金屬構件凸顯出玻璃裝飾鑲板的特色。國際大樓

有好好支撐著透明鑲板喲，如此訴說著的可愛形狀。日生劇場（頁 92）

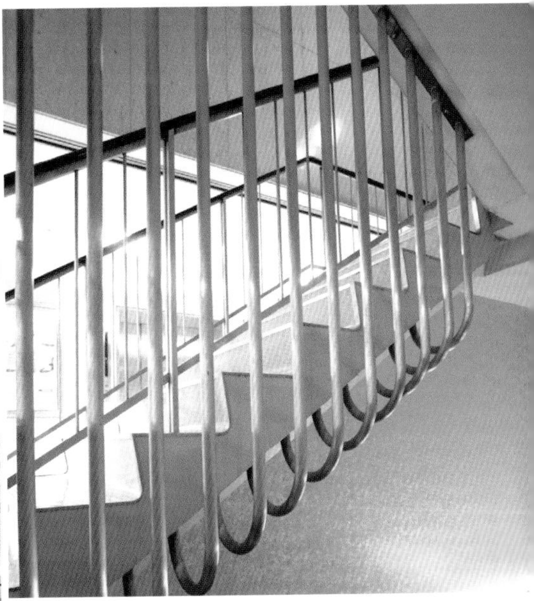

從梯背彎出伸展的姿態，讓人驚奇！

能勾勒出花瓣般柔軟的曲線，也是金屬構件的魅力

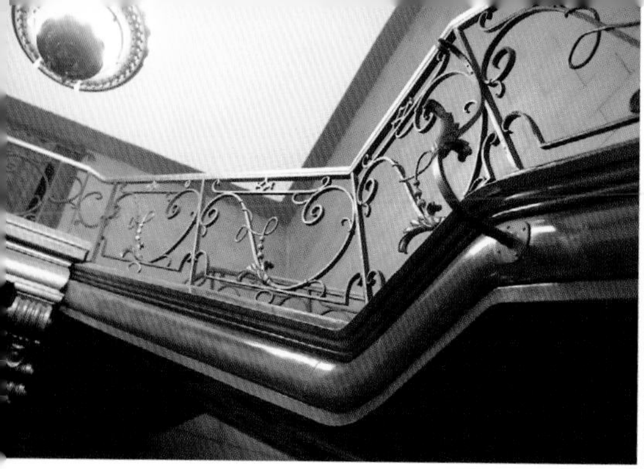

鐵製的優雅植物花樣，雅致地融入堂皇
的空間裡。綿業會館本館

即使在有限的空間也能自由發揮，金屬
構件的表現力不可小覷

搖曳的奇妙扭曲。與按鈕狀牆面結合起
來，如置身宇宙。有樂町大樓（頁 36）

以金屬構件為軸，組合編藤和木扶手，
饒富興味。綿業會館本館（頁 58）

傳統的純喫茶店裡，也有這樣捲型裝飾
風格的少女風

3 踏板·地面

踏板（腳踏的梯級）或樓梯平台等樓梯周邊的地面，也是值得一看之處。特別是沒有電梯的大樓，所有人都用樓梯上下，成為特別要求防滑和不易劣化等機能的部位。人經常通行的部分會褪色，或者因只修補該部分而造成色差，成為能實際感受一座樓梯的歷史的地方。大體上，一樓等主要樓層的地板都會特別設計，可以欣賞圖樣設計或不同素材的組合等。

清潔員定期磨亮丸之內很快變得暗沉的黃銅。色彩反轉的水磨石圖樣也很漂亮。新東京大樓（頁 30）

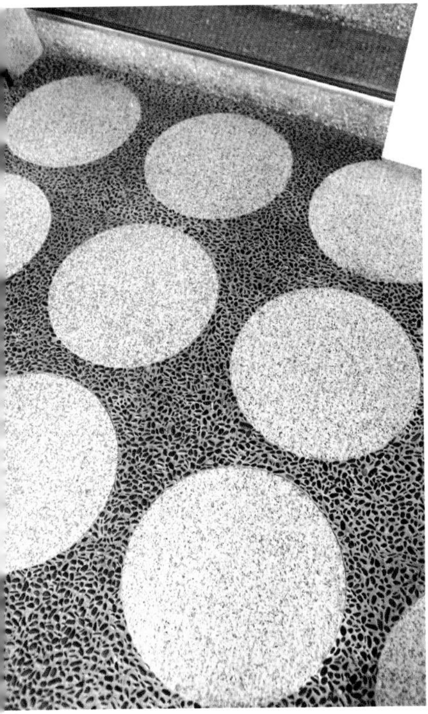

黑色圓石的磨石加工與御影石組合。像和風旅館一樣的辦公大樓。TAKIYA 總部大樓

不只是線材，也使用面材的少見水磨石黃銅圖樣。TAKIYA 總部大樓（頁 130）

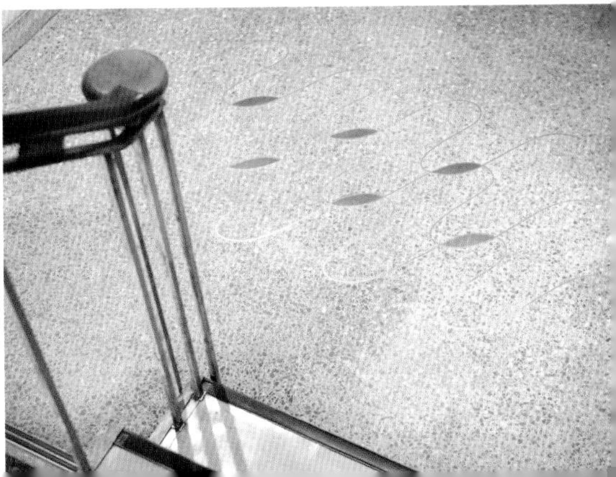

即使是普通的波紋鋼板踏板，也因負責升社旗的作業員每天反覆上下樓梯而留下歷史痕跡。大阪朝日大樓（頁 140）

地毯的圖案樣式在空中立體開展。純喫茶 AMERICAN

沐浴光線下的段差色澤和凹凸，讓人感受到歲月痕跡。關西大學（頁 16）

舞台後面的樓梯不對外開放，多次修補時未統一顏色，結果偶然形成的設計。東京文化會館（頁 86）

兼具止滑功能的陶器式樣室外樓梯

在從門廳延伸而來的磁磚與樓梯的地毯之間做調和的水磨石加工。東京文化會館

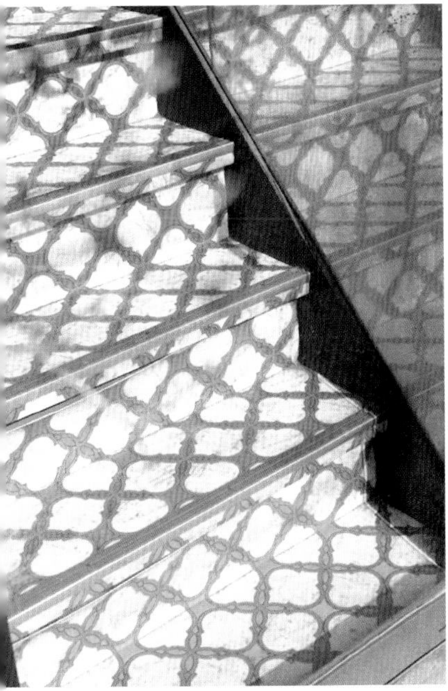

昭和華麗圖樣的塑膠類地板材，小型商業建築的小樓梯

藉由自然光凸顯出混凝土薄型踏板的素材感。大阪纖維會館

罕見的馬賽克鑲木踏板螺旋梯。綿業會館本館（頁 58）

嵌入止滑橡膠的踏板現成品，以及同素材製六角形地磚。新新橋大樓（頁 108）

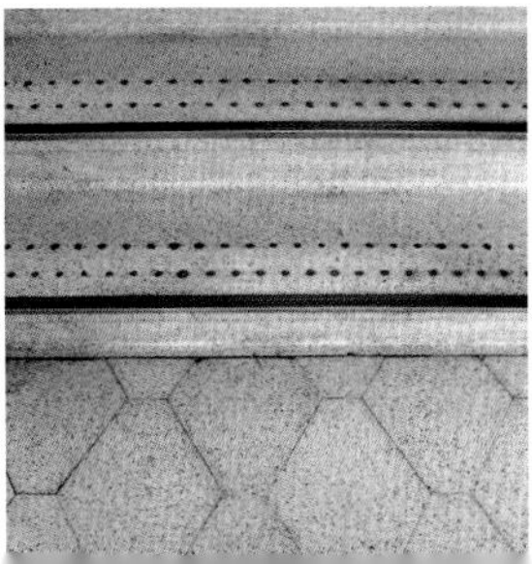

鏤空梯特有的光之演繹。GROW 北濱大樓（頁 56）

就像避免有人藏在下面一樣，樓梯或手扶梯下方不知怎的設置了枯山水。新阪急大樓（頁 110）

井然的色塊構成中，波浪狀的黃銅圖樣。中產連大樓（頁 64）

平常不會靠得這麼近看吧。泥水匠施作立體加工的水磨石放大圖。關西大學（頁 16）

雨天不積水且兼具止滑功能的室外避難樓梯。如美國老電影裡會出現的氛圍。綿業會館本館（頁 58）

強調樓梯存在感的黑白組合。Palaceside Building（頁 74）

現在變新潮的塑膠地磚鮮明用色。中產連大樓

即使褪了色，塑膠地磚樓梯仍隨著光和角度，展現如此美麗的表情。USEN 大阪大樓舊館（頁 26）

會員制俱樂部的厚重木梯果然與紅毯最契合。大阪俱樂部（頁 146）

刻在大理石地板上的抽象圖樣被樓梯分割。藥業年金會館（頁 144）

樓梯的作法 2

水磨石側板

BMC鍾愛的裝修材之一，是稱為「水磨石」的材料。在水泥裡混入小碎石鋪上後再打磨完成，屬於泥水工程。水磨石的原文terrazzo，據說語源出自義大利維洛納（Verona）一個稱為 Terrazzo 的地方，當地首先做出這種材料，作為大理石的替代品。因為耐久性極佳，大多無須改裝便可持續使用，應該是眾所周知的裝修材。日本經濟高度成長期興建的大樓，在入口大廳或玄關前的外構等重要地方，經常可見加入黃銅嵌條做出圖案線條，以各色水磨石打造有趣設計的地板。或許大家記得在生活周遭的學校走廊等處看過這樣的地板。

為了就教水磨石的作法，拜訪麾下有許多大阪泥水工匠的老店浪花組大前輩伊藤金次郎先生。

以混凝土塑形，再塗上砂漿成為基礎，上面塗上混有石頭（骨材）的水泥，研磨加工。各個步驟至少要進行兩次，視情況有時需要做三次，塗上後乾燥再塗上再乾燥……最後在濕潤時削磨完再乾燥……作業當然很費時。此外，使用水的濕式工程讓現場髒亂不堪。對近來講求縮短工期，以降低成本為最優先考量的現場來說，可說是完全未見的工法，新建的建物基本上看不到這種工法了。平均而言，整個工程中，一位工匠一天只能作業兩平方公尺面積，真是高級的裝修呀。

樓梯經常使用水磨石的部分是現場通稱「樓梯側板」的部位，主要是踏板端部的側面加工。

首先，用稱為尺規的木角材圍出配合樓梯的形狀，再用鏝刀塗布。稍微想像即可知用鏝刀塗抹稠狀物並不容易，在小面積的多角形上作業異常困難。不管是底塗層或面塗層，塗完一次所需的乾燥時間，夏季一天，冬天要兩天。乾燥後用磨砂機（細微震動砥石或砂紙來研磨的電動工具）

食道園的地板。水磨石特有的圖樣設計

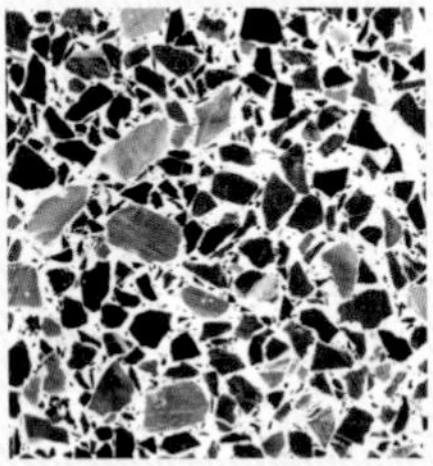

美濃黑石水磨石加工

照片提供：日本左官業組合連合會

配合梯形做成的各種樓梯側板

研磨表面。大面積當然能使用磨砂機，樓梯有許多邊角，必須用砥石手工研磨，對工匠來說是非常費工的作業。

混合的小碎石形形色色，如加那利石、珊瑚石、鮑貝、寒水石、櫻石……混合數種碎石就能表現出各種各樣的色調。隨著碎石種類不同，不僅色彩和大小相異，硬度也不一樣，研磨難易程度各異。劃分顏色以形成圖樣的黃銅嵌條，比不鏽鋼等物件軟，容易與水磨石一起削磨，所以最常使用。日本以前有專門負責這項研磨作業的所謂研磨屋工匠，因為電動工具普及，研磨屋這個行業已不復存在。現在的工匠也可能勝任水磨石的整體作業，但年輕工匠不了解作業程序，金次郎先生等人退休後，大概無人可承繼了。相當費工的樓梯持續使用漫長時間，至今成為珍貴的存在。不管什麼時候，都想欣賞樓梯角落那不為人知的奢華。（雅）

左上：寒水石　右上：黑色大理石
左下：加那利石　右下：鮑貝

若狹大樓的地板

4 照明

入口大廳等處挑高設置的樓梯，營造非日常的空間體驗。展現陰影或華麗感的大型照明，是樓梯奢華程度的代表物件。大多是配合大樓或樓梯的原創設計，有時為大樓設計者親自創作，也有另外委託設計者製作。更換燈泡和清潔等維護也是一大工程。在空無一物的樓梯平台小空間裡，僅是符合大樓設計風格的壁燈，就能形成特別的空間。

空間簡約，所以沒有壓迫感，反而有著未來感。朝日新聞大樓

抬頭仰望，如星星高掛夜空般閃耀光芒的羅曼蒂克氛圍。綿業會館本館（頁 58）

利用琥珀色玻璃磚，讓易顯昏暗的樓梯後空間也變成漂亮的金黃色。國際大樓（頁 32）

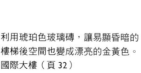

四邊形空間適當收邊，給人不過度
自我主張的高雅印象。國際大樓

徹底利用樓梯平台後面的空間。意
想不到的作法

展現所謂大樓門面的強烈存在感。
五年一次架起鷹架細心維護

如置身歐洲大教堂
的美麗裝飾照明。
大丸心齋橋店本館
（頁 44）

襯映著寬廣空間的顯眼設計。白色
空間中浮現的身姿美得令人屏息。
大丸心齋橋店本館

夢幻般發光的水晶燈，訴說著喫茶店老
舖的歷史

數量眾多的照明與舒緩的
挑高設計非常搭調。東京
讚岐俱樂部（頁 138）

與骨董風格的金屬構件完美搭配的
照明，勾動了少女心

像重疊王冠一樣不可思議的設計。
點燈後更增華麗。OMM 大樓

彷彿窺見祕密研究室般的未來設計感照
明，強而有力

溫和微光與柔和照明配置，療癒人心。舊岩崎邸庭園洋館（頁 134）

點燈後光擴散到各樓層，增添成熟的氛圍

框線纖細的框架圍起的漂亮燈光

樓梯前的入口處。細看會發現燈泡裝在上下，更加凸顯設計的趣味

雖然現在沒有使用，但窮究極限的設計美麗非凡。目黑區綜合廳舍（頁 150）

看起來像現今仍不定期著陸一樣的 UFO 狀圓形照明，可以感受到休閒大樓風格的玩心

5 樓層數標示

指示中間樓層的位置而特別設計的標示。在樓梯平台的牆面或地面以不拘形式的方式表示樓層數。現在是製作各式各樣的預製品，但日本經濟高度成長期結束前，幾乎都是配合大樓風格的原創設計。重點是字體、素材和立體形態等。基本作法之一是，在塑膠地磚上切割出文字的形狀，再嵌入其他顏色的塑膠磚。BMC發行的《大樓月刊》封面，多半使用出色的樓層數標示照片來表示期數。電梯的樓層數標示也一併收錄。

讓人印象深刻的特大尺寸數字。這樣絕不會弄錯！塩野義製藥舊中央研究所（頁154）

沒有多餘之物的極簡設計。不過度主張所形成的美感

變形的樓層數標示可感受到洗鍊的美感。Athénée Français（頁48）

具視覺親切感，標示在梯背處的嶄新設計

表情豐富的樓層數標示就像大樓的導覽者。全部彙整在一起，形形色色的形態和牆面的色彩平衡等，在有限的空間中充分表現出各自的個性

深深刻在柱上的數字，緩和了極盡計算的空間的緊張感。東光園（頁132）

精品的極致。無須多餘言語的成熟設計

與非常迷人的照明一體化的樓層數標示。引以為傲的設計。新阪急大樓（頁110）

命運分歧點般的戲劇化標示

表示上下方向的小巧箭頭和文字配置非常時尚

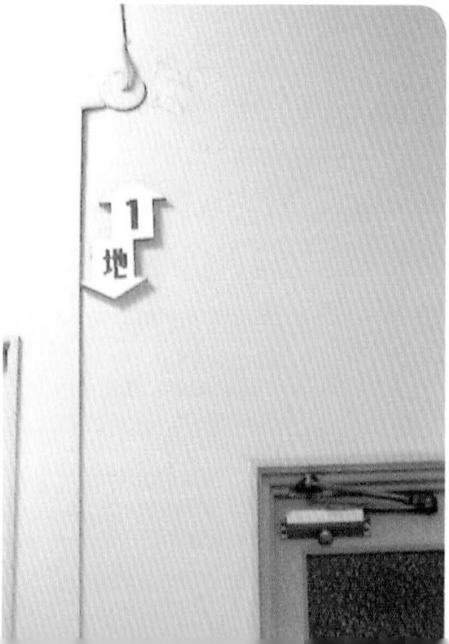

認真直率。黑白分明是魅力所在。油脂工業會館大樓（頁 98）

耐看的裝飾藝術風設計，就像高級鐘錶的錶面。大丸心齋橋店本館（頁 44）

無預期的戲劇性相遇，讓人滿心期待的美。奧野大樓（頁 96）

男女的剪影描繪出夜晚的大人世界

加入插畫的標示，讓各世代都熟悉易懂

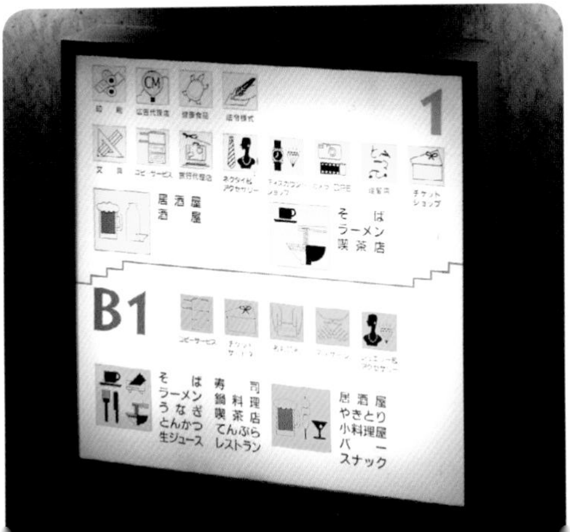

鼓舞微醺夜晚迷途者的夥伴。新橋車站前大樓一號館（頁 108）

6 梯背

眺望樓梯的絕妙重點不是從上往下看，而其實是欣賞梯背。從下仰望樓梯背後，有時可見平滑的有機曲面，有時能欣賞支撐樓梯結構的機能美。特別是形狀獨具特色的螺旋梯，為了讓不同形態的樓梯平台與樓梯部分的連接不會顯得不協調，形成非常複雜的造形。有時看到超越人類智慧、僅憑計算無法打造出的造形構想，就讓人不禁讚嘆。若能意識到梯背的魅力，便可說是樓梯的前輩了。

罕見的八角形螺旋梯，鋪裝同樣罕見的木板

不得知曉的祕密就在深處。東光園（頁132）

杉板模清水混凝土和白色砂漿的雙色調結構。倉吉市立成德小學（頁 66）

合宜地凸顯出作為主角的噴泉。大阪站前第二大樓（頁 116）

仰望有些過於簡練的素樸背影

打造為家具，或許有做拋光。綿業會館本館（頁 58）

一塊一塊的光澤，感受到工廠生產打造的美感。GROW 北濱大樓（頁 56）

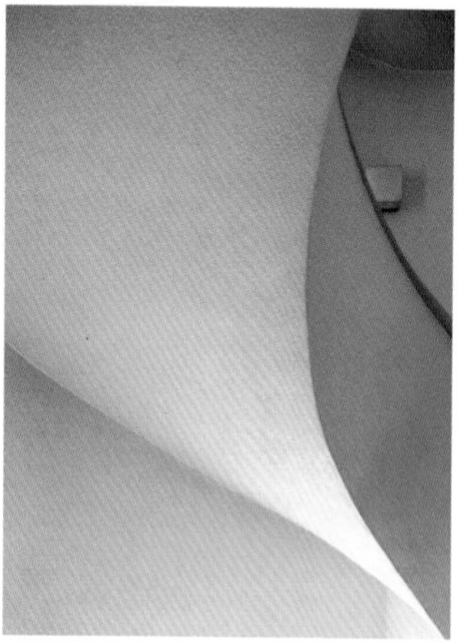

美得令人屏息的幸福。USEN 大阪大樓舊館（頁 26）

四鋸齒的機械式機能美。關西大學（頁 16）

這個彎折與綠色摺邊相合，形成獨特的風貌。妙像寺（頁 122）

一身華麗的熟女。國際大樓（頁 32）

大樓裡包裹出的一個宇宙。目黑區綜合廳舍（頁 150）

仰望複雜又纖細的桁架，獨一無二的景致。養樂多總部大樓（頁 40）

嵌滿馬賽克磚，就像珊瑚一樣

美麗女性的背影和一束黑色直髮，還有纖細的頸部……。油脂工業會館大樓（頁 98）

微微窺看，銀色線條充滿知性。新東京大樓（頁 30）

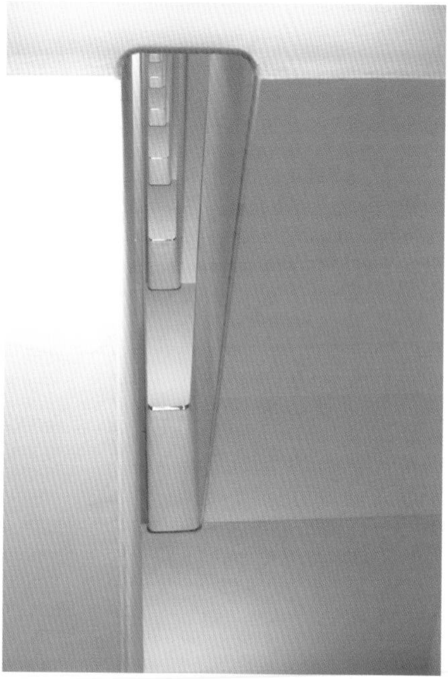

低限的美

7 其他

樓梯還有許多相關的迷人要點。沿牆的樓梯，牆壁大多整面裝飾著浮雕、壁畫或特別的磁磚等，形成動態的藝術。此外，固定住踏板的左右並支撐荷重的樓梯側板，隨樓梯而有各式各樣的形狀，是內行人必看之處。將光引入陰暗樓梯的方法，也凝聚許多巧思。其他如建物正面通往夾層等處的前樓梯，讓立面更具魅力。

樓梯附近設置的半球形電話台，極具未來感。朝日新聞大樓

規則排列的立體磁磚的陰影，為建物添增表情。食道園宗右衛門町本店大樓（頁 72）

梯廳顯眼的大尺寸白色磁磚，靜靜地散發存在感。國際大樓（頁 32）

踏板些微突出，感受絕妙的韻律。大阪站前第二大樓（頁 116）

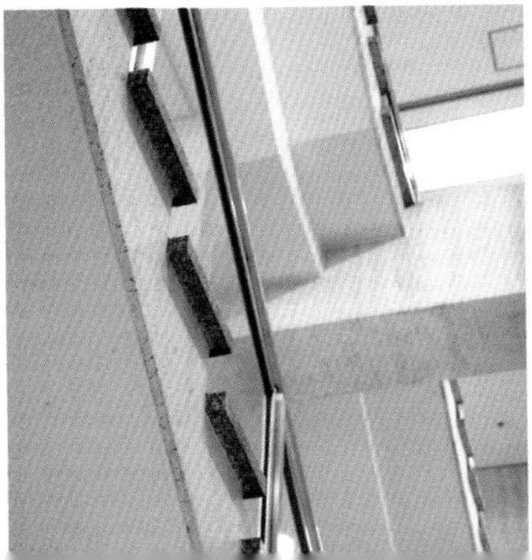

感覺溫暖的橙紅色空間中，放置著現代風格設計的家具。東京文化會館（頁 86）

段差小的螺旋梯，一次一小步節奏輕快地上樓

色調典雅的樓梯和地板的地毯。設置在裡側的照明也別有趣味

男性化的簡約不鏽鋼扶手，稍微混搭少女風牆面磁磚

支撐扶手的華麗線條給人洗鍊的印象。關西大學（頁 16）

容易變得陰暗的細長樓梯空間，若整個牆面使用玻璃磚，便會極具開放感

色調耐看的上釉磚上，幾何圖案的扶手映照著夜晚的街道

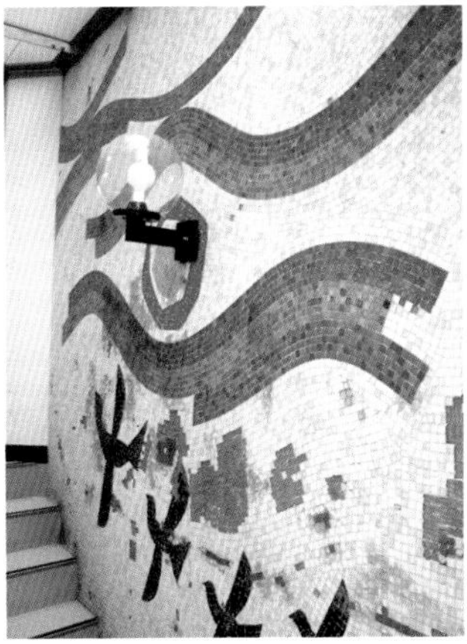

讓人興奮喜悅的牆面馬賽克磚。為日常生活增添鮮豔的色彩

充滿玩心的牆面裝飾旁，加上簡約的樓梯來增添柔和感。新橋車站前大樓一號館（頁 114）

樓梯平台竟繪有如此色彩繽紛的保齡球場景

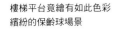

通往中層樓的樓梯、牆面、照明和地面，每一處都很出色的大樓

越過窗戶看到的樓梯非常漂亮。像畫框一樣框出樓梯的窗框，顏色也很美

如雨絲落下般俐落的線條圍起樓梯

引導通往裝飾優雅的二樓樓層的樓梯，亦顯得浪漫

清爽的藍色凸顯特色。佇立於商業街正中央的少女風大樓

樓梯的作法 3

村野藤吾的鐵梯

村野藤吾的美麗樓梯打造過程

根據主要材料和結構，樓梯分為木梯、混凝土梯和鋼骨梯（其中也有玻璃梯）。打造這些樓梯的人也各有不同的技術作法，本篇介紹鐵梯的作法。特別是勾勒出美麗弧線的螺旋梯，尤其建築家村野藤吾那絕對無法用尺規描畫出的有機曲線美樓梯，讓人好奇究竟是如何打造的。因此，請教了參與許多村野樓梯傑作的上野製作所的上野保彥先生。

上野製作所的總部位於大阪四天王寺旁邊，一九〇四年（明治三十七）創業，歷史悠久。該公司製作建築用的各種金屬構件，也就是金屬構件廠。一九五〇年代開始，上野製作所即憑藉高超的技術，參與打造許多村野的建築。除了本書收錄的日生劇場（頁92）和目黑區綜合廳舍（頁150）之外，也承接了新歌舞伎座和寶塚市廳舍等村野藤吾代表作的金屬構件工程。一九四三年（昭和十八）生的上野保彥先生，一九六五年（昭和四十）進入公司，一九七五年（昭和五十）開始擔任現場負責人，參與數項村野樓梯工程。下面整理了上野先生熱切敘述的村野樓梯出色之處和製作難度相關內容。

熱切解說圖面的上野保彥先生

圖面篇

樓梯的製作，首先要解讀村野藤吾的設計事務所繪製的圖面。然而，樓梯圖面只畫出基本形態和大小，手繪的弧線和細部的詳細尺寸並沒有設定。在這個階段，工廠是無法製作樓梯的。要製作實物，必須有詳細的尺寸。因此，上野先生和製圖者為了以原寸重現村野事務所圖面繪製的弧線，進行標示座標的作業。在圖面上畫出方格並測量各交點的距離，弧線分割成數個圓弧再將曲率數據化。反覆討論，檢視從哪裡分割才能重現圓滑的曲線。困難之處在於，樓梯不是二維物件，而是三維的立體物件。即使能在紙上重現美麗的曲線，將之三維立體化時，不一定能呈現出村野藤吾構思描繪的線條。但三維座標標示計算非常繁雜，所以上野製作所及早引入了電腦繪圖的CAD（電腦輔助設計）系統。儘管較晚投入，上野先生也在一九七五年就開始使用。現在建築設計圖幾乎都用CAD製作，上野製作所可算非常早便引入這套系統吧。不過，上野製作所不是用CAD來繪圖，而是當成「計算機」使用。換言之，僅是為了三維交點作圖計算，導入當時仍非常昂貴的CAD。「沒有人在畫圖面的啦」，上野先生雖然笑著這麼說，但不作圖的話，就無法正確地用圖面標示出村野樓梯吧。

上野製作所依此方式開始描繪所謂製作圖，反覆與村野事務所的負責人討論，慢慢確定了圖面。以村野樓梯的例子來說，大約兩個月才能完成最基本的平面圖。

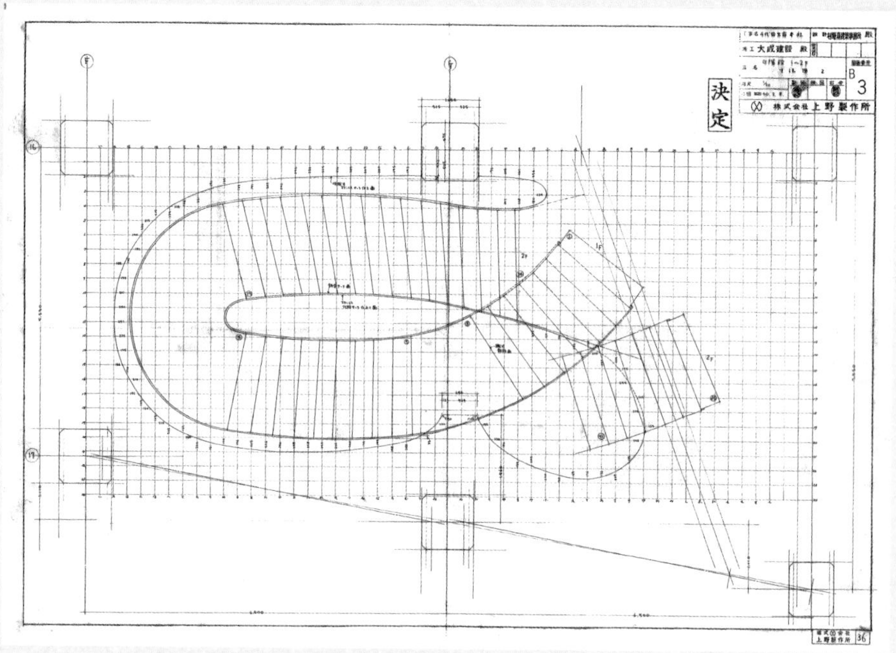

目黑區綜合廳舍（頁 150）的平面圖。小字寫著從方格到各點的距離（製圖：上野製作所）

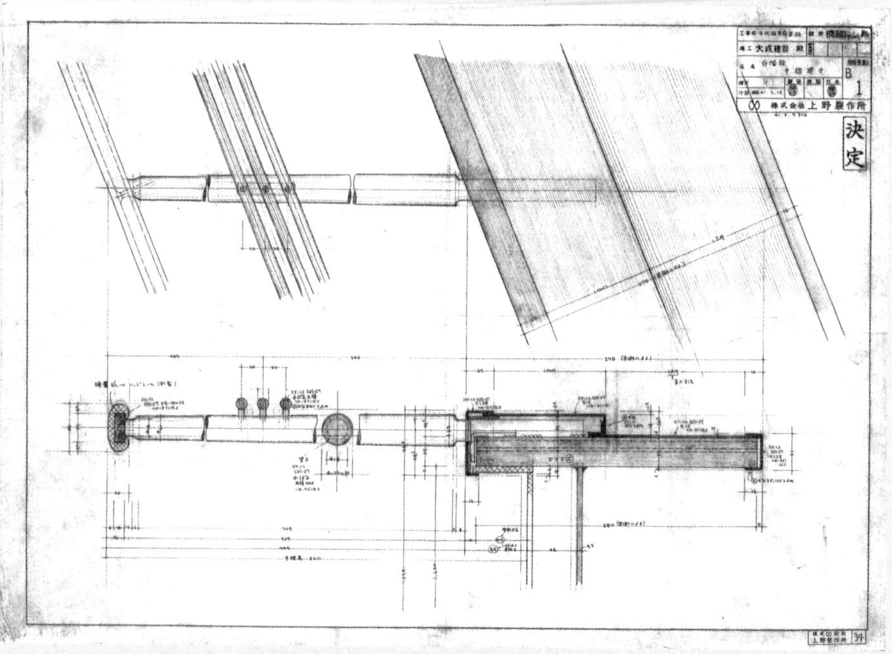

扶手詳圖。細心手繪的圖面美麗非凡（製圖：上野製作所）

工廠篇

完成的圖面獲得村野事務所的認可後，終於可以在工廠製作樓梯。當時上野製作所在大阪府門真市有大型工廠。雖然樓梯在那裡製作，但村野藤吾設計的那種複雜的樓梯，不是在工廠做好零件再到現場組立就完成了。在工廠會實際將近乎完成的樓梯先組合一次，如果不先確認，直接在現場進行肯定會出問題。先在工廠組合完成一次，再重新分解運到現場。真是耗時費工呀。

首先，用白色粉筆在工廠地板上標出圖面計算座標，畫出原寸平面圖。接著，用鋼骨構材組成支架，把落在地板上的座標點訂為Z軸，也就是往上架起，以支架作為製作樓梯時的標準，這樣才能做出立體模板。當支架完成後，工匠就可以對照模板來製作各個部件進行組合。雖然是之後預定拆除的假設物，為了檢查，還是會實際上下樓梯，所以應該銲接的地方都確實做假設銲接。

提到村野藤吾的樓梯，夾起踏板兩端的鐵板（樓梯側板），多半就像新式體操的緞帶一樣，在空中畫出優雅的曲線。那塊鐵板，究竟是如何彎曲而成的呢。鐵當然無法輕易彎曲。為了彎折鐵等金屬板，必須使用稱為滾圓機的機器。不妨把它想成是將手工義大利麵麵糰壓薄的機器放大版。在轉動的大滾輪之間插入鐵板，利用滾輪的壓力將堅硬的鐵板彎曲。若是一般的螺旋梯，製程很簡單。如果是正圓，曲率固定，只要用相同的角度和強度通過滾圓機，就能做出像圖面一樣彎曲的樓梯側板。然而，村野的樓梯曲率不固定，由好幾個圓弧組合構成，放入鐵板的角度和壓送的條件都必須進行細微的調整。五、六位工匠抓住厚重鐵板的兩側，稍微彎曲一小部分後對著支架確認彎曲程度，再反覆進行彎曲和確認的步驟。就這樣做出美麗的弧線啊。滾圓機的彎曲調整，憑工匠的直覺。上野製作所為了打造村野的樓梯，甚至開發出新的滾圓機。

村野樓梯製作極為費時。上野先生以某旅館的樓梯為例說明，光是地下一樓到二樓，從最初的討論到在工廠組裝，實際上花了快半年時間。

現場篇

在工廠假設組立完成後，實際登上樓梯確認安全性、容易行走程度、聲響和搖晃等，若都沒問題，就考量方便搬運的大小來做分解，最後運至現場。如果覺得曾經在工廠組合完成，之後應該會很簡單，那就大錯特錯了。在現場組立時，樓梯要裝設到建物的部分總會錯開而無法吻合呀。「百分之百合不起來。」上野先生苦笑說。建築最終是在現場獨

上：門真市上野製作所的工廠樣貌
下：製作目黑區綜合廳舍樓梯用的支架。邊對照指示邊打造鐵板的弧度

目黑區綜合廳舍工程現場。上野製作所的工匠正在裝設樓梯

一無二的製造，為數眾多的行業和工匠參與相關工程。即使現場和工廠都根據相同的圖面來製作，仍會出現精確度的誤差或資訊共享的落差，有時是現場做些微變更卻未告知工廠。不管多麼小心地製作，總會在哪裡累積誤差。如果是些許的誤差，還能靠彼此的經驗相互配合調整。但有時在現場束手無策，這時要把錯位的部分帶回工廠重做，再帶到現場。「帶回重做真是晴天霹靂。」上野先生說道。在前述的旅館樓梯案例裡，從進入現場到裝置扶手到收工，花了近一個月。「雖然工作總是筋疲力竭，一點樂事都沒有，但完成竣工後的滿足感非常大呀。」上野先生總結關於村野樓梯的話題。

村野樓梯的魅力

「村野先生的樓梯非常難製作，卻很容易走，是輕鬆的樓梯。」上野先生如此評論村野樓梯。除了村野藤吾的樓梯，上野先生也參與過許多建築家的樓梯工程，他的評語獨具說服力。螺旋梯特別能看出差異。從螺旋梯最內側部分往上爬時，村野樓梯非常好爬，其他設計者的樓梯踏板寬度小，很難落腳。確實如此，村野藤吾的螺旋梯內側空間寬，成為內部寬敞的樓梯。複雜的曲線，也考量過樓梯容易行走的程度。

裝設側邊不鏽鋼外殼

再者，村野藤吾的樓梯踏面寬且段差低。換言之，樓梯的坡度和緩，可以輕鬆上樓。看似大家都能辦到的事，卻出奇困難。要降低坡度，樓梯級數會增加，就必須確保足夠容納樓梯的寬廣空間。一般的設計是先決定周遭的空間，在分配到的空間裡設計樓梯。有時空間狹小，不得不勉強放入樓梯。但是上野先生說，村野藤吾應該是先從樓梯做了考量。先構思描繪理想的樓梯，再確保所需的必要空間。為了讓走樓梯的人感覺舒適悠緩，村野藤吾的樓梯在設計樓梯本體之前，先考量了所在空間的大小呀。

雖然扶手做了變更，但幾乎仍維持竣工當時的樣貌

圖面．照片提供：上野製作所

建築資料

頁碼	大樓日文原名	所在地	建築年	設計
16	関西大学（千里山キャンパス）	大阪府吹田市山手町 3-3-35	1949 年（昭和 24）～ 1980 年（昭和 55）	村野・森建築事務所（村野藤吾）
22	大阪府立中之島図書館	大阪府大阪市北區中之島 1-2-10	1904 年（明治 37）， 增建 1922 年（大正 11）	住友本店臨時建築部 （野口孫市、日高胖）
26	USEN 大阪ビル旧館	大阪府大阪市中央區高津 3-15-5	1973 年（昭和 48）	東畑建築事務所
30	新東京ビル	東京都千代田區丸之內 3-3-1	1 期 1963 年（昭和 38） 2 期 1965 年（昭和 40）	三菱地所
32	国際ビル	東京都千代田區丸之內 3-1-1	1966 年（昭和 41）	三菱地所
36	有楽町ビル	東京都千代田區有樂町 1-10-1	1966 年（昭和 41）	三菱地所
38	北浜レトロビルヂング	大阪府大阪市中央區北濱 1-1-26	1912 年（明治 45）	不詳
40	ヤクルト本社ビル	東京都港區東新橋 1-1-19	1972 年（昭和 47）	圓堂建築設計事務所（圓堂政嘉）
44	大丸心斎橋店本館	大阪府大阪市中央區心齋橋筋 1-7-1	1 期 1922 年（大正 11）～ 4 期 1933 年（昭和 8）	一柳米來留建築事務所
48	アテネ・フランセ	東京都千代田區神田駿河台 2-11	1962 年（昭和 37）	吉阪隆正 + U 研究室
52	山本仁商店	京都府京都市中京區室町通鯉山町 529	1987 年（昭和 62）	阿閉建築設計事務所
56	GROW 北浜ビル	大阪府大阪市中央區北濱東 1-29	1964 年（昭和 39）	大林組
58	綿業会館	大阪府大阪市中央區備後町 2-5-8	（本館）1931 年（昭和 6） （新館）1962 年（昭和 37）	（本館）渡邊節建築事務所 （新館）渡邊建築事務所
64	中産連ビル	愛知縣名古屋市東區白壁 3-12-13	1963 年（昭和 38）	坂倉準三建築研究所
68	倉吉市庁舎	鳥取縣倉吉市葵町 722	1956 年（昭和 31）	岸田日出刀 + 丹下健三
70	倉吉市立成徳小学校	鳥取縣倉吉市仲之町 733	1962 年（昭和 37）	不詳
72	食道園宗右衛門町本店ビル 食道園北新地店ビル	大阪府大阪市中央區宗右衛門町 5-13 大阪府大阪市北區曾根崎新地 1-6-4	1968 年（昭和 43） 1969 年（昭和 44）	生美術建築設計研究所（生山高資） 生美術建築設計研究所（生山高資）
74	パレスサイドビル	東京都千代田區一之橋 1-1-1	1966 年（昭和 41）	日建設計（林昌二）
78	芝川ビル	大阪府大阪市中央區伏見町 3-3-3	1927 年（昭和 2）	渋谷五郎（基本計畫・結構設計） 本間乙彥（意匠設計）
80	ヤマト インターナショナル大阪本社	大阪府大阪市中央區博勞町 2-3-9	1968 年（昭和 43）	三座建築事務所
84	城野ビル	大阪府大阪市北區万歲町 3-41	1967 年（昭和 42）	光洋建設
86	東京文化会館	東京都台東區上野公園 5-45	1961 年（昭和 36）	前川國男建築設計事務所
92	日生劇場（日本生命日比谷ビル）	東京都千代田區有樂町 1-1-1	1963 年（昭和 38）	村野・森建築事務所（村野藤吾）
96	奥野ビル	東京都中央區銀座 1-9-8	1932 年（昭和 7）， 增建 1934 年（昭和 9）	川元良一
98	油脂工業会館ビル	東京都中央區日本橋 3-13-11	1963 年（昭和 38）	三井建築設計事務所
104	生駒ビルヂング	大阪府大阪市中央區平野町 2-2-12	1930 年（昭和 5）	宗建築事務所（宗兵藏）
108	ニュー新橋ビル	東京都港區新橋 2-16-1	1971 年（昭和 46）	松田平田坂本設計事務所
110	新阪急ビルディング	大阪府大阪市北區梅田 1-12-39	1962 年（昭和 37）	竹中工務店（小川正）
114	新橋駅前ビル一号館	東京都港區新橋 2-20-15	1966 年（昭和 41）	佐藤武夫設計事務所
116	大阪駅前第 2 ビル	大阪府大阪市北區梅田 1-2-2	1976 年（昭和 51）	安井建築設計事務所
120	青山ビル	大阪府大阪市中央區伏見町 2-2-6	1921 年（大正 10）	大林組
122	妙像寺	大阪府大阪市中央區谷町 8-2-14	1964 年（昭和 39）	松田設計事務所
126	大阪神ビルディング	大阪府大阪市北區梅田 1-13-13	1963 年（昭和 38）	大林組
130	タキヤ本社ビル	大阪府大阪市中央區島之內 1-10-12	1966 年（昭和 41）	清水和彌設計事務所
132	東光園	鳥取縣米子市皆生溫泉 3-17-7	1964 年（昭和 39）	菊竹清訓建築設計事務所
134	旧岩崎邸庭園洋館	東京都台東區池之端 1-3-45	1896 年（明治 29）左右	康德（Josiah Conder）
138	東京さぬき倶楽部	東京都港區三田 1-11-9	1972 年（昭和 47）	大江宏建築事務所
140	大阪朝日ビル	※ 不復存在	1931 年（昭和 6）	竹中工務店（石川純一郎）
144	薬業年金会館	大阪府大阪市中央區谷町 6-5-4	1978 年（昭和 53）	翔建築設計事務所
146	大阪倶楽部	大阪府大阪市中央區今橋 4-4-11	1924 年（大正 13）	片岡建築事務所（安井武雄）
150	目黒区総合庁舎	東京都目黑區上目黑 2-19-15	1966 年（昭和 41）	村野・森建築事務所（村野藤吾）
154	塩野義製薬旧中央研究所	大阪府大阪市福島區鷺洲 5-12-4	1961 年（昭和 36）	坂倉準三建築研究所
158	志の乃め苑	大阪府大阪市中央區玉造 2-28-23	1960 年（昭和 35）左右	不詳

Original Japanese title: Ii Kaidan no Shashin-shu
Originally published in Japanese by PIE International in 2014

PIE International Inc.
2-32-4 Minami-Otsuka, Toshima-ku, Tokyo 170-0005 JAPAN

藝術叢書 FI1034

樓梯，上上下下的好設計
大師傑作、工匠技藝、時代風華，內行人才知道的40座好樓梯

作　　者　BMC（bldg. mania cafe）
攝 影 者　西岡潔
日文版設計　TAKAIYAMA inc.
插　　畫　ニシワキタダシ
日文版編輯　瀧亮子
譯　　者　陳彩華
副總編輯　劉麗真
主　　編　陳逸瑛、顧立平
美術設計　陳瑀聲

發 行 人　凃玉雲
出　　版　臉譜出版
城邦文化事業股份有限公司
台北市中山區民生東路二段141號5樓
電話：886-2-25007696　傳真：886-2-25001952
發　　行　英屬蓋曼群島商家庭傳媒股份有限公司城邦分公司
台北市中山區民生東路二段141號11樓
客服服務專線：886-2-25007718；25007719
24小時傳真專線：886-2-25001990；25001991
服務時間：週一至週五上午09:30-12:00；下午13:30-17:00
劃撥帳號：19863813　戶名：書虫股份有限公司
讀者服務信箱：service@readingclub.com.tw
香港發行所　城邦（香港）出版集團有限公司
香港灣仔駱克道193號東超商業中心1樓
電話：852-25086231　傳真：852-25789337
E-mail: hkcite@biznetvigator.com
馬新發行所　城邦（馬新）出版集團 Cité (M) Sdn Bhd
41, Jalan Radin Anum, Bandar Baru Sri Petaling, 57000 Kuala Lumpur, Malaysia
電話：603-90578822　傳真：603-90576622
E-mail: cite@cite.com.my
初版一刷　2014年8月5日

ISBN 978-986-235-379-0
定價：450元

國家圖書館出版品預行編目資料

樓梯，上上下下的好設計：大師傑作、工匠技藝、時代風華，內行人才知道的40座好樓梯／BMC（bldg. mania cafe）著；西岡潔攝影；陳彩華譯.--初版.--臺北市：臉譜, 城邦文化出版：家庭傳媒城邦分公司發行, 2014.08
面；　公分. --（藝術叢書；FI1034）
譯自：いい階段の写真集

ISBN 978-986-235-379-0（平裝）

1. 空間設計　2. 樓梯

441.566　　103014169

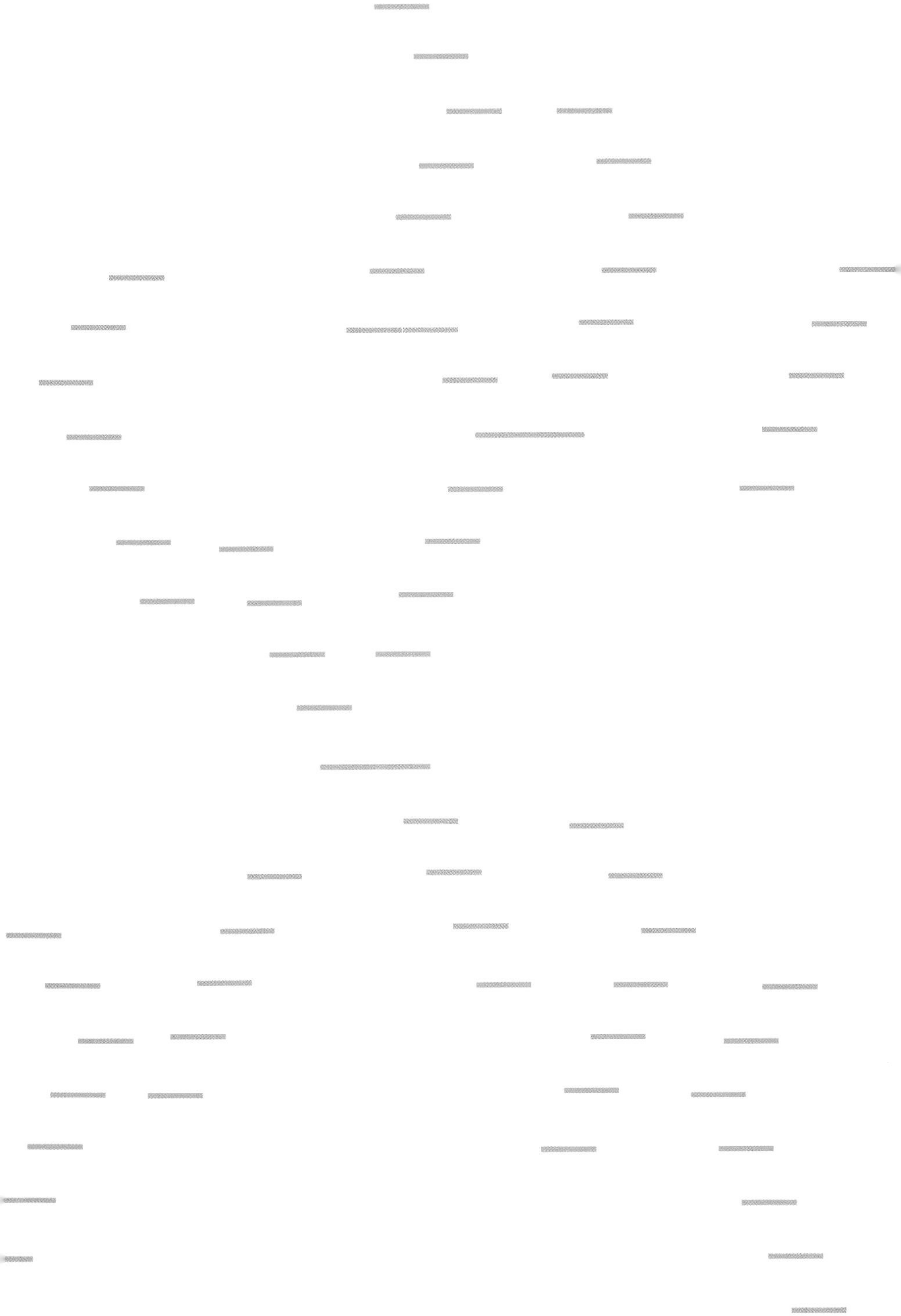

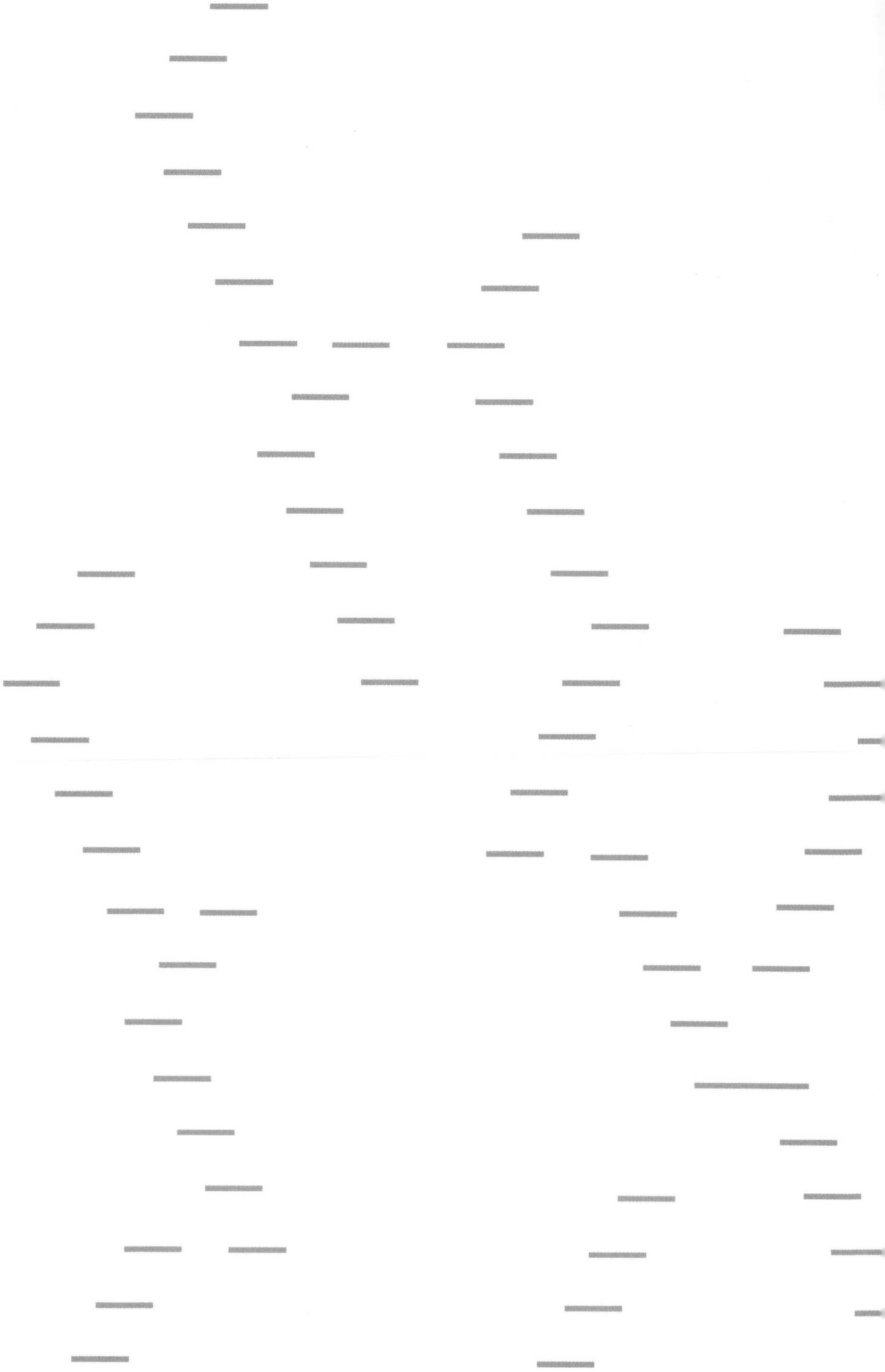

圖一：瑪瑪是伯格斯動物園黑猩猩群中在位長久的首領雌性，照片中她與女兒莫妮克一起，這時是她的權勢高峰期。她的體型並沒有勝過完全成年的雄黑猩猩，但是具有龐大的政治影響力。

圖二：瑪瑪五十歲時出現老態，也因為關節炎而行動不便，但是依然受到敬重。

圖三：瑪瑪是著名的爭鬥調停者。她現在介入了首領雄性尼基（圖中右方）和自己年輕同黨雄黑猩猩方斯（Fons）之間的爭吵，方斯發出了抗議的吼叫（圖左方）。瑪瑪走到兩頭黑猩猩之間，對尼基發出呼呼的叫聲，讓他平靜下來。瑪瑪之後幫尼基理毛，然後把方斯帶開。

圖四：許多靈長類動物會讓牙齒露出，包括了人類在微笑的時候。我們認為這個動作來自於對有害刺激的反射動作式反應。肯亞的狒狒在吃有刺的植物時，會把嘴唇往後拉遠。

圖五：年輕的恆河猴對近身而來的高地位雄性露出牙齒，這種嘴巴合起、嘴唇後拉的表情，表示了順從以及想要留在原地。

圖六：這頭雌恆河猴對於地位低的同種個體，展現出典型的威嚇表情：她目光嚴厲，嘴部張開但是沒有露出牙齒。

圖七：恆河猴「橘子」坐在她的兩個成年女兒之間，她們之前發生了激烈的爭鬥，然後過來找她和解。三頭雌恆河猴會一起發出友善的呼呼聲與砸嘴聲，同時會把注意力放在彼此的幼猴上。

圖八：對於所有的靈長類動物而言，身體接觸具有鎮定的效果。這兩頭雌黑猩猩互相擁抱，看著群裡一場激烈的爭鬥。

圖九：日本地獄谷野猿公苑中的獼猴，風雪時泡在溫泉中理毛。靈長類動物花在理毛的時間非常多，這個行為有助於維持聯繫與互助關係。

圖十：靈長類動物沒有得到預期的事物時會鬧脾氣。圖右的猴子對左邊抱著幼猴的母親尖叫，母親把牠推開。在那頭幼猴出生之前，是自己攀在母親的肚子上。

圖十一：卡布欽猴注意著其他同類手上的食物。牠們往往會分享食物，但是對於不公平非常敏感。

圖十二：一九七九年，我在伯格斯動物園抱著羅西。我們成功地訓練了她的養母庫伊用奶瓶餵養她。

圖十三：同理心最常見的呈現方式是安慰其他個體的悲傷。在巴諾布猿天堂保護區中，一頭巴諾布猿溫柔地抱住一頭在爭鬥中落敗的同伴。

圖十四：圖右的雌黑猩猩親吻首領雄性，他們之前有過爭吵，首領雄性還追著她跑。黑猩猩的親吻和人類的一樣，是典型的合好舉動，在分開之後重逢也會用這樣的方式歡迎對方。

圖十五：一頭成年雄黑猩猩偷走了牠的果子之後，這頭年輕黑猩猩伸出手來並發出尖叫，要求他把果子還回來。

圖十六：從達爾文以來，關於皺眉這個動作便持續受到爭議。皺眉這個動作是由眉毛間的小肌肉收縮而產生的，只有人類才會有這種表情。現在我們知道其他的靈長類也有相同的肌肉，生氣的時候也會收縮。照片左邊年輕的巴諾布猿皺眉裂嘴，瞪著他的對手：一頭年輕的雄巴諾布猿，後者尋求一頭雌巴諾布猿的保護。她一手圈著他，另一隻手揮動起來，好嚇退攻擊者。

圖十七：兩頭成年雄黑猩猩在打鬥末尾時爬上樹的高處。其中一頭向另一頭伸出手，希望能夠和解。我在拍了這張照片後不久，這兩頭雄黑猩猩彼此擁抱親吻，一起爬了下來。

圖十八：巴諾布猿的露齒表情如同人類的微笑，通常用來安撫對方，平息對方的情緒。照片中右邊的羅瑞塔（Loretta）要化解她和幼猿藍諾（Lenore）之間的僵局，因為幼猿一直想要拿她的食物：那一束長滿葉子的樹枝。羅瑞塔的困境是幼猿的母親地位比較高。她把食物拿到藍諾抓不到的地方，和藍諾握手並且出現和善的露齒表情。

圖十九：黑猩猩在尖叫時能夠出最大的聲音，表達出了恐懼與憤怒。尖叫通常是對著地位高的個體所發出的，例如這兩頭雌黑猩猩便在追著一頭雄黑猩猩時，發出憤怒的尖叫聲。

圖二十：首領雄性持續生活在壓力之中，經常感到焦慮。約克斯國家靈長類研究中心中這頭雄黑猩猩的對手每天都來騷擾他，從不停歇。他的眼睛中似乎透露出揮之不去的憂慮。

圖二十一：猿類在嬉鬧追逐時會發呼呼的笑聲。

圖二十二：在聖地牙哥動物園中，一頭成年的雌巴諾布猿（左）和年輕的雄巴諾布猿（右）站立著。在所有的大型猿類中，巴諾布猿的身材跟人類的祖先最為相似，牠們的腿比較長，腳掌形狀和腦容量也比較接近人類祖先。由於巴諾布猿與黑猩猩和人類的親緣關係一樣接近，在研究人類的演化時兩者同樣重要。

MAMA'S LAST HUG

瑪瑪的最後擁抱

我們所不知道的動物心事

Animal Emotions and What They Tell Us about Ourselves

Frans de Waal

法蘭斯・德瓦爾——著　鄧子衿——譯

獻給凱薩琳
妳照亮了我

目錄

前言

對我來說，觀察行為是再自然不過的事情，自然到我可能觀察過頭了。我大約在十二歲的時候才了解到這一點。那天我回到家，告訴母親我在公車上看到的一幕。一個男孩和一個女孩一直以不雅的方式接吻，兩個人張開嘴，彼此緊緊接在一起。當時的我沒幹過這種事，不過青少年還滿常這樣做的，不怎麼特別，接下來我注意到女孩接吻之後嚼著口香糖，但是在接吻之前只有男孩嚼口香糖。一開始我還搞不懂，後來才想到：這就像是連通管原理嘛！我回家後告訴母親，她完全不像我那麼興奮，只是擔心地告訴我，不要那麼注意其他人的行為，因為這舉止不太好。

現在我的專業工作便是觀察，但是不要期待我會注意到衣服的顏色，或那個男子是否戴假髮，我對這些東西一點興趣都沒有。我集中觀察的是情感表現、肢體語言和社會動力（social dynamic）。在人類和其他靈長類動物之間，這些反應很相似，我的技術兩者都用得上，不過我的研究工作通常集中在靈長類動物。我在當學生時，不時可以看到動物園中的一群黑猩猩。後來我成為科學家，在美國喬治亞州亞特蘭大市附近的約克斯國家靈長類研究中心（Yerkes National Primate Research Center）工作，情況也相似。在田野工作站，我觀察的黑猩猩住在野外，牠們有時候陷入騷亂，我們便會匆匆忙忙地衝到窗戶邊觀察難得的場面。絕大多數的人看到的是二十多個長毛野獸陷入一片混亂，一面奔跑一面高吼尖叫，但其實牠們組成了秩序嚴明的社會。我們可以認得每頭猩猩的面孔，甚至聽聲音就能夠分辨得出來，也知道將會發生的事情。如果沒有辨認出模式，觀察過程將會失去焦點、陷入混亂，就像是在觀賞從來沒有參加過、也所知不多的運動，基本上你什麼都看不懂。就是因為這樣，我無法忍受美國電視對於國際足球賽事的報導：絕大部分的運動播報員都沒有即時開始播報，而且連基本戰術都無法掌握，他們只關注球在哪裡，在重要的時刻反而只會大放厥詞。我們如果缺乏辨認模式的能力，就會像這樣子。

重點在於不要只注意場上中央地帶發生的事情。如果一頭雄黑猩猩丟石頭騷擾其他黑猩猩，或是就近攻擊其他黑猩猩，你要把眼光從牠們身上移開，看看周圍的情況，那邊才是新局勢發展出來的地方。我稱這種方法為「整體觀察」（holistic observation）：要考量到更大的範圍。那隻受威脅雄性黑猩猩的最親近伙伴，正在旁邊的角落打瞌睡，並不表示我們可以忽略他。當他起來、走到發生爭執的地方，整群猩猩就知道局勢將會改變。一頭雌性黑猩猩發出高叫，顯示她要離開，而其他的雌黑猩猩把幼兒抱得更緊了。

騷動平息下來之後，你還不能離開，要注意場上主要演員，事件還沒有結束。我看過幾千次這樣的和解，但我第一次感到驚訝。兩頭雄黑猩猩短暫對抗了一下，然後都兩腳站立了起來，面對面，豎起了毛，讓自己看起來比平常大上了一倍，彼此對看的眼神非常凶殘，我覺得他們會再幹架一場。但是兩頭黑猩猩彼此靠近，其中一頭突然轉身，讓背後面對另一頭，另一頭則開始仔細清理那一頭肛門周圍，嘴唇和牙齒發出很大的聲音，顯示他非常投入這工作。第一頭黑猩猩也要接著做同樣的事情，兩頭黑猩猩變成了六九姿勢，讓彼此能夠同時清理對方的臀部。後來兩頭黑猩猩都放鬆了，接著清理對方的臉。和平再次降臨。

一開始清理的部位可能很奇怪，但是想想在英文（以及其他許多語言）中有「拍馬屁」（ass-licking）之類的說法，我便確信這是有理由的。人類在非常恐懼的狀況下，可能會嘔吐或是腹瀉，害怕的時候可能會「嚇到尿褲子」。在猿類中這種狀況也很常見，只不過牠們沒有褲子可以尿濕。全體退場的方式也深具意義。在這場小規模衝突結束許久之後，你或許可以見到一頭雄黑猩猩若無其事地閒晃到草地上、之前對手黑猩猩坐過的位置，並彎下身體去聞一聞。雖然黑猩猩和人類一樣，在各種感官中，視覺占了主導地位，但是嗅覺依然很重要。人類也是，從隱藏式攝影機拍下的畫面中，可以看到人類在和其他人握手之後，通常會聞一聞自己的手，特別握手對象是同性別的時候。我們不經意地把手貼近臉前，吸取微弱的化學氣息，好了解對方的特性。我們喜歡把其他動物看成是自動機械裝置，把人類自己看

在打鬥之後的和解中，雄黑猩猩會熱心清理對手的臀部。如果兩頭同時都這樣做，便會形成怪異的六九姿勢。

成是理性的演員，知道自己在做什麼事，但實際情況並沒有那麼簡單。

我們一直都能夠觸及自己的感覺，但是棘手之處在我們每個人的情緒和感覺並不相同。我們傾向以同樣的意思表達感覺，但感覺是內在主觀的狀態，嚴格來說，只有具備了那份感覺的人才知道是什麼樣子。我知道我自己的感覺，但是不知道你的感覺，除非你告訴我。人類用語言溝通感覺。另一方面，不論是憤怒、恐懼、性慾、愛慕、想占上風等情緒，都是身體和心智的狀態，會驅動行為的出現。經由某些刺激，加上行為的改變，我們可以觀察到情緒引發的外在變化，例如臉部表情、皮膚顏色、口氣聲調、身體姿勢、氣味等。只有當人體驗到這些變化，才能察覺到這些變化轉換成了感覺，後者是察覺得到的體會（conscious experience）。我們展現的是情緒，但談論的是感覺。

拿「和解」這件事來說吧。和解是在衝突之後重新建立友善關係。和解是可以觀測到的情緒互動：要察覺到和解，你只需要有點耐心，就可以看到先前衝突者之間發生的事情。但是和解伴隨著其他情緒：悔改、原諒、放鬆等，有過這種體驗的人才會知道是什麼感覺。你可能會懷疑其他人是否和你有同樣的感覺，但就算是其他人和你都屬於人類這個物種，你都難以確定這點。舉例來說，有些人宣稱原諒了另一個人，但是你會相信這個說法嗎？我們雖然經常聽到這種說法，但是這往往會讓人輕藐地懷疑其中可能另外有什麼原因。我們對於自己內心的想法其實了解得並不透徹，這常常讓我們誤解自己以及周遭的人。人類擅長享受虛假的幸福、壓抑恐懼，還有誤入歧途的愛。所以我很高興能夠研究沒有語言的生物。我被迫要猜測牠們的感覺，但是至少牠們絕不會談論自己，搞得我迷失了方向。

研究人類的心理學經常要倚靠問卷調查，讓人說明自己的感覺，然後科學家希望能夠從中找到名實相符的行為。但是我偏好反過來。我們應該更多加觀察人類的真實社會事件。讓我回顧一場在義大利舉辦的大型會議好了。我在多年前參加那場研討會的時候，只是個初出茅廬的科學家，在那場會議中我發表的內容牽涉到靈長類解決衝突的方式，卻完全沒有料想到，我會親眼目睹一件人類解決衝突的絕佳案例。那時有位科學家的行為，我之前從來都沒有見過，之後也鮮少再遇到，可能是因為他很有名，母語還是英語。在國際會議中，美國人和英國人往往都有所誤會，以為自己擅長說母語，在才智上也就高人一等。其實是其他與會者的英語說得破破爛爛，一時難以反駁那些人的論點。英語母語者極少領悟到這一點。

整個研討會中安排了多場演講。在每位講者結束之後，我們那位著名的英語母語科學家都會從他最前排的椅子上站起來，幫助聽眾了解剛才演講的內容。舉例來說，有位義大利演講者剛說完她的研究內容，連掌聲都還沒有停下來，這位科學家就從座位起身，登上演講台，拿走演講者的麥克風，直接就說：「她真正的意思是……。」我不記得當初的演講題目是什麼，但是這位義大利演講者臉色馬上就變得很難看。那位男性的自大狂妄和對她缺乏尊重的態度完全表露無遺，現在我們倒是有個專門的詞彙，可用以形容「男性自以為是又好為人師」(mansplain)。

絕大部分的聽眾都經由翻譯耳機聽到了他說的內容，事實上，由於翻譯出的內容會稍晚一點才傳出來，絕大部分的聽眾便在當下看清了他的行為，就像是電視轉播的爭執畫面中要是沒有了聲音，會讓人更容易看出爭執中的肢體語言，這些聽眾開始鼓譟並發出噓聲。

我們這位著名科學家臉上出現的驚訝之情，顯現出他完全誤以為自己搶抓麥克風會受到認同。在此之前，他認為一切都會順利。這時他慌張又狼狽，匆匆走下講台。

他和那位義大利演講者回到座位上後，我一直注意著他們。大約過了十五分鐘，他到她身邊，幫她翻譯內容，因為她好像沒有用到這項服務。她禮貌地接受了(但也可能是因為她根本就不需要翻譯)，姑且算是對方含蓄提出的和解吧。我會說「含蓄」，因為他們都沒有再提到之前尷尬的時刻。人類在衝突之後，雙方往往會發出善意的訊號(微笑或是問候)，然後把衝突一筆帶過。我沒有聽到他們談話的內容，但是有其他人在所有演講結束之後告訴我，那位科學家後來又去找她說：「我當時真是個混蛋。」這份自覺值得讚揚，可以當成是明顯的和解行為。

即便人類化解衝突的現象無所不在，況且在這場會議中又發生了引人注意的事件，但是聽眾對我的演講反應好壞參半。我的研究才剛起步，科學界當時還不能接受「其他的動物也會有和解行為」這個概念。我不覺得有人會懷疑我的觀察結果，因為我提出了大量資料和照片，佐證我的看法。他們只是不知道這些觀察結果代表的意義。當時對於動物衝突的主要論點集中在輸贏之上。對動物來說，贏就是好，輸就是糟，一切只為了爭奪資源。在一九七〇年代，科學界把動物看成了霍布斯式主義者（Hobbesian）：使用暴力、彼此競爭、自私自利，不會有真正的善意。我對於牠們會和解的看法根本沒有道理。除此之外，那個聽起來和情緒有關的字眼也沒有得到適當的認同。有些同行高高在上地解釋，說我的說法過於浪漫，而這種說法並不科學。當時我還年輕，他們告誡我，自然界中所有的事情都圍繞著生存和生殖，沒有生物會費力達成和平，只有弱者才妥協。雖然有些黑猩猩展現出和解的行為，但是牠們是否真的需要這樣做？值得懷疑。顯然其他的物種不會有同樣的行為。我的研究只是僥倖觀察到而已。

之後數十年來，有數百項研究都指出一件事。現在我們知道和解不但常見，而且普遍。大鼠、海豚、狼、大象等所有社會性哺乳動物都會出現和解行為，鳥類也有。這種行為能夠修復關係，如果現在我們發現某一種社會性哺乳動物在衝突之後不會和解，反而會感到驚訝，會想要知道牠們維繫社會的方式。但是當時我不知道這點，並且還很禮貌地聆聽這些免費意見。不過我沒有改變自己的看法，因為對我來說，觀察結果可以壓過理論。動物在實際生活中發生的事情，其重要程度，永遠超過我們對於動物先入為主的看法。如果你天生就善於觀察，那麼你就會用歸納的方式研究科學。

達爾文在《人和動物的情感表達》（*The Expression of the Emotions in Man and Animals*）中提到的觀察結果很有名，如果你如同達爾文那般，觀察到其他靈長類動物也有類似人類臉部的情感表達，那麼就無法逃避這個結論：牠們的內在也發生了類似人類的情感活動。牠們微笑的時候牙齒會露出來，被搔癢的時候會輕聲發笑，受到挫折的時候會噘嘴。這種狀況自然而然會成為你建構理論的起點。關於動物的各種情緒或是缺乏某些情緒，你可能會有自己偏好的看法，但是不論這個看法的內容是什麼，最後你都得有一個架構，要能夠解釋人類和其他靈長類，兩者為什麼都用臉上同樣的肌肉運動溝通意圖與反應？達爾文很自然地推論，認為人類和其他靈長類的情緒表現方式具有某種連貫性。

不過，表現情緒的行為，和這些狀況的意識或無意識體驗之間，兩者是有差別的。任何宣稱知道動物感覺的人，不會受到科學的支持。動物的感覺只是猜想，但這並不全然是壞事，我徹頭徹尾地認為，和人類親緣關係相近的物種，具有和人類相近的感覺。就算我說本書的書名《瑪瑪的最後擁抱》是一頭老黑猩猩和一位老教授擁抱，黑猩猩在幾天之後去世了，我也不能在書中描述她的感覺。熟悉的行為和辛酸的場景，確實暗示了那些感覺，但是那些感覺依然是無法觸及的。對於研究情緒的人來說，這種不確定性總是造成困擾，也讓有些人認為這個領域混沌不清。

科學不喜歡不精確，就動物情緒這方面來說，科學觀點通常和大眾看法有所差異。如果你在街上問人「動物是否有情緒」，不論男女都會回答說：「當然有。」人們自己的寵物狗和寵物貓有各式各樣的情緒，從這裡延伸出去，他們認為其他動物應該也會有情緒。不過如果你在大學中找個教授問同樣的問題，許多人會搔頭、一臉困惑，然後問你這個問題真正的意思。你對情緒的定義是什麼？他們可能贊同美國行為主義學家史金納（B. F. Skinner）所謂機械論式的動物觀。史金納把情緒說成「要解釋行為時所能找到的最佳藉口」，然後踢到一邊。的確，現在幾乎找不到科學家會直接公開否定動物有情緒，但是有許多科學家談到這個話題時會不自在。

如果你站在動物那一方，懷疑動物有情緒的人會讓你不爽，那麼請記得，如果沒有嚴謹的科學研究，我們可能還相信地球是平的，或是腐敗的肉會自動長出蛆來。科學最適合用來質疑先入為主的尋常成見。即便我無法同意對動物情緒的懷疑，我也還是會覺得，確定動物有情緒這件事情就好像是在說天空是藍色的，可是這並不能讓我們多知道些什麼。我們必須要更深入了解才行。動物有哪些情緒？牠們的感覺是什麼？具備這些情緒的目的是什麼？一條魚感受到的恐懼和一匹馬感受到的恐懼是相同的嗎？光靠印象無法回答這些問題。看看我們是如何研究人類的內心世界。我們把人類受試者帶到房間中，讓他們看影片或是玩遊戲，同時連在他們身上的管線，可測量心跳速率、皮膚電流反應、臉部肌肉收縮等。我們也會掃描受試者的腦部。對於其他的動物，我們也需要採取相同的近距離觀察方式。

我喜歡研究野生靈長類動物。這些年來，我造訪過世界各地許多野外研究區域，但是對我和其他人來說，這樣的研究還是有其限制。我曾親眼目睹極度情緒化的場面，例如一群比我還高的野生黑猩猩，突然發出讓人血液凝結的高叫聲。在自然界中，黑猩猩發出的噪音可說是最大的。當時我不知道騷動的原因，心臟都快要停了。後來才發現牠們抓到了一頭倒楣的猴子，毫無疑問正在分肉。我看到這群猩猩聚在抓到猴子的那頭黑猩猩周圍，正在享受美食。他把肉分給了其他黑猩猩，我猜想，可能是因為這頭猴子的份量超過自己的食量，所以他並不在乎。也有可能是他想打發這些來乞討的黑猩猩，因為每次他把一小塊肉送到嘴邊的時候，其他黑猩猩都持續發出嘀咕聲，並且小心翼翼地觸碰那些肉。還有第三種可能性：他無私地分享這些肉，因為他知道其他黑猩猩都想要一塊肉來吃。光是用看的，無法確定是哪一個原因。我們需要改變擁有猴肉的那頭黑猩猩的飢餓狀態，或是要讓其他黑猩猩更難乞求到肉。這樣他還會願意慷慨分享嗎？必須具有對照組的實驗，才能夠讓我們了解到他行為背後的動機。

在研究智能上，這個方法非常有效。現在我們膽敢談論動物的心智活動，是因為百年來科學家針對動物以符號溝通、認識鏡中的自己、工具的使用、規畫未來事物、接納其他個體的觀點等，一項項進行了實驗。以前的人認為人類和其他動物之間有一座高牆，但是這些研究在牆上鑿開了許多大洞。關於情緒，如果採取系統性研究，我們可以預期得出相同的結果。在理想狀況下，我們可以利用實驗室和野外發現，把各種發現拼成一幅拼圖。

情緒可能難以捉摸，但是情緒也是人類生活中最為突出的一面，並為每件事情賦予了意義。人們在實驗中，對於情緒飽滿的圖片和故事的記憶，要比不帶情緒的圖片與故事來得清楚深刻。我們描述幾乎每件事情的時候，都喜歡使用帶有情緒的字眼。一場浪漫或歡樂的婚禮、一場令人落淚的葬禮。運動比賽讓人興高采烈或大失所望，則是依結果而定。

對於動物，我們也有同樣的偏好。網路上的影片中，卡布欽猴（capuchin monkey）[1]用石頭敲碎堅果影片的點擊次數，遠遠不如一群水牛保護小牛而驅趕獅子的影片：那些有蹄動物以角為武器，驅趕掠食者，防止小牛不受利爪侵害。這兩種影片都精采有趣，但是後者才能扣人心弦。我們把自己代入了小牛，聽到牠們的哞哞叫聲，為小牛和母親的重逢感到欣慰。對於獅子來說，這不是什麼快樂結局，但是我們往往忘得一乾二淨。

這是和情緒有關的另一件事：情緒讓我們選邊站。

我們不只對於情緒的興趣極為深厚，情緒影響社會結構的程度之深，我們也鮮少知曉。政治家如果不是因為渴望權力，怎麼會想要追求更高的職位？這點所有的靈長類動物都一樣。如果你和雙親及子孫之間沒有情緒聯繫，怎麼會擔心家人？人類會廢除奴隸與童工制度，便來自其建立於社會聯繫與同理心之上的情理。美國總統林肯解釋反對奴隸制度的立場時，特別描述他前往南方時看到的景象，受到繩子綑綁的奴隸讓人鼻酸。人類的審判系統能夠以懲罰的方式，釋放痛苦與復仇的情感。我們的醫療系統來自於同情心，醫院（hospital）的字源是拉丁文中的「照顧」（hospitalis），因為最初的醫院是由修女建立的宗教慈善機構，到近晚才轉變為由非宗教專業人士所管理的機構。事實上，人類最珍視的機構和成就，都和人類的情緒密切相關，如果沒有了情緒，這些機構和成就將不存在。

領悟到這一點，讓我能夠從不同的角度看待動物的情緒；不是光思考這個領域的內容，而是讓我們能夠理解人類的存在、目標與夢想，以及極其複雜的社會結構。從我的專長出發，我自然最為注意靈長類這群和人類親緣關係最相近的動物，但並不是因為我認為牠們本來就比較值得注意。靈長類動物情緒的表達的確和人類比較相似，但是在動物界中，情緒表達隨處可見，魚類、鳥類、昆蟲有，章魚這種聰明的軟體動物也有。

在本書中，「其他動物」或是「人類之外的動物」等字眼會非常少。為了行文簡練，我幾乎都會使用「動物」這樣的說法。身為生物學家的我，對於人類屬於動物界這件事，再清楚也不過了。我們是動物，所以我不會認為人類這個物種在情緒上和其他哺乳動物有什麼太大的差異，事實上要找出人類獨有的情緒還滿困難的，我們最好仔細觀察人類和這個星球上其他旅客所共有的情感基礎。

1. 或稱為僧帽猴，舊稱捲尾猴。

第一章

瑪瑪的最後擁抱

雌黑猩猩族長的告別

在瑪瑪（Mama）滿五十九歲前一個月、強．范霍夫（Jan van Hooff）八十歲生日的前兩個月，這兩個年長的人族動物（hominid）有過一次感人的重逢。瑪瑪年事已高，可能隨時都會離開人世，她是世界各動物園中最年老的黑猩猩之一。范霍夫有一頭白髮，穿著紅色的防雨夾克。他是生物學教授，多年前曾經指導我的博士論文。他們兩位彼此認識超過四十年了。

范霍夫大膽地走進瑪瑪晚上睡覺的籠子裡，發出友善的咕嚕咕嚕聲，靠了過去。我們長年研究猿類的人，通常會模仿牠們典型的聲音和姿勢：柔和的咕嚕咕嚕聲能夠讓牠們心安。在麥稈墊子上的瑪瑪，如同胎兒身體蜷曲，當她從睡眠中醒來，花了幾秒鐘才弄清楚發生了什麼事。她很高興看到范霍夫前來，欣喜地露齒而笑，這個表情的幅度要比人類同樣的表情來得大上許多。黑猩猩的嘴唇有很高的伸縮性，還能夠把內側翻出來，我們不只會看到瑪瑪的牙齒和牙齦，還會看到她嘴唇的內側。瑪瑪的臉笑開了，發出尖叫聲，這種高音調的叫聲是興奮時才會出現的。這時她的情緒顯然是正面的，因為當他彎下腰的時候，她靠近他的頭，溫柔觸摸他的頭髮，一條長手臂繞住他的脖子，把他拉近。在擁抱的時候，她的手指規律拍打他的背後和脖子。黑猩猩在安撫嗚咽的幼猩時也經常用這種方式。

對於瑪瑪來說，這再正常也不過了：她一定感覺得到，范霍夫因為侵入了她的領域而正感到不安，她要他別擔心，她很高興見到他。

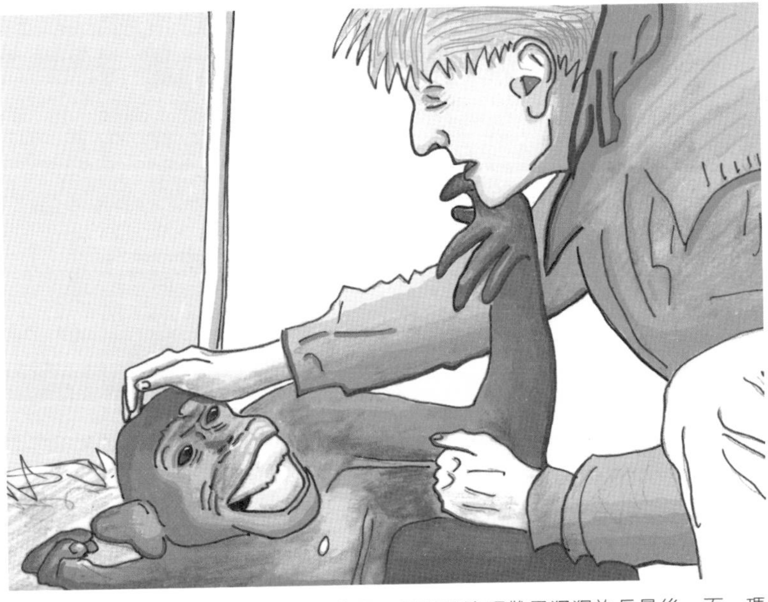

二〇一六年，范霍夫前往伯格斯動物園，見瑪瑪這頭雌黑猩猩族長最後一面。瑪瑪躺在病床上，對老教授露出大大的笑容，並且擁抱他。她認識教授四十年了。在這次會面的數個星期之後，瑪瑪去世了。

認識自我

這次接觸絕對是首次發生。雖然在范霍夫和瑪瑪的一生當中，有過無數次彼此理毛的時刻，但是中間都隔著柵欄。從來沒有一個心智正常的人類會直接走進關著成年黑猩猩的籠子裡面。黑猩猩體型看起來不會比人類大，但是牠們的肌肉遠比人類強壯有力，激烈攻擊事件時有所聞。即使體型最高大的人類摔角選手，也敵不過成年黑猩猩。我問范霍夫，他是否會對這座動物園中其他黑猩猩做相同的事情，其中有些他也已經認識了將近四十年，他回答說自己很愛惜生命，所以想都不會想。黑猩猩的脾氣反覆無常，只有扶養過黑猩猩的人類，才能安全靠近那些他們親自扶養長大的黑猩猩，瑪瑪和范霍夫之間的關係並非如此。不過她已經年老體衰，情況不同了。除此之外，以前她對范霍夫表達正面情緒的時候非常多，彼此已經建立了信賴感，因此范霍夫有勇氣成為荷蘭阿納姆市（Arnhem）伯格斯動物園（Burgers Zoo）中在位許久的女皇第一次、也是最後一次的個人訪客。

多年來，我和瑪瑪之間也有類似的關係。我為她取這個名字完全是因為她是黑猩猩群中的女族長（matriarch）。不過我現在住在大西洋的另一側，無法參加這場告別活動。數個月前，我最後一次去見瑪瑪。她老遠就從人群之中認出我來，忍著關節炎的疼痛跑過來，隔著圍繞著活動區域的水溝，對我發出叫聲和咕嚕聲，並且伸出手迎向我。這些猩猩生活在一座長滿樹木的島嶼上，算是所有動物園中最大的人工島嶼。我還是年輕的科學家時，在這裡花了上萬個小時觀察牠們。瑪瑪知道，在這一天稍晚，當所有猩猩都回到屋內時，我會靠近她的夜間籠子，和她說話。

攝影組通常會善加利用我和瑪瑪會面的可預測性。在我到來之前，他們已經做好準備，攝影機也打開了。整群黑猩猩都不知道接下來要發生的事，有工作人員會指出瑪瑪所在的位置，好讓攝影機對準她。她總是輕鬆地坐著，不是整理毛髮便是打瞌睡，突然之間她會跳起來，連連高叫，朝我跑過來，可能是注意到我來了，或是聽到我呼喚的聲音。攝影團隊會把整個過程都錄影下來，包括我的反應、其他黑猩猩的反應，有些黑猩猩也記得我。人們總是對於瑪瑪的記憶力和熱情印象深刻。

不過對於這些攝影工作，我的感覺很複雜。首先，這干擾了老朋友之間真誠的重逢。其次，我看不出來這件事情有什麼好讓人震驚的地方，了解黑猩猩的人都知道牠們善於臉部辨認，而且有長期記憶，所以高興見到我有什麼特殊之處嗎？或只是因為不同的靈長類物種之間居然能夠建立聯繫？那個狀況就像是我出國一年回來，去拜訪鄰居時，有個攝影團隊跟著我，錄下所發生的事情。我按下門鈴，門猛然打開，然後有人說：「你回來啦！」

有什麼好驚訝的？

瑪瑪記得我這件事情如果讓人印象深刻，代表人類低估了動物的表達情緒和心智運作的能力。研究腦部較大動物的學者，總是會聽到來自研究腦部較小動物（例如大鼠和鴿子）學者的懷疑。那些科學家通常把動物看成由本能和簡單學習驅動的機器，只會對刺激做出反應。他們無法忍受動物有思想、感覺和長期記憶的說法。我上一本書《你不知道我們有多聰明：動物思考的時候，人類能學到什麼？》（*Are We Smart Enough to Know How Smart Animals Are?*）的主題，就是在指出他們的看法早已過時。

范霍夫和瑪瑪會面的過程用手機錄了下來。在荷蘭全國性電視頻道上播放時，配上了范霍夫顫抖的旁白說明（當時他情緒激動）。播出會面過程的談話性節目很受歡迎，觀眾大受感動，他們在該電視網官網留下了長篇看法，或是直接寫信給范霍夫，說自己在電視機前面落淚大哭。這些觀眾會受到震撼，一是因為那悲傷的內容，那時已經公布了瑪瑪去世的消息，同時也因為她擁抱范霍夫、輕拍他脖子的方式，跟人類非常類似。他們第一次了解到，這種看起來屬於人類的典型動作，其實在靈長類中很普遍。在這種小事情上往往最能夠顯示出演化的連結。人類約九成的身體表達方式具有這種演化連結，包括人類在驚恐時身上已經稀疏的體毛會豎立起來（起雞皮疙瘩），到雄性與雌性黑猩猩會活潑拍打彼此背部。在漫長的冬季過去，春天終於來臨，黑猩猩從住所出來時，我們可以看到這種激烈的身體接觸。最後牠們會成群在草地上享受陽光，彼此拍打擁抱以示友好。

在其他時候，我們對於人類和其他猿類之間明顯的演化連結，報以嬉鬧或嘲笑（動物園的遊客經常模仿他們自己認為的猿類抓癢方式）。人類超愛嘲笑其他靈長類動物。我在演講的時候，經常播放猴類和猿類行為的錄影，就算是牠們再平常也不過的行為，觀眾看了也幾乎都驚嘆連連。聽眾會笑，表示他們認出了這些動作，但也顯示這些和人類相似的動作讓他們難受與不自在。我有一部網路點擊率達數百萬次的熱門短片，內容是一隻卡布欽猴不高興的模樣，因為她完成了一件任務之後，所得到的食物沒有同伴的好。她憤怒地搖動實驗箱子、拍打地板。我們一眼就可能看出來，她失望是因為遭受到不公平的對待。

比嘲弄更糟糕的是厭惡，人們以前面對靈長類動物常出現這樣的反應。幸好現在已經很少有人厭惡靈長類動物，不過還是有人認為靈長類動物「醜陋」，當我說一頭雄性靈長類動物「英俊」、雌性「美麗」時，他們會感到震驚。之前西方人從來沒有見過活的猿類，只見過這種和人類親緣關係最接近的動物骨骸及皮毛，或是照片。當猿類首度活生生地展示在他們眼前，他們都不敢相信眼前所見。一八三五年，一頭雄黑猩猩抵達倫敦動物園，展示的時候穿著一件水手服。在他之後又展出了一頭雌紅毛猩猩，她穿上了洋裝。維多利亞女王看了展覽，大受驚嚇，她完全不想看到這些猿類，認為牠們是讓人痛苦和不愉快的人類。看猿類會噁心的消息就這麼傳開。但是如果猿類不會說出一些我們不想聽的話，又怎麼會讓我們覺得厭惡、噁心呢？達爾文年輕時曾去倫敦動物園觀賞這些猿類，他贊成女王的說法，但是不包括她的反感言論。他覺得如果有人真覺得人類比其他動物優越，就應該去看看。

范霍夫在電視上說明瑪瑪有多特別，以及為何他在瑪瑪死前要去拜訪她，這可能引發了前述種種不同的反應。對於這次會面，他覺得沒有什麼值得震驚、好笑或是訝異的。他只是覺得應該來道別而已。而且這也不是什麼關係不對等的會面，不過像是人類面對熊、大象或是鯨魚那樣，靠近之後訴說自己對於動物的感覺。在這類的狀況下，人們會體驗到強烈的聯繫感，並且深受感動，但是這樣感情是否是互相的？值得懷疑。這樣的接觸很像是「自殺協議」（suicide pact），畢竟那些動物可能會傷及人類，若因此造成人類死亡，對於那些動物來說就太不幸了。

有位記者非常喜愛某保護區中的一頭雄黑猩猩，愛到當他看著這頭黑猩猩的眼睛時，想到了自己的身分，他覺得自己正直接注視著他所失去的演化歷史。儘管他想要表示尊敬，但在無意之間，這份親切卻帶有優越感。現存的猿類不只是顯示人類演化起源的時光機而已。我們有一個長得像猿類的祖先，這個祖先現在已經不存在了，牠們於六百萬年前在地球上活動，而眾多後代經歷了許多變化，大部分都滅絕了，最後有些殘存到現在：黑猩猩、巴諾布猿（bonobo）以及人類。由於這三個人屬物種有相同漫長的歷史，在演化上要算是「平等」的。注視著一頭猿類，不只揭露我們共有的歷史，那頭猿類也看著人類。如果猿類是人類追溯歷史的時光機，那麼人類也是猿類追溯歷史的時光機。

不過范霍夫和瑪瑪都沒有想到那麼多，兩者分屬不同物種這個事實，只是枝微末節而已。他們只是兩個親緣相近的物種，在多年前便相遇、相識了，並且尊重對方是獨立個體。我們在撫摸兔子或和狗散步時，可能帶有優越感，但是在面對猿類時，我覺得這種優越感無法持續。他們的社會活動、情緒行為與人類相近的程度，讓人無法在彼此之間畫出一條明顯的界線。

加拿大的神經心理學家唐納德．赫柏（Donald Hebb）被認為是神經心理學之父。他在約克斯國家靈長類研究中心研究黑猩猩時，便注意到這條界線是模糊的（在一九四〇年代，該中心位於佛羅里達州，現在位於亞特蘭大市郊）。他認為黑猩猩的行為遠遠超出了人類定義其他動物行為的狹小範圍之外，這些行為包括餵食、梳理、找尋配偶、爭鬥、發出聲音、用動作示意等。我們可以仔細記錄下猿類的一舉一動，但是難以指出這些行為背後的動機。根據赫柏的研究，我們最好把猿類的行為歸類到情緒層次，以直覺的方式理解這些行為：

> 用情緒或是類似的方式分類，即便定義不明確，但是能夠捕捉到客觀分類方式的不足之處，例如各自獨立行為之間的某些秩序或關係，這些對於了解行為而言是必要的。

赫柏的這段話暗示著，生物學界普遍認為情緒統整了行為。各種情緒就本身而言，根本沒有什麼用處：對一個生物體來說，恐懼的感覺不會帶來任何好處。不過如果恐懼的狀態能夠促使個體逃避、躲藏或是反擊，那麼就有可能保住性命。簡單來說，情緒演化出來是為了能夠在危險、競爭和求偶等狀態下，引發適應性反應。情緒能夠激發行動。人類這個物種和其他靈長類物種有許多共通的情緒，因為我們都需要採取那些幾乎相同的行為。人類和其他靈長類動物的身體構造相近，可以表現出相似的行為，因此我們能夠和其他靈長類動物之間建立深刻的非語言聯繫。人類的身體和其他的靈長類就像是同個模子澆出來的，了解彼此的能力也不差，所以范霍夫和瑪瑪彼此是對等的存在，而非人類與野獸。

你可能會反駁說，對於一個自由的人和一個被關起來的猿類來說，用「對等」這個字眼並不恰當。這是個不錯的意見，不過瑪瑪在一九五七年出生於德國萊比錫動物園，她完全不知道野外的生活是什麼樣子。隨著動物園的發展，瑪瑪有幸加入了全世界第一個大型黑猩猩聚落。在黑猩猩首次出現在女王面前、並讓她大感不適的數十年之後，動物園往往只飼養單獨一頭黑猩猩，或是只有一小群。當時人們認為黑猩猩太暴力，在小群體中只能夠有一頭成年雄性。其實在自然的族群中，許多群體中有多頭成年雄性，有的時候甚至有十幾頭。范霍夫在當學生的時候，曾經在美國新墨西哥州的機構中進行研究，這個機構是美國航太總署（NASA）當年為了把年輕黑猩猩送入太空才成立的。在這所機構中，他親眼看到了大批猿類居住在一起所帶來的可能性與問題。問題來自餵食牠們的方式：飼養者把所有的蔬菜水果全部堆在一起，使得猿類之間發生爭執，破壞了原有的社會結構。大約在同時，英國動物行為學家珍古德（Jane Goodall）在她位於坦尚尼亞（Tanzania）的香蕉營中也得到類似教訓，她因此放棄提供食物給野生猿類。

基於美國經驗，范霍夫和他的弟弟、伯格斯動物園的園長安東（Antoon）決定嘗試以符合黑猩猩社會的方式照顧牠們，並且餵食是以個體或是小家庭為單位。這項實驗的結果便是在一九七〇年代初期，動物園建立了一座兩英畝大的戶外島嶼，上面有約二十五頭黑猩猩居住，稱為「阿納姆黑猩猩群」（Arnhem colony）。雖然有專家鄭重警告，這個做法絕對不會成功，但是這群黑猩猩持續繁衍，從中誕生的健康後代要比其他動物園多。非洲和亞洲森林中的猿類族群一直持續快速減少，這使得動物園中的族群更顯珍貴。阿納姆黑猩猩群在當時很成功，現在依然是全世界各動物園的典範。

所以，瑪瑪雖然是圈養的黑猩猩，但是壽命很長，而且擁有自己的社交天地，生活中面對了出生、死亡、性、權力事件、友誼、家庭關係，以及其他靈長類在社會中會經歷的事情。她可能知道范霍夫會特地來見她，是和自己的身體狀況有關，但是我們依然不清楚，她是否稍有察覺到自己將要死亡。猿類知道生命終將死亡嗎？如果從日本京都大學靈長類研究所的黑猩猩雷歐（Reo）身上的跡象來看，你可能會認為黑猩猩並不知道死亡為何物。雷歐在身強體壯的年紀時，由於脊髓發炎因而頸部以下癱瘓，他能吃能喝，但是無法移動自己的身體部位。獸醫和學者全天候照顧他六個月，在這段期間他的體重依然持續下降。雷歐後來復原了，最讓人感興趣的是他臥床時的反應。他對於生活的展望完全沒有一絲一毫改變，周遭的人覺得他的狀況悲慘至極，但他依然和罹病前一樣，用吐口水的方式逗弄年輕的學者。即便他瘦得像根竹竿，但是似乎毫不擔憂，也不會沮喪。

我們有的時候會認為動物知道自己死期將至，例如前往屠宰場路上的母牛，或是寵物在死前數日會消失。其中大部分都只是因為人類知道接下來會發生的事情，才有這樣的推論。但是動物本身會知道嗎？誰說貓咪在生命中的最後數日躲在地下室，是因為知道自己的生命將要終結？她可能只是因為身體衰弱或疼痛，才想要獨處。同樣的，在我們的眼中，瑪瑪正一步步邁入死亡，但是我們絕對無法知道她自己心中的想法。

瑪瑪當時會獨自住在寢室中，是因為雄黑猩猩，特別是年輕的，會像是混蛋那般攻擊瘦弱的目標，動物園希望瑪瑪不要受到這樣的虐待。在黑猩猩的社會中，溫順衰弱的個體沒有立足之地，也因此，瑪瑪的地位讓人印象深刻。

瑪瑪的核心角色

瑪瑪的身材特別壯，雙臂長大有力。當全身毛髮豎起又跺腳的時候，看起來特別嚇人。瑪瑪的毛髮和肌肉的份量都不如雄黑猩猩，特別是肩膀的肌肉少過雄性，但是她靠旺盛的精力補足這一點，她有名的事蹟是爆擊圍欄的金屬門，雙拳重擊入地面，以及用兩手撐住身體搖晃，好用雙腿加上全身體重踢門，發出震耳欲聾的巨響。這表示了她的身體真的很強壯，沒有其他傢伙會想要惹毛她。

除了體型，瑪瑪的主宰地位也來自於她的性格。她有祖母的氣息，凡事都看在眼裡，而且不會對任何黑猩猩無理。她受到無比尊崇，以至於我隔著水溝，頭一次平視著她的雙眼時，覺得自己渺小。她有個習慣：對人平靜地點頭，讓人知道她注意到你了。除了人類之外，我從來沒有在其他的動物上感受到這樣的智慧與自信。她的注視具備一種有所保留的友善：只要你不妨礙她，她便能夠去了解你和喜歡你。她甚至頗有幽默感。在嬉鬧的時候，黑猩猩通常會露出笑臉，但是我也在其他不合宜的狀況下看到笑臉，例如一頭居於主宰地位的黑猩猩讓生氣幼猩追著自己跑的時候。這頭群體裡面的「大人物」躲開尖聲高叫的小傢伙時，臉上露出了笑容，像是這個荒誕場面讓自己多麼高興那般。瑪瑪在一次緊張僵持後，意想不到地露出了笑容，就像是我們對於一句詼諧妙語做出的反應。

我的同事馬蒂斯．席爾德（Matthijs Schilder）曾經測試黑猩猩對於掠食者的反應。他戴上了豹子面具，在黑猩猩不知不覺的情況下，躲在圍繞黑猩猩島水溝附近的草叢中。然後突然間把戴著面具的頭露出來，就好像是在樹叢中有頭豹子探出頭來。黑猩猩在數秒鐘內就警覺到了，變得既驚慌又憤怒，發出巨大又憤怒的吼叫聲，拿起樹枝和石塊朝掠食者丟過去。（順便一提，野生黑猩猩也有相同的反應，牠們在晚上非常害怕豹子，但是在白天卻敢騷擾豹子。）

那些丟過來的東西瞄得很準，馬蒂斯難以避開，便跑到另一個地方躲起來。經過幾次對抗衝突之後，他站了起來，把面具摘下，露出自己的臉。黑猩猩群看到熟悉的面孔，馬上就安靜了。但是在所有的黑猩猩中，只有瑪瑪的表情逐漸改變，從憤怒到憂慮，再漸漸笑開了臉，嘴唇鬆鬆地蓋在牙齒上。她這個表情維持了一會兒，意味著她知道馬蒂斯的偽裝只是在開玩笑。

不論是雄黑猩猩還是雌黑猩猩，瑪瑪都能夠輕鬆和牠們建立關係，建立起其他個體所不及的社會支持網絡，她天生就是外交官。她也不會勉強去維持忠誠：在雄黑猩猩的權利競爭中，她會選邊站，支持某一方對抗另一方，但是她不會容忍其他雌黑猩猩選擇不同。如果雌黑猩猩站在「錯誤」的那一方，介入雄黑猩猩間的戰爭，之後就會發現某天瑪瑪會突然來找麻煩。她就像是黨鞭那樣支持自己喜愛的候選人。

在這方面，唯一例外的對象是她的密友庫伊（Kuif），這頭黑猩猩的另一個名字是「大猩猩」（Gorilla），我在我其他的書中使用後面這個名字，因為她的臉整個都是黑色的。庫伊的體型要比瑪瑪稍微大一些，兩頭黑猩猩在同一座動物園中出生。共同的背景使得庫伊和瑪瑪建立了堅固的同盟關係，一直持續到庫伊去世為止（瑪瑪則在數年後逝世）。我從來沒有見過這兩頭雌黑猩猩之間有意見不合的時候。她們經常彼此理毛，其中一方遇到麻煩時，另一方一定給予支持。庫伊是唯一能反抗瑪瑪意見、但是又不會遭到秋後算帳的雌黑猩猩。她特別喜歡一頭雄黑猩猩，但是瑪瑪不喜歡，不過瑪瑪會忽視庫伊對這頭雄黑猩猩的支持，好像沒有注意到似的。在其他方面，瑪瑪和庫伊是一心同體的。和其中一個有激烈的衝突時，必定會引來另一個，包括雄黑猩猩在內每個都知道這件事，他們也學到不要同時面對兩頭受到激怒的雌黑猩猩。瑪瑪和庫伊總是在對方有需要時幫忙，在解決重大騷動結束之後，還會互纏著手臂高聲大叫。

瑪瑪不僅是群體的核心角色，也擔任和我們人類聯絡的工作，她會和喜歡或認為是重要的人類建立關係，這類關係的數量與密切程度，遠超過其他黑猩猩所具備的。例如她對於動物園園長就非常敬重。她也和我建立關係，這大部分是她自己主動。我和她經常隔著她臥室的欄杆，彼此親近地理毛，她和朋友庫伊睡同一間。我和瑪瑪的關係讓人輕鬆自在，但是我得多注意庫伊，她有的時候會挑釁我，這是在測試我。黑猩猩總是在爭取高人一等的地位，總是想要限制你或是其他個體的主宰權。庫伊有的時候會伸手穿過欄杆抓住我，這時瑪瑪會坐在一旁支持她。你最好的策略是保持鎮靜，假裝沒有注意到，不然狀況就會變得緊張。後來我和庫伊的關係徹底好轉，因為我幫助扶養她首次存活下來的幼猩，就此成為她最喜歡的人類。

庫伊之前的寶寶都死於乳水不足，她的新生兒沒有辦法長大，會逐漸瘦弱而去世。每當寶寶去世，庫伊都非常沮喪，從她的舉止就能觀察出來，她會搖晃身體、緊緊抓著自己、拒絕進食、發出糾心的叫聲，甚至可以看到她流眼淚。雖然我們認為人類是唯一會流淚的靈長類，但是庫伊會用拳頭背部用力擦拭眼睛，就像是小孩子大哭之後出現的動作，這可能只是眼睛受到了刺激，不過有趣的是，人類在流眼淚時也會出現完全相同的行為。

我知道庫伊每次這樣都很痛苦，便想要在她下次生小寶寶的時候幫助她，用奶瓶餵奶。不過我預先就知道會有問題：猿類媽媽的占有慾非常強烈，因此庫伊不可能讓我們把小寶寶帶去餵奶。不過庫伊可以自己用奶瓶餵奶。這是一項大膽的計畫，以前沒有人嘗試過。

有個解決方案出現了。在這個群體中有個耳聾的母親生了個小寶寶。過去這頭雌黑猩猩從來都沒有辦法自己扶養寶寶長大，因為她聽不到寶寶滿足或是不舒服時發出的輕柔叫聲，這些聲音會引導母親的行為。例如母親可能會坐在小寶寶身上，完全沒有注意到牠發出的絕望抽噎聲。那頭雌黑猩猩遇到的事情，就跟庫伊的遭遇一樣。為了預防這樣的挫敗再次發生，我們決定把她最近剛出生的幼猩羅西（Roosje）交給庫伊扶養。我們在訓練庫伊使用奶瓶時，負責照顧羅西。經過幾個星期的訓練，我們把扭著身子的幼猩放到庫伊臥室的乾草堆上。

庫伊沒有抱起寶寶，而是走到欄杆這邊，照顧幼猩的人和我在等著。她親吻了我們兩人，一下子看著羅西，一下子看著我們兩人，好像在詢問是否允許這樣做。因為黑猩猩的世界中，在沒有受到要求的狀況下，貿然帶走其他黑猩猩的嬰兒是不受贊同的。我們鼓勵她，朝著幼猩揮手，說：「去把她抱起來。」她最後抱起了幼猩，從那時候起，庫伊成為了最會照顧與保護寶寶的黑猩猩母親，把羅西如我們所希望的那般扶養長大。她有餵寶寶的天分，在羅西需要打嗝的時候，甚至會暫時把奶瓶拿開，這點我們從來都沒有教過她。

庫伊在收養羅西之後，只要我出現，她都非常熱情，待我有如久別重逢的家庭成員，想要握住我的雙手，在我想要離開時會發出絕望的嗚咽聲。世界上沒有其他猿類會這樣。我們的餵奶訓練讓庫伊不只能夠扶養羅西，她後來的孩子也因此順利長大了，她一直感激生命中的這個轉變，所以每當我接近瑪瑪和庫伊的臥室時，她們都會熱情歡迎我。

這些經驗說明我所謂的情緒範圍廣及悲傷、喜愛、感激到敬畏，因為我和牠們相處的時候，感受到了這些情緒。我們經常使用行為背後的情緒來描述行為，人與人之間就是這樣做，而赫柏提倡應該也對猿類這樣做。不過在研究中，我傾向避開這類的性格描述，因為如果要客觀分析行為，最好不要帶有個人印象。為了達成這項目的，顯然要記錄猿類之間彼此的互動，而不是猿類與人類互動的行為。我主要研究群體中的政治學，大部分的時間都在蒐集資料。我的研究計畫重點在於找出雄性競爭地位高低的方式、瑪瑪這樣居於支配地位的雌性在其中扮演的調解功用，以及各種化解衝突的方式。

我訓練黑猩猩庫伊用奶瓶給養女羅西餵奶。她非常擅長使用奶瓶，有的時候還會把奶瓶移開，讓羅西打嗝或呼吸。

這也就是說，我非常注意社會階級以及權力爭鬥，這些題目在一九七〇年代中的「權利歸花兒」（flower-power）時代中備受爭議。我在當學生時，我的同輩都是無政府主義者，並且全心全力支持民主制度，並不信賴大學的主管機構（以中國帝國官僚為典故稱他們為「滿州人」）。他們視因性愛而生的嫉妒為陳腐過時之事，對於任何野心與抱負都抱持懷疑的態度。另一方面，我日以繼夜觀察的黑猩猩群體，卻毫不保留地展現了這些「極端保守」的天性：追求權力、伸展抱負、嫉妒及羨慕。

當時我留著及肩的長髮，聽著披頭四的〈永恆的草莓園〉（Strawberry Fields Forever）與海灘男孩的〈美妙振動〉（Good Vibrations）等甜膩歌曲，經歷了一段讓我眼界大開的時期。身為人類的我，馬上就對人類和人類親緣關係最近物種之間的相似程度，留下深深的印象。每個靈長類學家都曾經歷過「如果動物是這樣，那麼我是什麼樣的？」時期。當時我就像真正的嬉皮，然後開始研究受到嬉皮同輩嚴厲指責、但是在猿類中普遍可見的行為。對我而言，那些行為沒有改變我對猿類的看法，而是讓我開始更了解自己所屬的人類。

接下來便是觀察者的主要活動：「圖形辨認模式」（pattern recognition）。我開始注意到四周時時刻刻發生的事情：用盡手段追求高位、拉黨結盟、逢迎拍馬，以及政治投機。而且我得說，不只是在老一輩中有這種現象，學生運動中也有首領雄性（alpha male）、權力競爭、迷姐迷妹、猜忌妒恨。事實上，如果人類雜交的情況越嚴重，嫉妒之情便越容易滋生。

我從事的猿類研究讓我在適當距離外分析這些模式，看著那些人，這些模式便會清楚浮現出來。學生中的帶頭者嘲弄、並且孤立想要爭奪自己地位的人，和其他人的女朋友私通，同時又大聲宣揚平等與忍耐的美好。我同世代的人在激情的政治演說中表達了想要達成的目標，但是這些目標和他們真正的所作所為之間，又有著巨大的差距。我們完全漠視這種狀況。

瑪瑪至少在權力這方面是誠實的：她擁有權力，也運用權力。一開始，她甚至主宰了很晚才加入的三頭成年雄黑猩猩。這三頭黑猩猩在融入群體中現存的權力結構時，居於不利的處境，也難以建立自己在群體中的地位。瑪瑪毫不遲疑地使用暴力，讓這三頭黑猩猩都在群體中找到了適當的地位。她造成的損傷甚至要比典型的主宰雄性要多，可能是因為雌黑猩猩要居於頂端地位，需要更為激烈的手段。後來這些雄性黑猩猩爬上了頂端地位，彼此之間進行了慣常的權力遊戲，不過瑪瑪身為雌黑猩猩的領導者，依然深具強大的影響力。任何雄黑猩猩如果想要往上爬，就一定得要讓瑪瑪站在自己這邊，如果沒有她的支持，就無法提升地位。他們為瑪瑪理毛的次數，遠超過其他雌黑猩猩，也會溫柔地對瑪瑪的女兒莫妮克搔癢（她就像是個受到嬌寵的公主）。當瑪瑪窺探他們手中的食物時，也從來不會拒絕她。他們知道要好好對待瑪瑪。

瑪瑪也是排難解紛的專家。兩頭雄黑猩猩在衝突之後，通常難以言歸於好，就算彼此想和好也難以做到。他們會一起廝混，但是沒有真正身體接觸上的和好，他們會避免眼神接觸。其中一個看過來時，另一個可能會撿起一片草或是樹枝，突然興致滿滿地觀察起來。這個僵局讓我聯想到酒吧中兩個生氣的男人。

在這類的情況下，瑪瑪可能會走近其中一頭雄黑猩猩，為他理毛，過了幾分鐘之後，她會慢慢靠近另一頭。之前和她彼此理毛的伙伴通常會緊緊跟在後面，但是不會和之前的對手眼神接觸。如果他沒有跟上，瑪瑪會回去拉他的手臂，要他跟上。這顯示她的調解行為是有意為之。三頭黑猩猩之後會坐在一起，瑪瑪位於中間，一會兒之後，她會站起身來晃到別的地方去，留下兩頭雄黑猩猩彼此理毛。

還有其他的狀況。兩頭雄黑猩猩爭鬥得很久，無法解決問題，他們就會跑到瑪瑪那邊。她會一手一個，把兩頭完全成年的雄黑猩猩分開。他們可能還是會彼此叫囂，但是至少沒有打架了。有的時候某一頭雄黑猩猩會伸手想要抓另一頭，但是瑪瑪不會讓他得逞，並且會趕走這頭犯事的傢伙。兩頭雄黑猩猩通常會彼此爬上對方的身體、親吻、愛撫對方的生殖器，之後可能會追趕地位比較低的雄黑猩猩，好釋放緊張感。

另一個充滿戲劇性的事件，完全彰顯了瑪瑪是群體裡面的終極裁定者。尼基（Nikkie）是群體中新的首領雄性，爭取到了最高的地位，但是每當他想要伸張支配權的時候，其他黑猩猩會強烈抵抗。成為首領雄性並不意味能夠為所欲為，在尼基還如此年輕的狀況下更是如此。最後包括瑪瑪在內、所有被他惹得不高興的黑猩猩大吼大叫，全都追著他跑。尼基這時不再保有威嚴，到頭來只好獨自坐在一個高高的樹上，驚恐高叫。他能夠逃走的路線都被切斷了，每次想下來的時候，其他黑猩猩都會追著他，他只好回到樹上。

大約過了十五分鐘，瑪瑪慢慢爬上樹。她觸摸尼基並且親吻他。之後她爬下來，尼基在後面緊跟著。現在瑪瑪自己帶著尼基，沒有人再拒絕他了。尼基依然很緊張，不過與對手和解了。首領雄性鮮少完全靠自己的力量得到頂端地位，尼基也不例外，他得到另一頭年長的雄黑猩猩傑倫（Yeroen）的幫助。這意味著尼基要和伙伴建立良好的關係。瑪瑪似乎了解這樣的安排，因為之前當這兩頭雄黑猩猩要失和的時候，她曾經從中調解。那時傑倫想要和一頭很有吸引力的雌黑猩猩交配，但是尼基馬上豎起全身毛髮，搖晃起他更高的身軀，警告自己可能會干預。傑倫只好中斷這場情色事件，追著尼基大叫。雖然在這兩頭雄黑猩猩之間，尼基位於主宰地位，但是他並不能做什麼，因為和把你推上王座的人爭執並非好事。在此同時，他們兩人共同的敵人是之前被他們拉下王座的雄黑猩猩，他察覺到了有機可乘，在一旁耀武揚威。就在這個關鍵時刻，瑪瑪介入了。她先到尼基那裡，把手指放在尼基嘴上，這是讓對方安心的舉止。尼基安心後，瑪瑪焦急地朝傑倫點頭，另一隻手朝他伸過去，傑倫過來親吻她的嘴。當她從兩頭雄黑猩猩之間抽身而出，傑倫擁抱了尼基。他們和好之後，肩並肩一起威嚇共同的敵人，強調重新團結，這時所有黑猩猩都安靜了下來。瑪瑪修復了統治聯盟的關係，讓群體內部混亂的狀況平息下來。

這個事件顯示出「三元意識」（triadic awareness），也就是除了了解自己和其他個體的關係，也了解其他個體之間的關係。許多動物顯然知道自己所主宰的對象，以及親屬與結友的對象。但是黑猩猩更進一步，能夠了解周圍個體所主宰的對象以及交友關係。個體A除了知道自己和個體B與個體C之間的關係，也知道B和C之間的關係。他了解的對象包括了三個個體。同樣的，瑪瑪也一定了解到尼基非常依賴傑倫。

三元意識甚至能夠延伸到群體之外的個體，就像是瑪瑪對於園長的反應。瑪瑪幾乎不會直接和園長接觸，但是她一定注意到，園長經過的時候，飼育員變得提心吊膽、畢恭畢敬。猿類會觀察並且學習，就像是我們知道了誰和誰結婚，或是這個小孩是屬於哪一家的。做實驗的人會播放動物的錄音和錄影，好研究動物是怎麼認識自己所處的社會。經由這種方法，我們知道不只猿類有三元意識，猴子和烏鴉也有。但是瑪瑪在這方面可說是頂尖高手，對於社會關係與動靜觀察入微。她有能力促進群體的和諧，並且掌握複雜的政治情勢，讓她可以修補破損的關係，調節爆發出來的脾氣，讓她在群體中居於中央。

首領雌性

在人類當中，首領女性很多，從埃及豔后克莉奧佩托拉（Cleopatra）到德國總理梅克爾（Angela Merkel）都是。不過讓我印象深刻的是布魯斯．史普林斯汀（Bruce Springsteen）在二〇一六年的自傳《生來奔跑》（*Born to Run*）中的日常形象。當時年輕的史普林斯汀加入了卡斯提爾斯（Castiles）這個樂團，並擔任吉他手，在美國紐澤西州許多陰暗骯髒的夜總會中演出，其中有許多青少年因為髮油抹得很厚，稱為「油頭少年」（greaser）。樂團在為那些梳著膨鬆髮型的油頭少女演出的時候，注意到了鶴立雞群的凱西（Kathy）：

> 我們到舞台上，準備好傢伙，開始演奏……沒有人跟著音樂擺動，真的一個人都沒有，這段演出時間將可能會很難熬，全都要看凱西。如果你表演了一首好歌，凱西會站起來跳舞，進入像是恍惚的狀態，從舞台前面慢慢拉起一位女性朋友，過一會兒後，舞池上便擠滿了人，這個晚上將會很熱鬧。這樣的儀式一次又一次發生。她喜歡我們的團，我們找到了她最喜歡的歌，然後全力演出。

人類的階級構造可能非常明顯，但是我們卻經常辨認不出來，學術界的人通常還把階級當成不存在。我曾在青春期人類行為研討會中從頭聽到尾，沒有聽到任何關於權力和性愛相關的字眼，但是我認為對青春期的少年來說，生活中最重要的就是權力和性愛。當我提起這件事，其他人總是點點頭，並且認為我這個靈長類學家看待世界的方式果然神奇，讓人耳目一新，然後他們繼續高高興興集中討論自尊、身體意象（body image）、情緒調節（emotion regulation）和冒險行為等等。如果要在顯著人類行為和流行的心理學構念（construct）中選擇，社會科學顯然偏好後者。不過對於青少年來說，最顯著的行為莫過於探索性愛、嘗試權力的滋味並探索階級結構。

史普林斯汀的樂團也很想討好凱西，成為她的朋友，但是他們也得小心翼翼，因為其他的油頭少年在四周窺視，如果被女孩喜歡上了，處境可能非常危險。「要是有朋友以上的跡象，經過耳語及謠言傳播，可能對你的健康不太好。」

我所認識的靈長類就是這樣的。

在黑猩猩中，年輕雌性也會激起雄性的競爭與保護欲望。雌性黑猩猩在還沒有到那個年紀之前，幾乎不被當成一回事。她們和其他的幼猩一同閒晃，和同年齡的雌或雄黑猩猩玩耍，成年黑猩猩不會理會她們。但是隨著月經周期開始出現，臀部的粉紅色部位逐漸膨大，她們也慢慢具有性吸引力。一開始她們難以吸引到雄性黑猩猩，交配的對象只有同輩。不過隨著膨脹的部位越大，也就越能夠吸引到年長的雄黑猩猩。

每頭年輕的雌黑猩猩都了解到這能為自己帶來多大的幫助。一九二〇年代，美國靈長類學先驅羅伯特・約克斯（Robert Yerkes）進行了自己稱為「配偶」關係的實驗。（這個名稱是錯誤的，因為異性黑猩猩彼此之間沒有穩固的關係。）他把一粒花生丟到一頭雄性和雌性黑猩猩之間，注意到臀部膨大的雌性黑猩猩可以先去拿花生，缺乏這種交易工具的雌黑猩猩就沒有那個權力。生殖器膨大的雌黑猩猩總是能拿到獎勵食物。在野外，雄黑猩猩會把狩獵得到的肉分給性器膨大的雌黑猩猩。事實上，當雌黑猩猩在一邊的時候，雄黑猩猩會更積極打獵，要是提供打獵得來的食物，自己會更容易得到性交機會。地位低的雄黑猩猩如果抓到了猴子，會自動成為吸引異性的磁鐵，讓他有機會因為分享肉類而得到性交回報，當然好事也只到地位更高的雄黑猩猩出現為止。

對我們來說，雄性黑猩猩會受到膨脹的性徵所吸引，這還真是奇怪的事情，因為大部分的人對那粉紅色的膨脹物避之唯恐不及。但是，人類文化中男性也會色瞇瞇地瞧著乳房看，兩者真的有什麼差別嗎？事實上，受到胸前突起的肉塊吸引，才是更難了解的事情，畢竟乳房並非四處宣揚女性正能夠受孕，但是雌黑猩猩的膨脹性徵就有這個意義。當年輕女性胸部逐漸膨脹，有的時候加上集中胸罩和胸墊之助，能夠吸引男性的注意。她們了解乳溝的力量，這讓她們享受到從未擁有過的影響力，也讓自己受到其他女性的嫉妒，蒙受她們下流的批評。這段時期女孩子的生活很複雜，情緒巨大的騷動與不安，反應出權力、性與競爭行為的交互作用，其他年輕的雌性猿類也會經歷這樣的時期。

年輕雌黑猩猩艱辛地學到，雄性的保護其實相當短暫，因為只有雄性黑猩猩受到吸引，

雌黑猩猩臀部出現氣球般的腫脹，那是外生殖器上的紅色水腫，表明現在能夠生殖。這個明顯的特徵會吸引雄黑猩猩。年輕雌黑猩猩第一次出現這種腫脹特徵時，會學習到性吸引力帶來的好處，而自己的地位有望迅速提升。

並且在她們周圍徘徊的時候，才會提供保護。典型的學習曲線就出現在奧蒂（Oortje）和瑪瑪之間。當時奧蒂第一次月經出現了。瑪瑪和奧蒂在爭奪食物時，瑪瑪拍了她的背，奧蒂便跑到首領雄性尼基那裡，並且高聲吼叫，其大吵大鬧的程度跟她受到的小小訓斥相比，完全不成比例。她甚至舉起手來指控瑪瑪。

由於奧蒂的性徵膨脹了，尼基便整天都和她在一起。面對她的抗議，他全身毛髮豎起，上前譴責瑪瑪這個首領雌性。瑪瑪沒有默默接受警告，而是在尼基身後高聲吼叫。兩頭黑猩猩之間沒有肢體衝突，幾分鐘以後，奧蒂和瑪瑪隔得遠遠的，四眼相交。瑪瑪點頭，奧蒂走過來，兩者彼此擁抱，瑪瑪也和尼基和解了，事情看起來完全平息了。

當天晚上，黑猩猩都回到建築中，一如以往整群分成小團，各自過夜。但是過了一陣子，我聽到激烈扭打的聲音，結果是瑪瑪發現，她和奧蒂周圍沒有其他雄性猩猩，便直接了當地攻擊了這頭年輕雌黑猩猩。她們之間稍早的和解只是做給大家看而已，並不意味盡釋前嫌。

年輕雌黑猩猩富有吸引力的時期，或許能夠增加自己的權力，但是這個時期一下子就過去了。只要更年長的雌黑猩猩性徵膨大，年輕雌黑猩猩便受到忽視。這種現象或許違背直覺，畢竟人類男性往往受年輕伴侶吸引，不過在黑猩猩的世界中，情況並非如此。在人類這個物種中，受到年輕個體的吸引是有演化意義的，因為我們要建立伴侶關係，成立穩定的家庭。年輕女性往往單身，而且能夠生育的時間更長，因此受到青睞。也基於這個原因，女性總是希望藉由染髮、化妝、隆乳、拉皮等手段，讓自己看起來年輕。但是在和我們親緣關係相近的猿類中，並沒有所謂長期伴侶關係存在，成熟的交配對象對於雄性而言更具吸引力。如果同時有數頭雌黑猩猩性徵隆起，雄黑猩猩都會去追求最年長的。對於野外黑猩猩的觀察結果也是如此。他們有反過來的年齡歧視，可能是因為偏好和已有數個健康後代的雌黑猩猩交配。

也就因為這樣，瑪瑪成為群裡面最性感的對象。在她生下莫妮克（Moniek）後四年，性徵又膨大了起來。群裡面的雄黑猩猩不論老少，全部都來求愛。不過他們並沒有如以往公開競爭，反而幾乎都在彼此幫忙理毛。

當雌猩猩的性器官膨大，可能會引發雄黑猩猩之間的競爭，不過有趣的是這種競爭多以理毛的方式發生，而不是爭鬥，這稱之為「性協議」（sexual bargaining）。在雌黑猩猩出現的時候，雄黑猩猩彼此理毛得更勤。下位的雄黑猩猩為上位的雄黑猩猩理毛，好「買到」不受干擾的交配過程。可看到圖中左邊的這頭雌黑猩猩，在一旁耐心等待雄黑猩猩達成協議。

他們希望其中一頭雄黑猩猩能夠不受打擾地交配。作為交換，便是長時間為對方理毛，特別是為首領雄性理毛。這個景象表面上看起來平靜放鬆：這些色慾滿滿的雄黑猩猩彼此整理毛髮，而他們想要交配的對象在一旁觀看。但其實表面下暗潮洶湧。如果哪頭雄黑猩猩膽敢打破協議，跑去找瑪瑪，絕對會惹禍上身。

在這幾個場景中，我最感興趣之處，在於雄黑猩猩顯然都很自制。我們往往認為動物很情緒化，不像人類會踩煞車。有些哲學家甚至認為人類和動物不同的地方，便是人類會抑制衝動，這與自由意志息息相關。但是這個看法就如同其他人指出人類獨特之處一樣，全都錯得離譜。沒有什麼行為比盲目依照情緒行動更缺乏適應性。誰會想要不計後果衝動行事？如果貓咪憑著一時衝動就撲向花栗鼠，而不是慢慢潛伏接近，每次注定會失敗。如果瑪瑪沒有等到時機恰當才攻擊奧蒂，就無法強調自己的地位。如果雄性黑猩猩想要交配的時候就去交配，便會因為競爭而受到阻礙。他們需要順從地位高的個體，以幫對方理毛當成代價，或是在樹叢後面密會，躲開地位高的雄黑猩猩，這一點還需要雌黑猩猩配合。這些行為是社會生活的基本要件，需要高度的衝動控制機制。馬與海洋哺乳動物的訓練員馬上就會了解其負責訓練的動物具有這種能力，因為這是他們的生計。

我曾在日本的動物園中，看到園方為黑猩猩設置了堅果敲碎站。那個區域中有一塊沉重的砧石，另一個當成鎚子的小石頭用鍊子連接著。飼育員會把大量夏威夷堅果（macadamia nut）灑到敲碎站中，所有黑猩猩馬上聚集過來。黑猩猩有幾種堅果無法用牙齒直接咬開，夏威夷堅果便是其中之一，牠們需要這個堅果敲碎站。最先由首領雄性來敲碎堅果，在他之後是首領雌性，如此依序下去。其他黑猩猩要輪流耐心等待。整個過程氣氛和平、井然有序，每頭黑猩猩都順利敲開自己要吃的堅果。但是這份秩序是建立在暴力之上：如果有哪頭黑猩猩膽敢破壞這個已確立的安排方式，便會造成混亂。即使我們幾乎無法看到這些暴力行為，但是暴力行為建構了社會。人類社會不也是這樣建立起來的嗎？表面上的井然有序，是因為背後那些沒有遵守規矩的個體，會受到懲罰與壓迫。人類或是其他哺乳動物，如果放縱情緒而不考慮後果，那麼將會做出最愚蠢的行為。

瑪瑪生活在一個複雜的社會中，她對於這個社會的了解比其他人更深，包括我在內，人類觀察者得努力研究，才能釐清其中錯綜複雜之處。我們不清楚瑪瑪登上頂端位置的過程，我在研究生涯中研究過許多群黑猩猩，加上對野生黑猩猩的觀察結果，我們知道年紀和個性是主要影響因素。雌黑猩猩鮮少競爭排行，她們找到自己排行位置的速度快得驚人。當動物園把來自其他地方的黑猩猩放成一群，雌性黑猩猩的排行便能立刻建立。一頭雌黑猩猩走近另一頭，後者服從地鞠躬、喘吁吁地發出呼嚕聲、或是讓路給前者，就這樣劃分出排名，自此之後，一頭雌黑猩猩的排行就在另一頭之上了。雖然也會發生爭執，不過非常少見。這和雄黑猩猩截然不同，後者總是盡力彼此脅迫，有的時候會引發肢體衝突，或是等待事情過去等幾天之後再打架。在此同時，雄黑猩猩之間也一直在較量力氣，縱使排行已經確定，卻不保證能維持不變，下級永遠會來挑戰。所以通常是二十到三十歲之間體力強的黑猩猩居於排行頂端。比較年長的黑猩猩在體能巔峰之後，隨著時間一階一階往下移動。

但是雌黑猩猩中的狀況不一樣，看重年資的系統對年長的個體有利。這個系統當然就比雄黑猩猩的系統更為穩定。最年長的雌黑猩猩會是首領雌性，而不是身體更強壯的年輕雌黑猩猩。後者在打架的時候無疑會獲勝，但是體能其實和排行無關。研究了野生黑猩猩數十年後，科學家發現雌黑猩猩很少為爭奪排名而起衝突，她們只是在等何時輪到自己而已，也就是「排隊」（queuing）。一頭雌黑猩猩只要活得夠久，終將會步上最高的位置。由於黑猩猩通常分散在森林中，獨自尋找食物，因此對於雌黑猩猩而言，高排名背後的利益可能不足以讓她們冒險。不值得如雄黑猩猩那樣歷經困難也要往上爬。

具有瑪瑪這樣地位的雌性動物稱為女族長（matriarch），但是這個詞的意義時有變化，地位也有所不同。舉例來說，大象中的女族長是群裡面最年長、體型最大的母象，群裡的成員是其他母象和她們的年輕後代，許多成員和自己有親屬關係。身為黑猩猩的瑪瑪則不同，她領導的社會無疑更為複雜，其中包括了一直使盡各種手段爭奪排名的雄黑猩猩，而且其他雌黑猩猩和自己沒有親屬關係。在這樣的背景狀況中，她能得到最高的排名，不只是因為她的地位出眾，而是因為她權力很大。權力和排名是不同的東西。

我們可以從誰順從誰，看出排名高低，地位低的黑猩猩會對地位高的鞠躬和喘吁吁地發出呼嚕聲。首領雄性表彰自己地位的方式，有對其他黑猩猩揮動手臂、從他們面前跳過，或是裝作不在乎的樣子忽略他們的招呼。周遭的黑猩猩都非常尊敬服從他。瑪瑪所得到的禮儀通常不如首領雄性，但是其他雌黑猩猩至少會經常對她致意，讓她有著最高階雌性的地位。這些顯示出外在地位的象徵，反應出了正式的階級，就像是在軍隊中，階級章讓我們知道每個人的軍階高低。

權力則完全是另一回事。權力是個體對團體運作能夠發揮的影響力，隱藏在正式秩序的下一層。拿人類來當例子。公司老闆（不論是男是女）的資深祕書通常管理老闆和其他員工的會面，有許多小決定都是由祕書自己做的。大部分的人都知道這位祕書的權力很大，也機靈到要和她維持良好的關係，可是她的正式職位遠低於管理階層的員工。同樣的，在黑猩猩的群體中，社會行動往往取決於家庭網絡和同盟中的核心個體。我之前說過新的首領雄性尼基，受到的尊重不如他年長的伙伴傑倫。尼基居於最高的位置，但是並沒有完全權力，群體經常反對他的命令。團體其實是由最年長的雄性傑倫與最年長的雌性瑪瑪在管理。他們的威望十足，沒有其他黑猩猩會反對他們的決定，再加上瑪瑪良好的社會關係與調解技巧，使得她有非凡的影響力。表面上所有成年雄黑猩猩的地位都在她之上，但是到了緊要關頭，他們全部都尊重瑪瑪，並且需要她出面解決。

她的願望就是整群黑猩猩的願望。

死亡與悲傷

瑪瑪的健康狀況持續惡化，已經回天乏術了，獸醫為她安排安樂死。那是個非常悲傷的日子，但是這個決定不可避免。動物園安排的死亡程序中插進了一件罕見的活動：他們把瑪瑪晚上睡覺的籠子打開，讓群體中其他黑猩猩有機會看到與觸摸屍體。園方錄下黑猩猩來來去去的過程。

影片內容顯示，雌黑猩猩比雄黑猩猩更在意已去世的瑪瑪。雄黑猩猩通常會戳屍體幾次，拖動一下。這種粗魯的對待方式看起來並不恰當，但是我們之前就已經觀察到了：他們可能是想要死去的黑猩猩復甦。如果沒有經過全面的檢測反應，要怎麼才能知道一個個體是真正死亡了呢？就算在醫院的急診室，人類在接受復甦急救程序之後，要是依然無法恢復生命跡象，才能夠宣告個體死亡。雌黑猩猩也有類似舉止，只不過動作比較溫柔：她們拉起屍體的手或是腳，然後放掉，或是檢查屍體的嘴巴，或許是要確定真的沒有呼吸。有個雌黑猩猩要拉動屍體時，受到了吉夏（Geisha）的苛責。吉夏是瑪瑪收養的女兒，她和其他的黑猩猩不一樣，沒有休息去吃東西或是和其他個體互動，一直守在屍體旁邊，就像是人類在守靈。守靈是哀悼者於家中守在死者身邊一晚。人類守靈的起源可能是希望他們所愛之人復活，或是要在下葬之前確定死者已經死亡。

吉夏是庫伊所生，在她的母親去世之後，瑪瑪便開始照顧她，這很合理，因為瑪瑪和庫伊的關係非常親近。現在瑪瑪去世了，吉夏是待在瑪瑪屍體旁最久的，超過瑪瑪親生的女兒和孫女。所有雌黑猩猩來屍體這邊時完全安靜，這對於黑猩猩來說很不尋常。她們用鼻子摩擦屍體，或是以各種方式檢查屍體，有的花時間為屍體理毛。

她們還從別的地方帶了一張毯子過來，把毯子留在瑪瑪身體旁邊。這個行為很難解釋，但是讓我想起另一頭黑猩猩的死亡。

有天在約克斯國家靈長類研究中心的田野調查站，我們發現曾經擔任過首領雄性的阿莫斯（Amos）氣喘吁吁，每分鐘呼吸的次數高達六十次，這頭受歡迎的黑猩猩臉上全都是汗。我們沒有及早確認他的身體狀況，因為他和其他絕大部分的雄黑猩猩一樣，都盡力隱藏自己的病情，避免自己看起來衰弱，時間越長越好。幾天後阿莫斯去世了，我們才發現他的肝臟腫脹得非常厲害，也罹患了多種癌症。由於之前他拒絕外出和其他黑猩猩在一起，我們便把他隔離到晚上棲息的籠子中，將門打開。他的雌黑猩猩朋友黛西（Daisy）每隔一段時間便會來看他。她從門的開口為他耳朵後面的柔軟部位理毛。有一次她還帶來了許多木絨，塞給阿莫斯。黑猩猩喜歡用木絨這種材料做巢。後來黛西好幾次都帶了木絨過來，塞在阿莫斯和他背靠的牆壁之間，好像知道他感到疼痛，要是靠著柔軟的東西會好一點，就像是我們在醫院中給病人墊枕頭一般。

所以，即使我們不知道為什麼她們帶墊子到瑪瑪屍體旁邊，也無法排除有某頭黑猩猩想要讓她覺得舒服一些，可能也是因為觸碰到她冰冷的屍體吧。研究猿類和其他動物對於其他個體死亡的反應，屬於死亡學（thanatology）的研究範疇，這個詞來自於古希臘掌管自然死亡的神桑納托斯（Thanatos）。因死亡而感到的悲傷很難定義，不過在美國人類學家芭芭拉．金恩（Barbara King）於二〇一三年所出版的著作《動物如何悲傷》（*How Animals Grieve*）中，提出了一個最低限度規則：親近死者的個體，行為會有顯著改變，例如吃得比較少、變得無精打采，或是守在最後看到死者的地點。如果死者是自己後代，母親可能會一直收著有味道的屍體，直到腐爛為止，這在野外已經有多次觀察紀錄。在非洲西部一頭黑猩猩母親抱著死去的幼猩屍體達二十七天。這在靈長類中要屬非常自然的行為，她們會把小孩抱在胸前或是背在背上。在海豚中也觀察到類似行為，有一頭海豚母親把死去小孩的屍體頂上去、浮在水面好幾天。

和死者沒有關係的個體，沒有理由因死者的消逝而受到影響。例如許多寵物並不會因為同在一個屋簷下的其他寵物死亡，就出現什麼反應。悲傷來自依附關係（attachment），聯繫越緊密，對於分離的反應就越激烈。所有的哺乳類和鳥類都會如此，包括鴉科鳥類。我照顧的寒鴉（jackdaw）中，有一隻的伴侶因為不明原因消失，他連續幾天在空中找尋呼喚，但是幾天之後伴侶都沒有回來，他放棄，並且死去了。之後我感到悲傷，這兩隻鳥很喜歡我，曾經帶給我許多快樂的時光，還讓我知道鳥類具備哺乳動物一般的情感生活。

傑出的奧地利動物行為學家康拉德．勞倫茲（Konrad Lorenz），描述了鵝在伴侶之間的典型長期關係。有次他的一個學生指出，自己注意到有些鵝會出軌，為了減少衝擊感，她特地補充說，這讓鵝「更像人類」。由一對伴侶彼此建立關係形成的一夫一妻制，在鳥類中比在哺乳類中更為常見。事實上，只有極少數的靈長類動物是一夫一妻制的，人類到底是不是真的一夫一妻制，現在還處於爭議當中。不過各種動物伴隨發生的情緒可能相似，因為所有哺乳動物都會製造催產素（oxytocin）。這種古老的神經胜肽（neuropeptide）由腦下腺製造，在性交、育幼和生產時會釋放，在產房中常會用到催產素幫助分娩。催產素也能夠加強成年個體之間的連結。比起單身者，處於戀愛狀態的人，血液中的催產素濃度比較高。關係要是持續下去，催產素也會一直維持高濃度。催產素也會讓人避免冒險與第三者發生性關係。當已婚男性鼻腔中噴了這種激素，在周圍有美貌女性時會感到不自在，還想要拉開距離。

縱使我們認為人類的浪漫愛情非常特別，但是人類和其他動物在神經系統的相似程度卻讓人震驚。我在埃默里大學（Emory University）的神經科學家同事拉瑞．楊恩（Larry Young），以研究兩種田鼠（vole）而知名。草甸田鼠（meadow vole）是雜交的，另一種類似的草原田鼠（prairie vole）雌雄之間會配對，而且只和對方交配，一起扶養幼鼠。比起草甸田鼠，草原田鼠腦部酬償中樞的催產素受體數量高出許多。牠們對於性有更正面的聯繫，使得牠們對於自己的伴侶「成癮」。催產素能夠確保伴侶之間的聯繫。這些草原田鼠失去伴侶之後，腦部中的化學變化，意味著牠們處於壓力和憂鬱的狀態，在面對危險時也比較消極，似乎不在意自己是生是死。就算是這種小型齧齒動物也知道悲傷是什麼。

美國動物學家派翠西亞．麥克康諾（Patricia McConnell）描述了她的狗萊西（Lassie）對她好友路克（Luke）之死的反應。這兩頭狗很喜歡對方，總是一起活動。路克死後，萊西整天待在房間中，和路克的屍體在一起。她的頭低下，眉頭深鎖，悲傷的眼神令人動容。隔天她出現了年輕時那一套行為：瘋狂繞著圈，對著自己的玩具又吸又舔，好像在照顧他們。麥克康諾認為萊西已經知道路克的死亡已經是不可改變的事情，不然為什麼她的行為會有如此重大的改變？

這些實例都指出，至少有些動物了解到已經死亡的伙伴不產生動作了。成年的黑猩猩從樹上掉下來，脖子折斷時，年輕的野生雌黑猩猩會一直看著他動也不動的身體，過了一個小時也不移開，這時周遭其他的雄黑猩猩會彼此擁抱，同時齜牙咧嘴。如果黑猩猩認為是自然死亡，應該不會出現這樣激烈的反應。除此之外，了解死亡的不可逆轉，意味著對於未來的預測。我們有許多科學證據指出靈長類知道未來的走向，因為他們會計畫旅程，或是為了完成某件工作而準備工具，不過我們很少會想到，牠們能夠預見到生命與死亡之間的聯繫。我們缺乏檢驗牠們這項能力的實驗，原因很明顯。我們若把這種對於自己生命終止的知覺稱為死亡感（除了人類之外，我們沒有證據證明，其他動物也有這種感覺），我們可能會把萊西了解到路克不會回來的認知，稱為「不可逆轉感」（a sense of finality），這種感覺和死亡感（sense of mortality）並不相同，前者是對於其他個體的感覺，後者是對於自己的感覺。

這樣類似的喪親之痛故事，還有很多，貓也會，當然寵物和飼主之間也有。我們都知道，狗會守在飼主墓邊數年，或是每天回到以往飼主接牠的火車站。我曾經到蘇格蘭愛丁堡的車站去看忠犬鮑比（Bobby）的雕像，以及到日本東京看忠犬八公的雕像。其他動物在飼主死後，也可能忠誠不變。大象會蒐集同群死去成員的象牙與骨頭，舉起屍身並且輪流傳遞。有些大象數年後會回到親屬死亡之地，只是為了觸摸與檢視屍身。

有天，一條劇毒的加彭膨蝰（Gaboon viper）闖入了非洲一個野生生物保護區，讓我們得以見到另一種的「不可逆轉感」。這條蛇的出現，讓巴諾布猿大為恐懼，蛇每動一下，巴諾布猿便會往後跳開。最後首領雌性抓住了這條蛇，丟到空中，並且抓著摔到地上，其他的巴諾布猿才小心翼翼地用樹枝戳這條蛇。在首領雌性幹掉了這條蛇之後，沒有其他巴諾布猿顯示出任何跡象，指出牠們覺得這條蛇會活過來。死了就是死了。年幼的巴諾布猿把死蛇當成玩具，高高興興拖著跑，或是掛在脖子上，甚至還會打開死蛇的嘴巴，研究裡面的毒牙。

這些巴諾布猿一定認為這條蛇的死亡是不可能逆轉的。

我們很少在猿類群體中觀察到個體真正死亡的過程，不過在伯格斯動物園中，我們觀察到了奧蒂死去的經過。她是我最喜歡的黑猩猩之一，總是樂天知命、無憂無慮的樣子。奧蒂一直咳嗽，我們雖然用抗生素治療，但是她的身體狀況持續惡化。有天我們看到庫伊靠近看奧蒂的眼睛，然後在沒有什麼明顯的原因之下，便突然歇斯底里高叫起來，手像是痙攣般敲打自己，沮喪的黑猩猩通常會出現這樣的動作。她眼中觀察到的東西似乎讓她沮喪。奧蒂一直都安靜無聲，直到現在才發出聲音，但是已經太衰弱而無法高叫了。她想躺下來，但從之前一直常坐著的木頭上掉了下來，倒在地上動也不動。在建築中某個地方的雌黑猩猩也發出類似庫伊的高叫聲，可是她根本看不到奧蒂和庫伊之間的事情。後來二十五頭黑猩猩都完全安靜下來。飼育員把所有擋在路上的黑猩猩都移開，好進行口對口心肺復甦，但是沒有用。驗屍後發現奧蒂的心臟和腹部都受到嚴重感染。

那些圍繞在瑪瑪身體周圍的黑猩猩，就像其他靈長類一樣，行為如同人類對於死者做的事情：撫摸與清洗身體，在送走屍體之前為其抹油並且打理儀容。人類還更進一步，會埋葬屍體，並且準備一些他們在「旅程」中需要的東西。人類為了減緩傷逝之痛，以及撫平我們對死亡的恐懼，往往把死亡視為前往另一生命的轉換過程。我們從來都沒有在其他的動物上看到這種值得注意的心智創新（mental innovation）。

在二〇一五年發現了納萊蒂人（*Homo naledi*）之後，種種差別的相關討論便爆發出來。納萊蒂人是早期的人類，化石在南非一座洞穴深處發現。這種靈長類動物的臀部類似南方古猿屬（Australopithecine），但是具有人屬（Homo）典型的腳部和牙齒結構。納萊蒂人最有可能是人類祖先巨大演化樹中幾十條分支中的一支，但是考古學家不喜歡這種想法，他們總是覺得自己發現的化石位於成為人類的那條分支上，從沒有去想這種事情成真的機會是那麼的小。所以啦，他們總是宣稱發現了人類的祖先。不過納萊蒂人的腦部大小如猿類，他們要怎樣才能說納萊蒂人是人類的祖先呢？科學家在這個洞穴幾乎難以進入的位置，發現到了其他化石，便覺得找到可以支持自己說法的證據：這些遺骸是特地放到那裡去的。他們宣稱，只有人類對於死亡的安排極為周詳。這樣的說法真的是疑點重重，是因為他們不曉得其他的物種也會對死者有所安排。

黑猩猩和其他靈長類動物不會在同一個地點久留，所以他們沒有理由把屍體覆蓋起來或是埋起來。如果他們一直居住在同一個地點，毫無疑問會注意到，腐屍會引來食腐動物，其中包括了鬣狗這樣可怕的掠食者。因此會想要把屍體覆蓋起來，或是移動到其他地方，這些想法絕對沒有超過猿類的心智能力。幾乎不需要什麼來生信仰，就會產生這樣的行為。納萊蒂人可能是基於相同理由才會移動屍體。從這個觀點出發，我們的確不知道他們是出於關注死者，還是不進行任何儀式、就把屍體拋棄到洞穴深處。還有更糟糕的可能性，因為誰敢說在洞穴深處發現的遺體當初是死在那裡的？

納萊蒂（naledi）是「索托－茨瓦納」（Sotho-Tswana）語系中「星星」的意思，巧合的是，用拼成這個字的字母也可以組合成「否定」（denial）。發現這些化石的人太想要強調這些化石屬於人類，進而否定人類祖先和猿類的共通之處。人類與其他猿類分支出來的時間，相近於非洲象和亞洲象走上不同演化道路的時間，牠們之間的遺傳差異，可說和人類與其他猿類一樣近（或是一樣遠）。我們把這兩種動物都稱為「大象」，不會覺得有什麼不對，對於人類和其他猿類分開的那個特殊時間點卻計較萬分。我們甚至因為這個過程而創造了新的詞彙，例如「人化過程」（hominization）和「人類起源」（anthropogenesis）。真的有這樣的時間點嗎？這只是個常見假象，就像是要在彩虹光譜上找橘光轉變成紅光的那個精確波長。演化的轉變通常是無縫相連的，人類想要找出明確界線的念頭，和演化的這種特性並不相符。

我們現在還不知道，動物界中「不可逆轉感」有多普遍，以及需要依賴多少推測未來的心智能力。不過至少在某些種類動物中，我們已經確認，有些個體會嗅聞、撫摸親近的死去個體，甚至嘗試要牠復活過來，似乎牠們知道彼此之間的關係已然永遠成為歷史。牠們怎麼了解這點？依然是謎。來自於經驗？或是牠們生來就知道死亡是生命的一部分。這也提醒了我們，情緒永遠和「知曉」混合在一起，如果分開了就無法存在。如果動物做出了一些有趣的行為，認知科學家有時會說：「這只是由情緒引發的。」但是情緒本身就不單純，而且無法和所處狀況的評估劃分開來。悲傷本身更是特別複雜，不只是「情緒」二字而已，它代表了社會連結的可悲反向狀況：喪失。這可能在有些動物內心造成沉重的傷害，因為人類也會如此，人類和這些動物有共通的神經變化過程，例如經由催產素調節的系統，甚至牠們可能會感覺到生命，以及生命的脆弱。

對我來說，接觸到了伯格斯動物園黑猩猩群體，完全改變了我自己。對於那些黑猩猩、范霍夫、我和瑪瑪其他的人類朋友而言，瑪瑪的去世讓我們覺得分外空虛。她代表了那群黑猩猩的內心。生命如水而逝，但是那些個體是獨特的。我想，我不會再遇見瑪瑪那樣使人印象深刻，還同時是其他同類典範的猿類。

第二章

靈魂之窗

當靈長類展開笑顏時

對年幼黑猩猩呵癢就像是對小孩子呵癢。猿類身體上敏感的地方相同：腋下、身體側面、肚子。他的嘴張很大、嘴唇放鬆、喘著氣發出類似哈哈的吸吐氣聲，像是人類的笑聲。這種驚人的相似性會讓人禁不住露出微笑。

猿類也會像小孩子那樣舉棋不定。他會把你的手推開，保護敏感的部位，同時想要跑開。但是當你停下動作，他又會跑回來，露出肚子。這時你甚至不需要觸摸，只要手指著肚子，就能夠讓他大笑。

發笑？等等，真正的科學家應該避免擬人化，經常有頑固的同事要求我們更換用詞。為什麼不用中性詞彙表達猿類反應呢，例如「發出喘氣的聲音」。我曾聽過謹慎的同事使用「類似笑」的詞彙。我們就是用這種方式避免混淆人類和其他動物。

擬人化（anthropomorphism）這個詞是由希臘哲學家瑟諾芬尼斯（Xenophanes）所發明的。他在公元前五世紀對荷馬的詩提出異議，荷馬所描述的神太像人類了。他嘲笑這種設定，還說如果馬有手，會把牠們的神「畫成像是馬的樣子」。現在這個詞的含義更廣，主要是譴責把其他動物的特徵或經驗描述得跟人類很像的說法。所以說，動物沒有「性」（sex），只會彼此交配。牠們也沒有「朋友」，只有最親近的同伴而已。由於我們人類最喜歡強調人類的智能和其他動物不同，更將這種語言閹割的方式大力拓展到認知領域。我們把動物所做的每件事情都簡化成本性或簡單學習，好把人類的認知能力放在高壇上供奉著。如果要思考其他的可能性，只是打開了讓人嘲笑的大門。

要了解這種抗拒心理，我們得提到另一位古希臘人亞里斯多德（Aristotle）。這位偉大的哲學家把所有生物放到一個縱向的「自然階梯」（scala naturae）中，最頂端的是人類（和神的距離最近），接下來依序是哺乳動物、鳥類、昆蟲，軟體動物則接近底端。比較這個巨大階梯上的各種生物，還算是個受歡迎的科學消遣，但是我們從中學到的事情，就只是用自己標準來研究其他物種。

只是大自然中的生物豐富無比，會配合這種單一方向的演化階梯嗎？難道不該推測，每一種動物都有與自己感覺相搭配的各自心智生活、自己的智能和情緒，以及本身的自然史呢？魚類的心智生活會和鳥類的心智生活一樣嗎？或者我們來看看掠食者和獵物之間的差異。掠食者所具備的各種情緒，顯然和那些總是需要持續細心留意周遭狀況的物種不同。掠食者散發著冷靜自信的氣息（除非遇到對手），而獵物則熟悉恐懼的五十道陰影，牠們生活在擔心害怕之中，每個意料之外的動作、聲音或氣味，都會讓牠們嚇一跳。所以馬會突然暴走，但是狗不會。人類原先演化自住在樹上摘水果吃的動物，因此兩隻眼睛位於正前方，具有彩色視覺，手掌能夠抓握，但是由於人類的身體大小以及具備特殊的技巧，所以具有掠食者的沉靜態度。可能因為這樣，和人類相處得最好的兩種寵物都是毛茸茸的肉食動物。

在大學時，我養了一隻黑白花的貓普雷西（Plexie）。大約每個月中會有一天，我把她裝在袋子中、放到腳踏車籃裡，這樣她的小頭就能露出來，再載她去找她最好的朋友玩耍，那是一隻短腳狗。兩隻寵物從小混在一起，成年也依然如此。牠們在大型學生宿舍的樓梯上下奔跑，給每個經過樓梯轉腳的人帶來驚喜，牠們身上的純然快樂感染了每個人。牠們會這樣玩耍數個小時，直到筋疲力盡、癱倒為止。狗和貓往往相處得好，因為牠們都喜歡追逐、抓取會移動的物體。狗和貓也都是哺乳類動物，比較容易和人類建立關係。其他的哺乳類動物也能夠辨認出人類的情緒，人類也能夠辨認出牠們的情緒。這種移情連結（empathic connection）讓人類馴養了貓（全世界估計有六億隻）和狗（有五億隻），而不是馴養蠶蜥蜴或是魚之類的動物。不過在人類與動物的連接之中，我們往往毫不區分自己的感情和經驗，就直接投射到動物身上。

我們可能會說，狗在表演中獲勝，因為贏得綬帶而感到「自豪」，或是說貓跳下來失敗，會覺得「尷尬」。我們到海邊，和海豚一起游泳，確信這種動物喜歡和人類游泳的程度就如同我們喜歡和海豚游泳的程度。後來人們信以為真的事情，還包括了加州會手語的大猩猩可可（Koko，已去世）比手勢宣稱牠擔心氣候變遷，或是還表示黑猩猩擁有宗教。每當我聽到這些說法，皺眉肌（corrugator muscle）便會收縮，額頭上產生皺紋，然後問證據在哪裡。毫無理由的擬人化根本沒有幫助。海豚的確會顯露如笑容般的臉，但是牠們這副臉孔一直不變，無法讓我們知道牠們的感覺。戴上綬帶的狗可能只是因為受到所有人的矚目，以及獲獎會得到好處。

不過經驗豐富的田野工作人員，每天都在熱帶森林跟著猿類到處跑，她便告訴我黑猩猩關心受傷的伙伴，會帶食物給她，或是減緩行進的速度，這可能是同理心造成的結果，我不會反對這種說法。如果他們報告說，成年紅毛猩猩在樹頂上吼出巨大的聲音，表示明天早上要出發了，他們認為這些紅毛猩猩有事前規畫的念頭，我也不會介意。以圈養猿類進行的控制組實驗，其結果讓我們知道這些推測並不牽強附會。但就算是這樣的研究，依然遭控為「擬人化」。

對於擬人化的批評來自「人類特殊主義」（human exceptionalism），這個主義把人類當成例外、否定人類具有動物性質的欲望。在人文科學和社會科學領域中，這種慣例依然存在，人類心智是人類獨有的這種說法，讓人類特殊主義滋長壯大。對我來說，反對人類和其他動物之間有相似之處，其引發的問題會比假定有相似之處來得嚴重。我稱這種相對立的說法為「人類例外論」（anthropodenial）。顯而易見，人類是一個物種，而人類例外論和這個說法相抵觸。人類的腦和其他哺乳動物的腦具備相同的基本結構：人類的腦中沒有新的構造，還沿用舊有的神經傳遞物。事實上這種相似性跨越了哺乳動物的物種界線，我們藉著研究大鼠處於恐懼時杏仁核（amygdala）的變化，來治療人類的恐懼症（phobia）。受到訓練、能夠在腦部掃描儀器中好好躺著的狗，在期待有熱狗可以吃的時候，腦中尾核（caudate nucleus）會活躍起來，生意人確定將會有一筆額外收入時，尾核也會出現同樣的活動。之前數代科學家把心智過程當成黑箱，但是現在的我們不同。我們打開黑箱，揭露出動物共有的結構。現代神經科學讓極端的人類—動物二元論完全站不住腳。

這並不表示說，紅毛猩猩訂定計畫的過程，和我在課堂上宣布要考試時，學生會為考試而準備這種事情等同觀之；兩者不是在相同層次。但是兩種思考過程在深層意義上是連續的。在情緒性狀（emotional trait）上可以看到這種連續性更為廣泛。我們能夠了解情緒，部分來自於直覺，因此這種連續性難以單純用資料和理論來解釋。對此，我有個簡單又非科學的建議，任何懷疑動物情緒深度的學術人員，都該去養隻狗。

擬人化並沒有人們所想得那麼糟。大型猿類這樣的動物事實上具備邏輯概念。演化理論幾乎指明了這種現象，我們知道猿類是「類似人類的動物」（anthropoids）。這個詞是十八世紀時瑞典的生物學家林奈（Carl Linnaeus）所發明的，他根據生物的結構進行分類。如果根據行為，他也應該能夠輕易做出同樣的分類結果。最簡單、最粗略的見解是，如果兩個有親緣關係的物種在類似的狀況下，展現出了相似的行為，那麼推動這些行為的原因也必定相似。對於馬與斑馬、狼與狗等血緣關係相近的物種，我們毫不遲疑就做出了這樣的假定，為什麼遇到了人類和猿類，這個規則就變了？

幸好時代持續改變。西方文化與宗教中，把人類和動物一分為二的看法曾非常流行，現在自然科學已經模糊了這個界線。目前我們通常這樣開始研究：假設存在這種連續性，舉證的責任就落到反對這個觀點的一方。現在是他們需要說服我們。會堅持被搔癢、笑得喘不過氣來的猿類其內在和被呵癢的小孩子完全不同，才需要進行研究工作證明自己的說法。

表現自己

多年前，我和范霍夫一起參加由保羅・艾克曼（Paul Ekman）和他的追隨者在荷蘭舉辦的工作坊。這位美國客座心理學家在我國素有名聲。當時還沒有像現在那麼著名，但是他對於人類臉部表情的研究，已經掀起陣陣波瀾。艾克曼發展出了「臉部動作編碼系統」（Facial Action Coding System, FACS），旨在描述出臉部每條小肌肉的收縮方式，把表情加以分類。舉例來說，人類在靠近眼睛附近有條小肌肉，用拉丁文命名，意思是「讓眉頭皺起來的肌肉」。兩邊臉頰上有一條比較大的肌肉，能夠拉起嘴角，形成微笑的模樣。艾克曼自己能夠演示出幾乎所有肌肉收縮的組合變化，對於自己臉部表情有著不可思議的控制能力。他可以毫無困難做出最細微的動作，不論是對稱還是不對稱，用以傳遞微小的情緒變化。他可以讓自己看起來生氣，或是生氣但是掛著滿滿笑臉，或是高興中帶有憂慮。什麼表情都可以，他能夠依照要求做出數量眾多、各式各樣的細微表情。他可以說明稍微皺眉所代表的情緒、皺鼻子又是另一種。我們不只拜倒他呈現臉部表情的巧妙技術，也欽佩他提出的演化觀點，這在當時的心理學家是很罕見的。

我用「巧妙技術」這個詞，是因為他的研究全部牽涉到運動與模樣。人類很擅長在沒有真正生氣的時候做出生氣的表情。人類有相當的臉部控制能力。從很久以前，我一直認為其他的靈長類沒有這種能力，但是後來我在聖地牙哥動物園研究巴諾布猿之後便改觀了。現在回頭看，我當時陷入的狀況其實滿好笑。當時我的任務是記錄巴諾布猿所有的行為舉止，包括了牠們的叫聲、面部表情、手勢和身體姿勢等，以前沒有人做過這件事。不過每次我觀察圍欄中的年輕巴諾布猿，我記錄到的各種臉部表情便越來越多，看起來似乎不會有結束的一天。我得描述那些最奇怪的表情，而且全部都和我之前記錄下來的不同。過了一陣子，我漸漸發現那些最不尋常的表情，往往出現在與社交無關的場合中，也不會引發什麼特殊的行為，像是性交或是攻擊之類的，看來那些表情和表情所要傳達出的意義無關。一頭年輕的巴諾布猿可能坐著，沒有在看什麼特別的對象，然後突然做出一連串動作：縮起臉頰、上唇噘起、下顎快速運動。有的時候手會過來幫忙：把嘴巴往一邊拉，或是從頭的背後繞過去把一根手指放到口中。

我得到了結論：這些巴諾布猿作鬼臉只是好玩，沒有其他的意義。我認為這種「作鬼臉」代表了牠們具有自由控制臉部肌肉群的優異能力。為了好玩而作鬼臉的動物，會為了操控其他個體而使用臉部的表情嗎？不論意義為何，這些年輕的猿類讓我見識到，因分門別類而生的科學執念有多愚蠢。我一了解牠們臉部特技表演的意義之後，就不得不覺得，有時牠們在對我使眼色。

艾克曼強調臉部外顯表情的見解，吸引了范霍夫和我。我們從生物學的觀點研究動物行為，專注在各種訊息的形式，以及這些訊息對於其他個體的效果。事實上，有很長一段時間，我們不被允許談論其他的事情。范霍夫曾經得到頗為堅持的個人建議，要他在研究靈長類臉部表情時不要涉及牠們的內在狀況。那個人不是別人，正是得到諾貝爾獎的動物學家尼古拉斯．丁伯根（Nikolass Tinbergen）。如果可以避免談到情緒，那又何必提到情緒呢？他會把黑猩猩的張嘴笑臉或是高興的臉，描述成「嘴巴張開的放鬆臉孔」，他還會使用「安靜的露齒面容」來代替露齒而笑或是微笑等。艾克曼在他的臉部動作編碼系統也是如此，完全只描述外觀，不過他從來都不否認這是在觀察情緒。艾克曼說明內心狀況時從來不曾遲疑過。事實上他認為，如果沒有體認到情緒是臉部表情的根源，那麼就無法了解臉部表情。他說，情緒很少只停留在內心，因為「情緒最重要的特徵之一，便是它通常不會隱藏起來：在表情之中，我們能夠聽到或看到什麼。」

你可能會想，既然艾克曼研究的是人類這個物種，應該沒有什麼好擔憂的。但是很悲哀，當時科學界發生了詭異到不行的爭論，在事後，我們往往無法理解為何會發生這些爭論，或甚至根本不記得有過這樣的爭論。那是人類臉部表情引起的論戰。當時人們認為人類臉部表情細微、不值得多加注意，或是在世界各地的變化很大，因此最好當成文化產物。像艾克曼這樣把人類臉部表情和生物學聯繫起來的研究，一開始就注定要滅亡。不過現在一切都改變了，因為當時艾克曼拜訪反對勢力中的一位領導者，他是人類學家，堅決認為人類的情緒和表情具有無限的可塑性。艾克曼預期會看到許多人類肢體語言的田野紀錄、影片、照片，且塞滿了好幾個櫃子。他詢問對方是否能夠看一下紀錄，得到的回答令人大吃一驚：人類學家說那些東西從來都不存在，所有的資料都裝在自己的腦中。這不是好現象：能夠接受核實的資料是科學的基礎。整座文化城堡能夠建立在沙地上嗎？

艾克曼以超過二十個國家中的人群為對象，進行控制組實驗，讓這些人看帶有情緒表情的臉部照片。所有的受試者對於各種表情的說明都相近，對於生氣、恐懼、快樂等表情的辨認結果幾乎沒有差異。對於全世界的人來說，笑容就是笑容。有個解釋可能會讓艾克曼困擾：會不會世界各地的人都受到了好萊塢的電影和電視流行影響？他前往世界上最偏遠的地方，對尚無文字的巴布亞紐幾內亞（Papua New Guinea）部落居民進行同樣實驗，那些人從來都沒有聽說過約翰韋恩或是瑪麗蓮夢露，他們也完全不知道有電視和雜誌。但是當艾克曼把各種表情的照片放到他們眼前，他們依然指出了幾乎全部情緒。他們日常生活中出現的表情，並沒有超出電影內容。艾克曼的研究資料極為扎實，指出了臉部表情屬人類共通，這完全改變了我們對於人類情緒與表情的看法。現在，我們認為情緒和表情是人類本質的一部分。

不過我們要知道，這些研究依賴語言的程度非常深。我們比較的不只是臉部表情以及判斷的方式，也比較了人類用來標示表情的語言。由於每種語言都各自具備描述情緒的詞彙，翻譯語言依然是個重要的課題。要避開這個問題的唯一方式，就是觀察這些表情是如何使用的。如果臉部表情真的是環境後天塑造，那麼天生盲目又耳聾的兒童應該不會有表情，或是只會做出奇特的表情，因為他們從來都沒有見過周遭人等的表情。但是研究這些兒童的結果顯示，他們發出笑聲、微笑或是哭泣的場合，和一般的兒童別無二致。由於他們無法從其他人身上學到表情，那麼有誰還能夠繼續懷疑，情緒表現屬於生物學呢？

所以，我們必須回頭看看達爾文的觀點，他在一八七二年的著作《人和動物的情緒表達》（*The Expression of the Emotions in Man and Animals*）中，強調臉部表情是人類這個物種的本能之一，還指出猴類和猿類有相似的表情，以及所有靈長類動物具備類似的情緒。現在這個領域的人，全都認為那是一本劃時代的著作。但是在達爾文的主要著作中，只有這一本在剛出版時大受歡迎，之後很快就被遺忘，後來將近一個世紀中幾乎沒有人提起，直到我們重新回頭看這本書。為什麼？因為硬核的科學家覺得達爾文使用的文字太自由、太擬人化。他寫到一隻貓在摩蹭人腿時「滿是親暱」，一頭黑猩猩「失望又生氣的」嘟嘴，牛隻

「快樂跳動」並且大幅搖晃尾巴。這些描述都讓科學家尷尬不已，那些全都是胡言亂語。除此之外，他還認為人類以臉部運動傳遞高貴感情的方式，和「低等」動物是共通的。這種說法完全是在侮辱人類！

雖然人類與動物之間有種種相似性，但是達爾文也注意到了一些例外。他認為可能只有人類才會臉紅與皺眉。關於臉紅，他完全正確，我不知道有其他的靈長類動物臉部能夠很快呈現出紅色。臉紅依然是演化之謎。有些犬儒的人，堅持社會生活完全就是出於自私、利用他人。對他們來說，臉紅更是難解。如果他們的看法正確，那麼人類最好別讓血液不受控制地大量流到臉頰和頸部，使得皮膚顏色改變，讓人像是燈塔一樣受到矚目。如果臉紅讓我們保持誠實，那麼我們就得思索為何演化要讓人類臉紅，卻沒有其他的動物具備這類的外顯表情。或是就如同馬克吐溫所說：「人類是唯一會臉紅的動物，或是唯一需要臉紅的動物。」

至於皺眉這個表情，達爾文只對了一部分。他引用了一位當時專家的說法，後者認為皺眉是人類特有的反應，代表了卓越的智能，因為皺眉時「需用大量能量使眉頭糾結在一起，無庸置疑地，人們認為這會傳遞心中的想法。」雖然我們沒有理由需要以捶胸取代拉動靠近眉毛的一條細微肌肉，但是我們的確知道其他動物也會皺眉。達爾文探求非人類臉孔的皺眉效果，他數次前往動物協會的倫敦花園。他在一封給妹妹的信件中，描述了他與紅毛猩猩珍妮（Jenny）會見的過程。

我也非常仔細觀看了紅毛猩猩。飼育員把一個蘋果拿給她看，但是沒有遞給她。她因此背躺地上，踢腳哭喊，完全像是淘氣的小孩。然後她緊繃著臉，生氣揮了幾拳。飼育員說：「珍妮，如果你別再大叫，當個好女孩，我會給你蘋果。」她當然清楚每個字的意思，然後就像個小孩，努力忍住哀鳴，最後辦到了，也得到蘋果。她跳到一張扶手椅上，吃著蘋果，露出無比滿足的神情。

達爾文認為，專注的猿類和專注的人類一樣，受到挫折的時候會皺起眉頭，他給予珍妮和其他猿類幾乎不可能完成的任務，好激怒牠們，使牠們皺起眉頭。但是牠們在處理問題的時候，都沒有皺起眉頭。從那個時候起，科學家便認為皺眉專屬人類，但其實猿類能夠皺眉，也會皺眉，就如同達爾文發現用麥稈搔牠們的鼻子時，牠們的臉會皺起來，「在眉毛之間會出現接近垂直的皺紋」。黑猩猩和紅毛猩猩眉頭部位的骨骼比較隆起，像是遮在眼睛上方，這使得牠們不容易皺眉，就算皺眉了，其他人也不容易看得見。但是巴諾布猿的臉部比較平，便能輕而易舉皺眉，而且牠們皺眉的時機和人類相同。例如巴諾布猿在警告其他人的時候，會瞇起眼睛，眉頭皺起，露出銳利的神色，這就和人類生氣時怒目而視的表情非常相似。

我還清楚記得一頭黑猩猩瞪視的表情。那是我最喜歡的其中一頭年長雌黑猩猩柏利（Borie）。在約克斯田野工作站的黑猩猩群中，有柏利的女兒及孫子。某天，喬治亞地區的氣溫非常高，我拉了水管給黑猩猩供水。牠們當然一直都有淡水可以使用，但是就像城市小孩喜歡灑水器噴水，黑猩猩也覺得從水管中接水來喝很有趣。十幾頭黑猩猩彼此推擠，嘴張得大大的，想要來接清涼的水。然後有一頭小黑猩猩被水噴到、發出了高叫。其他黑猩猩都沒有理會，但柏利馬上衝到我面前，生氣地瞪著我，要我多留意點。在這樣近的距離下，完全可以看到她深深皺起的眉頭。

要了解動物情緒最好的方式，便是觀察牠們的自發行為，在野外或是在圈養中的都行。研究動物行為學者已經記錄下了數百甚至是數千個動物使用表情的例子。我們知道猿類在玩耍時會笑，吃最喜歡的食物時會發出特別的呼嚕聲，好邀請其他伙伴一起加入大餐。我們記錄了會造成各種表情的不同事件，以及這些表情對其他個體造成的影響。某個訊息有開始打架、停止打架，或是準備和好的意思？我們得到了各個物種整套的標準訊息目錄，稱為「習性譜」（ethogram），不只有靈長類的，還有馬、大象、烏鴉、獅子、雞、鬣狗等。最早建立完成的習性譜是狼的習性譜，其中說明了尾巴搖動、耳朵位置、毛髮豎立、各種叫聲、露牙形式等。習性譜相當精細，指出了豐富的訊息表達方式。我們也有大鼠和小鼠的習性譜。

人們一直以為齧齒類動物的臉不會受到情緒的影響，但是在詳細研究之後，卻顯示牠們藉由瞇眼、壓低耳朵、鼓起臉頰來表示極度痛苦。其他齧齒動物能輕易辨認出這些臉部表情，因為在實驗中，牠們偏好坐在放鬆大鼠臉部照片的旁邊，而不是痛苦照片旁邊。另一方面，大鼠也會展露出好心情。瑞士科學家設計出善待大鼠計畫，其中包括每天為這些實驗室大鼠搔癢，和牠們玩耍，分析牠們在每次搔癢和玩耍後休息時間中臉上的表情。之後這些科學家能夠光看大鼠的表情，就區分出哪些受到正面的對待，因為牠們的耳朵比較紅，看起來比較放鬆。有的漫畫會把相同的大鼠撲克臉標上不同的表情，藉以嘲諷。這些研究則讓那些認為大鼠臉部表情一成不變的想法灰飛煙滅。

在地球上臉部表情最豐富的動物之一，會用四條腿到處跑。馬、驢和斑馬具有豐富的臉部表情，並不意外，可能是因為這些動物有著複雜的社會生活和視覺生活。馬類臉部動作編碼系統（The

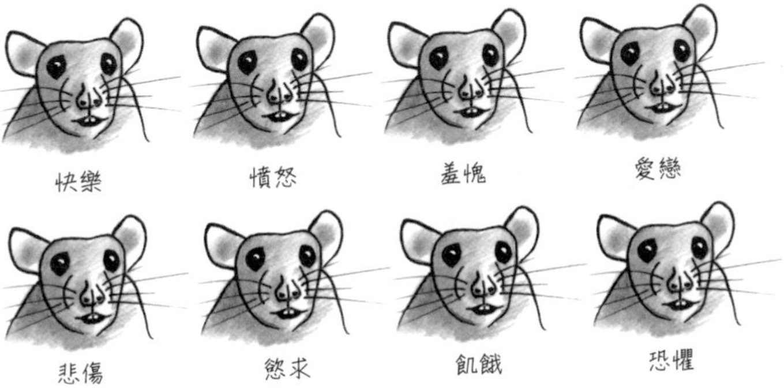

由於人們一直認為齧齒類動物的臉不會運動、呈現不出表情，就拿牠們的臉開玩笑。就像是這幅漫畫中大鼠的臉完全相同，卻標示不同的情緒。不過好笑的是人類自己，現在我們知道大鼠和小鼠臉上都能夠顯露出痛苦和愉快的樣子。

Equine，FACS）是艾克曼FACS應用在馬這類動物的結果，其中包括了多達十七種截然不同的肌肉運動，組合起來的變化多到數不清。馬覺得滿足的時候，更常用鼻子噴氣，對彼此打招呼的時候把唇角往後拉，在裂唇嗅行為（flehmen）中會把上唇噘起，恐懼的時候會眼睛睜大、顯露更多白色的鞏膜（sclera）部位，耳朵的模樣則有許多變化。養過狗或貓就會知道，耳朵是傳遞訊息的絕佳器官，好用到我認為人類耳朵無法自由運動，實際上是一種嚴重的缺陷。

科學家也研究過狗的各種表情，以及對於各種表情（包括人類表情）的反應。我們已經確認狗是會刻意溝通的，因為牠們在看著人類面部時，表情變化比較多，在看人背面時表情變化比較少。狗常做出的一種表情，是把內眉（inner eyebrow）拉起來，讓眼睛看起來比較大。圓臉大眼的狗狗十分可愛，討人喜歡，在動畫電影中經常特別強調這一點。狗的內眉拉動起來，讓牠們看起來比較悲傷、容貌更接近小狗，更容易被人收養。在收容所的觀察者注意到，如果狗會把臉轉朝著來訪者，就比那些不會這樣做的狗，更容易找到新家。顯然人類最好的朋友深知如何拉動人類的心弦。

人們通常會比較注意人類和其他動物都能呈現的表情，哺乳類動物自然就是最好的例子。在這方面，范霍夫是世界頂尖的專家。在一九七〇年代，他在這方面的觀察非常細膩，遠遠超過前人。他比較狒狒快速咂嘴的方式，以及雄性豬尾獼猴（pigtail macaque）對

馬的表情比靈長類的更為豐富。這匹馬露出了裂唇嗅反應（flehmen response），通常聞到新味道時，或是公馬聞到母馬尿液時，就會出現這樣的表情。馬的上唇往後翻，有助於讓位於犁鼻器（vomeronasal organ）的嗅覺受器移動。貓聞到了不尋常的味道時，也會露出類似的奇特表情。

雌性求偶時抬起下巴、噘起嘴唇的動作。不過范霍夫主要研究「大笑」（laugh）和「微笑」（smile）之間有什麼不同。雖然這兩種表情往往歸為同一類，微笑像是比較淺的大笑。不過范霍夫發現，兩者發生的原因不同。

從耳朵到耳朵

我無法忍受電視情境喜劇以及好萊塢電影中出現猴子和猿類：每次我看到這些靈長類動物穿著衣服，愚蠢地露出牙齒，就覺得尷尬不已。人們可能會認為牠們很好笑，但是我知道牠們此時情緒完全是快樂的相反。除非處於恐懼，不然這些動物難以產生露出牙齒的表情，這些表情是出於處罰與支配。在攝影機拍不到的地方，訓練者不是揮舞著趕牛電擊棒，就是抖動皮鞭，好讓那些動物知道沒有照做會有什麼後果。那些動物實際上受到了威嚇。電影中出現的猿類幾乎都沒有成年，畢竟已經成年的猿類非常強壯，超過人類訓練師能夠控制的範圍，牠們比大型貓科動物還要聰明狡猾。只有比較年輕的猿類在受到恐嚇的時候，才會聽令、露出牙齒。

露出牙齒的這個表情被許多問題包圍著，例如這個讓人看到牙齒的表情，為什麼在人類中會變成友善的象徵？而微笑又是從什麼表情演變而來？後面這個問題乍看之下很奇怪，但是在自然界中，每件事物都是改造自其他更古老的事物。人類的雙手來自陸生脊椎動物的前肢，而這個前肢本來是魚類的胸鰭。肺臟又是從魚鰾演化而來。

我們想要知道社會訊號的起源。社會訊號從早期版本轉變為現有模式的過程稱為「儀式化」（ritualization）。舉例來說，我們會模仿握著舊式電話聽筒，伸出拇指和小指，再靠近耳朵，這個姿勢演變成為「打電話給我」的訊息。儀式化的過程也是這樣，但是發展時間與規模是屬於演化尺度的。啄木鳥不規則的鑿樹動作，為的是找蟲子來吃，但是後來變成規律敲擊空心樹幹，好宣示領域。猴子在為彼此理毛的時候，發現小蟲時會發出清柔咀嚼聲，後來演變成打招呼時會抬起眉毛，發出咂嘴聲，就好像是在說：「我願意幫你理毛。」

我們不要混淆露出牙齒的表情，還有突然把嘴張大、牙齒露出來同時瞪視的表情。後者這樣凶殘的表情，好像要咬人般，是威脅時用。在露齒表情中，嘴巴並沒有打開，而是嘴唇拉開、露出牙齒和牙齦。一排白亮的牙齒很顯眼，老遠便看得見，表達意思完全是威脅的相反。這種表情衍生自防禦反射動作（defensive reflex）。例如我們在剝橘子的時候，嘴唇會往後朝牙齒的方向拉，這是為了避免噴出來的酸性水滴濺到臉上。

在恐懼或是不安時，我們的嘴角也會牽動。拍攝搭乘雲霄飛車的人，可以發現其中多人都露出了牙齒，他們不是因為高興而微笑，而是臉上出現受到驚嚇的表情。其他的靈長類也會因為驚訝而有相同表情。有次我到肯亞的平原上看狒狒，當時正值旱季，這些狒狒會吃下大量刺槐樹豆（acacia beans），我在下風處追著上百頭胃脹氣狒狒的旅程中，一路都聞到臭味。牠們經常停下來，大嚼多肉的仙人掌。在平常時節，牠們不碰這些入侵種植物，因為上面長滿了刺。狒狒在用牙齒插入仙人掌之前，會先把嘴唇往後拉，避免刺傷，原因非常實際。在社會互動時，牠們臉部也會出現相同的露齒表情，用以傳達「順服」的訊息。

在我研究的那群恆河猴中，強大的首領雌性橘子（Orange）在走動的時候，一旁的雌恆河猴都會對她露出牙齒，特別是剛好在她前進方向的那幾隻。如果她願意大駕光臨，和她們擠在一起，露齒的表情會更為明顯，十幾張帶有這種表情的臉孔全部都會朝著橘子，沒有任何一頭雌恆河猴會離開，重點在於表達敬意的同時停留在原地。這些雌恆河猴基本上就是在對橘子說：「我的地位比較低，絕對不敢挑戰妳。」

橘子對於自己的地位相當安心，鮮少使用自己的力量。其他雌恆河猴藉由露出牙齒的表情，也免除橘子憑藉龐大身軀動手的理由。在恆河猴中，這種表情百分之百是單向的：只有地位低的需要對主宰者做，絕對不會反過來。出於相同目的，每種物種也會傳達類似訊息。人類傳遞身處次級地位的訊號有鞠躬、匍匐跪拜，在老闆說笑話時大笑、親吻尊貴先生的戒指[2]、敬禮等。黑猩猩在地位比自己高的個體面前，會壓低身體，發出特殊呼嚕聲來打招呼。不過在靈長類動物中，最早用來清楚表達自己地位比較低的方式，是把嘴角往後拉、露出牙齒。

隱藏在這種表情背後的不只恐懼。當猴子受到驚嚇時（例如看到蛇或是掠食者），會定住不動（以免被發覺），或是全力逃跑。處於全然恐懼的狀況下就是如此，不會露出牙齒，因為這樣也無法解決困境。露齒是一種強烈的社會訊號，混合了恐懼以及希望受到接納。這有點像是狗在迎接你的時候，耳朵會下垂，尾巴會下垂到後腿之間，背躺著發出嗚嗚聲。狗把肚子和喉嚨暴露出來，是因為信賴你，知道你不會攻擊牠身體最脆弱的部位。沒有人會把狗翻身打滾的動作視為恐懼的表現，因為狗在接近其他人的時候，經常一開始就做出這個動作，表達出正面、友善的意思。猴子露齒的表情也是如此：表示希望建立良好的關係。橘子每天會接受到這種訊息許多次，但是蛇絕對不會接受到相同的訊息。

橘子所在的那群恆河猴居住在室外地區，有鐵絲網包圍起來，我可以在鐵絲網之外拍照。我和其中的一個年輕恆河猴咖哩（Curry）交情很好。由於我成天都在那裡，猴子都已經習慣我的存在了。當然一開始牠們會威脅我，並且想要拿走我的相機，後來牠們便不理會我了，這讓我的拍照工作輕鬆許多。咖哩會在鐵絲網邊找我，靠近我的時候會露出牙齒，表示順服。她喜歡靠近我坐下來，有的時候小手會穿過鐵絲網握著我的某根手指。我得小心，因為猴子會咬人，不過我能夠信賴咖哩。由於她的地位低，在我旁邊晃可能會覺得比較安

2. 出自《教父》。

全。我每次朝她那裡看去，她會露出牙齒，不過對於獼猴這類動物而言，眼神接觸帶有威脅性。她的名字取得好，因為她會經由露齒這個表情來討好（curry favor）我。

大型猿類中露齒的表情又更進一步了，儘管依然是帶有緊張意味，不過比較正面。在許多場合中，牠們使用這個表情的意思更接近我們人類。巴諾布猿在友善和愉快的場合（例如性交），有時會露出牙齒。一位德國研究人員提到，雌性巴諾布猿正面看著性交伴侶時，會出現這種「高潮臉」（Orgasmusgesicht）。巴諾布猿性交時通常採用面對面的姿勢。在猴子中，如果不以階級高低擺平事情或是說服對方，通常就會使用這種表情。地位比較高的個體要讓其他個體消除疑慮，也會做出這樣的露齒表情。舉例來說，當一個幼巴諾布猿想要偷一頭雌巴諾布猿的食物，她會溫柔地把食物移到他拿不到的地方，然後作一個十足的露齒表情，這樣就避免了一頓脾氣。當嬉鬧過頭的時候，友善的露齒表情也能平息紛爭。猿類出現露齒表情的時候，極少上拉嘴角，但是如果有，看起就像是人類微笑那樣。

由於猿類的露齒表情顯露了內心的焦慮，便不一定受到歡迎。雄黑猩猩一直忙著脅迫其他雄黑猩猩，因此不喜歡在對手面前流露出焦慮的樣子，那是軟弱的象徵。當雄大猩猩拿起一塊大石頭，發出不滿的高叫聲，身上的毛髮豎起，這可能會讓另一頭雄黑猩猩緊張，可能是宣布要來一場爭鬥了。這時爭鬥的對象可能會出現緊張的露齒表情。我曾經見到在這樣的狀況下，露齒的雄黑猩猩突然轉頭，與他對峙的雄黑猩猩便無法看到他的表情。我也曾見過用手遮住臉部，或是直接把這個表情抹去。雄黑猩猩會用手指把嘴唇推回原來的位置，蓋住牙齒，再轉身回來面對挑戰者。就我的觀點，這意味著黑猩猩知道其他個體能夠理解這個訊息的意義，同時也表示牠們對於手的控制力要強過對臉部的控制力。人類也一樣。人類多少能夠刻意做出表情，但是很難改變不由自主做出的表情。在生氣的時候要做出快樂的表情，或是真正被逗樂時要看起來一副生氣的模樣（通常父母想對孩子這樣做），幾乎是不可能的事情。

人類的微笑衍生自其他靈長類動物緊張的露牙表情。我們在可能造成衝突的情境下，就會使用這種表情，即使在最友善的處境中，我們依然會擔心衝突發生。在入侵其他人的住家領域時，我們會帶上鮮花或是美酒，另外在打招呼時會揮手，這個手勢起初是要表示自己沒有攜帶武器。不過微笑依然是人類改變氣氛的主要工具。別人微笑時你也跟著微笑，會讓每個人都比較輕鬆，就如同爵士大師路易斯．阿姆斯壯（Louis Armstrong）所唱的：「當你微笑，全世界也對你微笑。」

受到譴責的兒童有時候會一直微笑，人們可能會誤以為輕蔑無禮。但是此時他們這樣做是因為緊張，想要表示自己沒有敵意。基於同樣的理由，女性比男性更常微笑，而男性通常是需要建立友善關係時才微笑。在一項研究中，科學家仔細研究終極格鬥冠軍賽（Ultimate Fighting Championship）選手賽前的微笑照片，看是否能夠找出落敗的跡象。比賽前兩方選手會以挑釁的眼神瞪視對方。在分析大量照片之後，研究人員發現臉上微笑越深的格鬥者，當天比賽落敗的可能性越大。他們提出了結論，微笑代表了體格上無法占優勢，微笑越深的格鬥者越需要對方的姑息。

我深深懷疑，微笑是否真能代表人類這個物種「快樂」的表情，許多關於人類情緒的書往往從這點開始說起。微笑這個動作有著更豐富的成因，代表意義絕不只限於「開心」而已。視情況而定，微笑所傳遞的訊息包括精神緊張、需要討好、安撫焦慮的人、表示歡迎、表示順從、愉快、受到吸引等。光用「快樂」這個詞，能夠形容這種種感覺嗎？對於情緒表達而言，人們使用的標籤過於簡化，就像我們只賦予每個情緒一種意義而已。現在有許多人在簡訊上會頻頻用笑臉或皺眉臉的顏文字，這意味著語言本身所傳遞的意義並沒有達成充分的效果，我們才會覺得需要增加其他非語言的訊息，以免和平的訊息被當成復仇，或是玩笑被視為冒犯。表情符號和詞彙也難以取代身體本身，在溝通時，身體透過眼神的方向、表情、聲調、身體的姿勢、瞳孔的縮放、手勢等，要比語言更能夠傳遞豐富的意義。

不論如何，人類透過靜態圖象表達訊息，這些訊息跟悲傷、快樂、恐懼、生氣、驚訝、噁心等所謂「基本」情緒配對，這便簡化了身體的消息傳訊系統，沒有注意到絕大部分的情緒狀態都各自混合不同的意圖。我還小的時候，曾爬到自己家的屋頂上，練習成為荷蘭聖人尼古拉斯（Dutch St. Nicholas，就是耶誕老人）的助手，這位留著鬍子的主教會經由煙囪、把禮物投入家中。顯然他一個人無法完成這件工作。那時我不知道，爬上屋頂要比從屋頂上下來簡單多了，自然也就困在屋頂上。我父親發現我身處險境時，當然開罵。他看起來像是非常生氣，因為有著威嚇的手勢、高昂的聲音，臉也漲紫了。但他是因為擔心才生氣，這份生氣中還摻雜著期待，要是我能夠因此守規矩，不要再幹下這類蠢事就好了。這當然有效。這裡我的重點，在於每種呈現出來的情緒，需要就更寬廣的背景來判斷，單一標籤是不足的。把我父親當時的狀況稱之為「生氣」，就無法適當說明他也因為愛我而擔心。

這種想要簡化的念頭，也指向動物情緒，力道可能還更強，因為我們往往認為動物的情緒要比人類更簡單。一九八七年，《牛津動物行為指南》（*The Oxford Companion to Animal Behaviour*）出版了，書中主張絕對沒有理由要去研究動物的情緒，因為就算研究，也無法讓我們得到什麼新知。而且，「動物就只有幾種基本的情緒而已」。在缺乏動物情緒的相關科學研究之下，我們會想知道該書作者怎樣才能提出這個結論？書中還反覆出現老舊說法，指出人類的臉部有數百條肌肉，遠超過其他物種。從「自然階梯」的角度推測，在演化階梯上越接近人類的動物，具備的情緒也越豐富，因此臉部的肌肉應該也更複雜。

但是沒有什麼好理由能夠說明必然會如此。有一群行為科學家和人類學家最後詳細解剖了兩頭死亡黑猩猩的臉部，想要檢驗那個說法，結果發現牠們臉部表情肌（mimetic muscle）在數量上和人類完全一樣，兩者之間的構造形態差異少得讓人驚訝。我們早就可以預期這樣的結果了，因為尼古拉斯．杜爾（Nikolaas Tulp）這位出現在林布蘭（Rembrandt van Rijn）傑作《解剖學課》（*The Anatomy Lesson*）中的知名解剖學家，在一六四一年頭一次解剖猿類屍體，發現猿類的身體結構細節、全身肌肉、器官等，和人類身體非常相似，這兩個物種相近程度就像是兩滴水。人類和猿類雖然有種種相似之處，不過人類的微笑和猿類相同的動作上有些不一樣的地方：人類通常會把嘴角往上拉，並且表情會更友好與親切。不過只有真正的微笑才是如此。我們經常掛著沒有什麼深刻意義的虛假微笑。飛機上空服人員的微笑，以及對著攝影機的微笑（「說：茄子」），都是人工假笑，做給大家看的。只有「裘馨氏微笑」（Duchenne smile）是來自高興和其他正面的真摯表情。十九世紀，法國神經科學家裘馨．布隆（Duchenne de Boulogne）以電刺激一位缺乏痛覺的男性臉部，好研究臉部顯示的神情。裘馨讓這位男子產生了各種表情，並且把表情全部都拍攝下來，不過這名男子的微笑表情看起來一點都不快樂，事實上看起來假假的。有次裘馨對這名男子說了個笑話，讓他真正笑出來，這次他微笑時不只如以往那樣只牽動嘴巴，眼睛周圍的肌肉也收縮了。洞察力十足的裘馨認為，嘴巴可以依照自己的意思做出微笑的樣子，但是眼睛附近的肌肉則不行，後者營造出的微笑表達了真正的高興。

事情就是這樣。有些微笑是對全世界的人發出的訊息，那是刻意製造出來的，你在網際網路上可以發現政治家、名流以及多到數不清的自拍照上有這種微笑。另一種微笑來自於一種特殊的內心狀態，真實反映出享受、快樂與親近的情感，這種微笑更難假造。

絕大部分的時間中，我們的臉孔反應出我們內在真實的感覺，這件事看來好像顯而易見。但即使是如此簡單的概念，依然引起爭議。科學家曾經強烈反對達爾文對於表情的用字遣詞，認為會引起太多聯想，而且意味臉部會傳遞內心的活動。就算是心理學（psychology）這個詞從字意上來看，是研究「靈魂或精神」（psyche，源自希臘文）的科學，許多心理學家依然不喜歡提到內在的過程，並且宣稱靈魂是研究禁區。他們專注於可以觀察得到的行為，並且把臉部呈現的

人類這個物種有兩種微笑。完整的微笑是「裘馨氏微笑」（Duchenne smile），以研究人類臉部表情的先驅、法國神經科學家裘馨．布隆為名。他發現嘴唇收縮、嘴角上揚產生的微笑是不完整的。在左圖中的微笑，眼睛周圍的肌肉拉起，產生皺紋並且讓眼睛看起來比較小，這是裘馨氏微笑。右邊的圖中，眼睛沒有和微笑的嘴巴搭配，讓這個微笑看起來虛假。

變化，當成不同顏色的小旗子，揮動起來的目的是為了告訴周遭的人要留意我接下來的行為。

最後達爾文也贏得了這場戰爭，因為如果人類臉部的表情只是旗子，那麼我們要選哪一根出來揮動、哪些要藏起來，應該毫無困難。每個臉部的表情應該像是虛假的微笑那般可以輕鬆隨意呈現。但事實上我們對於臉部的控制程度，遠低於身體其他部位。我們有的時候會像黑猩猩那樣用手把微笑遮起來（或是用書、報紙），因為我們無法抑制這個表情的出現。在沒有人看到的情況下，例如講電話或是讀小說時，我們經常會微笑、落淚，或出現厭惡的表情。從溝通的角度來看，這完全沒有意義。我們講電話的時候應該完全要面無表情才是。

除非，人類不由自主地顯露出內在心智活動，這是演化出來的。在這種狀況下，表情和溝通便是同一件事。我們不能完全控制臉部，正是因為我們也無法完全控制情緒，讓別人能夠解讀我們的感覺也是件好事。實際上，內在的活動和外在的呈現如此連結緊密，可能就是臉部演化出表情的原因。

這很有趣！

我曾上過一位哲學家的課，他深為人類非語言的溝通方式所困擾。他偏好寫下來的文字和說出口的語言，但是當然無法逃避人們的表情和手勢。他很想知道為什麼人類需要這種種附加的溝通方式，更不解為何這些方式要如此誇大。為什麼我們聽到笑話而大笑時，會控制不住身體，發出巨大的「哈！哈！哈！」噪音，還傳得老遠。為什麼我們不會安靜地說：「這很有趣！」這樣就好了？

我想像在小劇場中的單人脫口秀演員，說了一個無敵好笑的笑話，觀眾並沒有笑到滿地找牙，而是靜靜坐在椅子上，低聲咕噥道：「這真好笑！」這個喜劇演員要是深知人類真正的幽默感和動物本性有更深的連結，可能會因此深受傷害。大笑這個動作顯示了身體是人類本身存在（包括心智生活）的核心。大笑讓身體和心智合而為一，成為整體。我們喜歡由心智掌控一切，但我們可能都有過這樣失去控制的經驗。戲劇評論家約翰·拉爾（John Lahr）是這麼說的：「看到觀眾被逗得哈哈大笑，就像是眼前出現了巨大又深邃的奧祕。他們的臉部抽動、眼淚迸出、身體癱倒，這不是因為憤怒生氣，而是因為興高采烈。」我們大笑的時候，就好像陷入了瘋狂的狀態，走路踉踉蹌蹌、身體彼此倚靠並且流下了眼淚，讓人分不清楚是哭還是在笑，激動時真的會笑到漏尿。在晚間大笑之後，會筋疲力盡。原因在於，大笑其中一個特徵是呼出的氣（發出笑聲）要比吸入的氣（為了吸收氧）還多，因此大笑時會喘氣。大笑是人類最大的快樂之一，眾所皆知也對健康有益，例如減少壓力、刺激心臟和肺臟，並且釋放腦內啡（endorphin）。不過我們應該希望外星人不會看到一群大笑失控的人類，不然他們可能會認為自己發現的生物不具智慧。

幽默不一定引發大笑。心理學家曾偷偷記錄下在商場和人行道上人們的行為舉止，發現大部分笑都是出現在平凡無聊的狀態中，而不是真正高興的時候。你可以自己觀察看看，人們隨意閒談時發出的笑聲，通常都沒來由的，不是因為有人說了笑話、俏皮話，或是講了奇怪的話。人們只是在流暢對話中加入笑聲而已，談話對象往往也會以笑聲回應。居於大笑核心的不是幽默的感覺，而是社會關係。我們發出超吵的叫聲，是要明確表示對於彼此的喜歡與善意。一群人的笑聲是向外宣布這一群人團結又和睦，這和一群高叫的狼沒有兩樣。

每次聽到我們這個物種高聲大笑，都讓我不解：其他猿類的笑聲更溫柔，猴類的笑聲幾乎聽不到。我猜音量大小和受到獵食的風險成反比。其他的年幼靈長類動物如果發出學校孩童那種震耳欲聾的笑聲，掠食者可毫不費力找到牠們，在正確的時機撲過來。人類當然也會輕聲發笑或是竊笑，不過吵一點也不用擔心。范霍夫在他八十歲生日宴會中，表演了一連串人類的笑聲，實在出色不說：他先用丹田之力發出許多哈哈的聲音，然後深吸一口氣，發出了非常持久的笑聲。屋裡所有人都爆笑出來，不只是這一連串笑聲屬於我們這個物種的特徵，也因為笑聲具有非凡的傳染性。在實驗中，人類會不由自主模仿出現在電腦螢幕上的笑容，情境喜劇中加入罐頭笑聲，就只是要發散笑聲出去而已。科學家詳細分析猿類行為的錄像，也從中發現類似的模仿現象。當年輕的紅毛猩猩發出笑聲、接近其他個體時，其他個體也馬上出現相同的表情，因此可以說找人搭檔演出，會比單獨演出時笑得還多。就連鳥也有這種行為傳染（contagious behavior）現象。紐西蘭的啄羊鸚鵡（keas）如果聽到隱藏揚聲器放出同種鸚鵡的戲耍聲，自己也會跟著玩起來。這種鳴叫聲就像笑聲能夠影響牠們的心情。啄羊鸚鵡會馬上邀請其他鸚鵡一起來玩，會叼起玩具，或是飛起來耍特技。沒有比玩興和笑聲傳染得更快的了。

靈長類動物反覆持續的笑聲，演變自有節奏的喘氣聲。猿類的笑聲，一開始是聽得到的喘氣聲，然後彼此接觸時用喉嚨發聲，音量越來越大，越來越親切。於是笑聲和玩樂之間的聯繫便分開，快速喘氣聲變成表達放鬆、快樂或是想要接觸的方式，當雌黑猩猩接近自己最好的朋友時，會發出可以聽到的喘氣聲，然後親吻對方。瑪瑪會這樣對我發出快速的喘氣聲，然後握住我的手臂，接著在幫我理毛時會發出劈啪聲與咂嘴聲。和猿類相處時，要學習時刻小心，並且注意牠們發出的訊息。這些溫柔的聲音都表示了善意，如果沒有這些聲音，我可能不願意讓瑪瑪握住我的手臂。

一個世紀前，俄羅斯科學家娜迪亞．雷帝吉納－柯茲（Nadia Ladygina-Kohts）比較年輕的黑猩猩強尼（Joni）和自己小兒子的情緒發育過程，其中就有因快樂引發氣喘聲的案例。有天強尼看到柯茲離開家，便發出嗚咽聲。後來她改變主意，決定留在家裡，強尼便很快跑向她，還發出了快速氣喘聲。當強尼犯了錯、以為會遭到許多責罵，但是依然受到親熱的對待時，他也會發出感激的喘氣聲。這種傳遞出快樂與正面感覺的快速喘氣聲，成為笑聲的基礎。笑聲傳達的訊息不變，只是聲音更大了。

動物的玩耍有時很粗魯，可能會彼此扭打、啃咬、跳到對方身上甚至拉動對方，如果沒有明確訊號來表明意圖，這些玩耍的行為可能會被誤解為爭鬥。玩耍的信號讓彼此知道自己不需要擔心，這些動作都不是認真的。舉例來說，狗會做出「邀玩動作」（play bow）：前腳蹲伏，臀部抬高，這有助區分玩耍與衝突。但是只要有一隻狗不守規矩，意外咬了其他的狗，玩耍會馬上停止。那隻狗必須再一次做出邀玩動作，當成「道歉」，這樣受害者才能夠原諒那次過錯，重新一起玩耍。

笑聲也有同樣的作用，能解釋其他行為的意思。一頭黑猩猩用力把另一頭黑猩猩推倒到地上，把牙齒放到她的脖子上，不讓她逃走，但是兩頭黑猩猩一直發出嘶啞的笑聲，說明牠們完全放鬆，彼此都知道這只是在玩而已。玩耍的訊息有助解釋行為，屬於「後設溝通」（meta-communication）。同樣的，如果我靠近一位同事，笑著拍著他的肩膀，那麼他對我這個動作的感覺，跟沒有聲音或是表情的狀況相比，結果截然不同。我的笑聲能解釋「我的手拍他」的後設訊息。笑聲可以把我們所說所做的事情放到另一個框架中，去除其中可能的冒犯之處，即使在沒什麼特別好笑的事情發生時，我們依然經常發出笑聲。

笑聲並不局限在伙伴之間的玩樂訊息，對其他個體也有相同的效果。當其他的個體看到笑容，或是聽到笑聲，就知道一切安好。黑猩猩足夠聰明，知道使用笑聲。我們曾經分析過數百次年輕黑猩猩的扭打行為，好了解牠們什麼時候會發出笑聲。我們特別有興趣的是，兩頭黑猩猩年齡差異很大的情況，這時牠們玩的遊戲對較年輕的黑猩猩來說，通常會太激烈。當這種情況發生時，較年輕黑猩猩的母親就會過來，有的時候會打較年長黑猩猩的頭。總是年紀大那個的錯！我們發現年輕黑猩猩和年幼黑猩猩玩耍時，要是年幼黑猩猩母親在一旁看著，年輕黑猩猩發出的笑聲要比母親不在一旁時更大聲。在母親關切眼神之下，笑聲所傳遞的愉快氣氛，彷彿在說：「看看我們玩得多開心！」

如果一小群人笑得開心，而你不在其中，會覺得受到排擠。笑聲通常強調哪些是圈內人，還排擠了圈外人。這種笑聲的嘲諷與挑逗的意味非常強烈，有些人認為是出於敵意的行為。他們的理論中提到「排拒性幽默」（ostracizing humor），針對圈外人或是其他種族，並把笑聲描述成惡意的行為。例如十六世紀英國哲學家湯瑪斯．霍布斯（Thomas Hobbes），把笑當成地位高人一等的表現，人類開的玩笑完全都是拿其他人來開心。如果真是這樣，人類的生活真是太悲慘了。在朋友、戀人、伴侶、親子之間，笑是彼此親愛關係的典型表現。如果婚姻之間沒有幽默當作黏著劑，會變成什麼模樣？我在一個大家庭中出生，現在能夠滿懷暖意想起餐桌上的笑聲，有的時候真的是快要笑死，我得離開餐廳、才能夠喘口氣並且恢復平靜。人類生活中最早出現的笑聲來自養育情境，這點和其他的靈長類動物一樣。大猩猩母親會在大猩猩嬰兒出生後幾個月，用拇指搔幼猿的肚子，讓牠首次發出笑聲。在人類這個物種中，母親和嬰兒有非常多的互動，會彼此注意對方的每個表情和聲音的變化，同時經常發出微笑和笑聲。這是最原始的情境，完全沒有任何敵意。

物理刺激依然屬於微笑的一部分，這應該有著久遠的演化歷史，因為搔癢也會讓大鼠發出類似笑聲的聲音。在動物情緒成為大眾普遍接受的議題上，沒有任何一位先驅的貢獻，能夠超過愛沙尼亞裔的美國神經科學家雅克．潘克沙普（Jaak Panksepp）。潘克沙普一開始嘲笑大鼠也會發笑這個念頭。這些齧齒類動物現在依然受到鄙視與低估，但是自從我把牠們當作寵物來飼養後，不論如何我都不會懷疑牠們是複雜的動物，彼此能建立關係並且玩耍。潘克沙普注意到，大鼠喜歡人類用手指搔癢牠們，喜歡到會跑回來討要。如果手縮回來，移到別的地方，牠們會跟著手指，找尋刺激，並且持續發出五十千赫（kHz）的唧唧聲，這個頻率超出人類聽覺範圍。

有位匿名的大鼠愛好者在家裡也嘗試這樣做：

> 我決定在兒子養的年輕雄性大鼠平克（Pinky）身上作點小實驗。在一個星期後，平克就已經完全習慣和我玩耍，經常發出我能夠聽到的尖銳吱吱聲。只要我一走進房間，他便開始咬著籠子欄杆，像袋鼠般跳來跳去，直到我去搔他癢為止。他抱住我的

手，又咬又舔，然後背朝下躺著，好讓人搔他的肚子（他最喜歡這樣），然後在我用手指和他扭打時，使出兔兔踢（bunny kick）。

潘克沙普認為，搔癢是一種報償經驗（rewarding experience），所以大鼠才會想追著手），而且需要好心情的配合。如果大鼠處於焦慮，或因為貓咪味道或明亮光線而受到驚嚇，怎麼搔癢也不會引發笑聲。牠們展現出來的熱情，取決先前的經驗以及熟悉程度。因為大鼠會更熱情地接近曾經搔過牠的人類手指，並且會發出高頻率的尖叫聲，面對只是拍過牠的人類手指就不會如此激動。這些大鼠會出現些微的嬉鬧動作，稱為「雀躍」（joy jumps），

人類和猿類受到搔癢時會發笑，大鼠受到搔癢時也會發出人類聽不到的高頻率吱吱聲。牠們會主動尋找人類的手來搔癢，顯示牠們覺得搔癢很愉快。

這是所有哺乳類動物在玩耍時會出現的典型動作，包括山羊、狗、貓、馬、靈長類等都有。這個時候就讓人想到達爾文所說嬉鬧的牛。雖然動物有各式各樣玩耍的訊息，其中各種動物都具備的是突然隨意的跳躍。牠們會拱起背部、朝你跳過來（貓），或是轉著身體然後跳上不准上去的沙發（狗），好顯示自己已經準備好來場你追我跑了。「雀躍」動作非常容易認出來，在不同的物種之間也能夠輕鬆了解這個動作的意圖。在圈養的狀況中，小犀牛可能會和狗玩、狗可能和水獺玩、小馬和山羊玩。我們也曾在野外觀察到黑猩猩會和狒狒扭打，烏鴉和狼彼此逗著玩。玩耍是哺乳動物共通的語言。

我們可能也會用笑化解棘手或者緊張場面，在其他的動物中，這種狀況並不常見，但是也不是完全都沒有。我曾見過雄黑猩猩化解衝突的過程。三頭成年雄黑猩猩，毛髮全都豎立起來，一直展現蓄勢待發的模樣。情況非常緊張，牠們彼此刺激對方，很可能會造成危險。這些黑猩猩在樹枝之間晃動，用力搬動沉重的石頭，到處丟東西，發出巨大的敲擊聲。但是當這三頭黑猩猩離開對立現場，其中有一頭就突然拉住另一頭的腳，被拉的那一頭當然抗拒，並且要拉回自己的腳，一時間三頭黑猩猩都笑了起來。接著第三頭雄黑猩猩也加入，很快牠們到處飛奔，打著彼此的側腰，發出粗糙的笑聲，這時所有毛髮都不再豎起，緊張的氣氛完全煙消雲散。

亞里斯多德認為，笑這個行為讓人類和野獸有所不同，許多心理學家依然懷疑有哪種動物會因為高興或有趣發笑。不過很多人都知道，猿類喜歡看低俗打鬧的電影，因為其中發生了很多倒楣事件。在螢幕上的人會朝著牠們走來，再滑倒或跌倒。牠們一開始反應是緊張，但如果那個人沒有受傷，牠們便會發出輕鬆的笑聲，人類也是這樣。我在上一章描述過，瑪在識破有人戴上豹子面具要騙她時，便笑了出來。巴諾布猿也有類似反應。多年前，聖地牙哥動物園的巴諾布猿區，圍欄裡面有一圈又深又乾燥的壕溝，區隔巴諾布猿和遊客。在壕溝靠巴諾布猿的那一側，有一條塑膠鏈子伸到壕溝中，這樣巴諾布猿可以利用繩索進入壕溝又爬出來。當雄性首領弗農（Vernon）進入壕溝時，年輕的雄巴諾布猿卡林德（Kalind）有時候會馬上跟在後面拉起鏈子，這時弗農便困在下面，卡林德會往下看，張嘴大笑，拍打壕溝的牆壁。他在對首領開玩笑。通常會有另一頭雌黑猩猩衝過來，把鏈子放回去，好讓自己的伴侶爬回來，這時她會在一旁守護，直到弗農爬上來。

另一個有趣的場景，是日本的田野工作人員在非洲西部所拍攝。那是一頭九歲大的野生黑猩猩高興地用石頭砸碎堅果，就像是人類用錘子敲碎礦石那樣。他一個接著一個，把棕櫚果實放在大石頭的平面上，另一隻手拿著比較小的石頭，把果實敲碎。在森林中，要找到適合做這件事情的一組石頭，並不是件容易的事。這頭雄黑猩猩的母親看到他找到了完美的工具，走過來為他理毛。這個動作通常是希望對方也能為自己理毛，當她理完毛之後，便站在一邊等他回頭為自己理毛。他為了回頭理毛，便把石頭放在一邊，然後他的母親馬上就伸手過去，搶走那些石頭。她看起來是故意的，因為她之前接近和短暫理毛，只是想要轉移他的注意力。當她拿到那些工具時，你可以聽到她發出了輕笑聲，像是因為自己的小計謀成功而高興。

誠然這項證據像是軼聞，不過這些證據意味著猿類的笑容不只是玩耍的訊號而已。有的時候，笑容的意義更為廣泛，包括了歡樂、連結、消除緊張情勢等，我們知道在人類中，笑容也有相同的功能。

混合的情緒

大笑和微笑的演化歷程證明了范霍夫的說法正確：兩者有不同的起源。大笑和微笑來自情緒光譜中的不同位置，其中一個始於恐懼與屈服的表情，後來演變成沒有敵意的表情，最終成為親近的訊號。另一個本來是指出打鬧和搔癢都算是在玩耍的信號，然後轉變成和關係及善意相關的訊號，甚至進一步表達出興味盎然（fun）與喜悅之情（happiness）。在人類這個物種中，兩種表情越來越相近，人類往往處於多種情緒的混合狀態，最後兩種表情也就融合在一起。我們的表情通常可以從微笑轉變成大笑，也有反過來的情況，或是同時混合了兩種笑。

在人科動物（huminids）中，混合性表情很常見。其他大部分的靈長類動物，包括猴類，會發出不連續的聲音和表情，人科動物則如鶴立雞群，溝通方式再分成不同等級。猴子會露出牙齒、做出威脅表情，也會做出玩耍的表情，但是這些表情不會相連或是混在一起。那些表情所傳遞的訊息是固定而且一成不變的，每個都相當不同，如同顏色，不是藍色就是紅色，絕對不會出現紫色。猿類能夠在嘛嘴、抽噎和露齒大叫之間輕鬆來回變化，相較之下，猴類便受到嚴格限制。猿類的臉部持續出現表達各種意圖的表情，就算是在衝突中也是如此。人類的小孩子也是，可能在哭時帶著眼淚笑出來，之後繼續哭。

我們利用二十五種臉部表情的分類方式，分析約克斯在戶外圈養的黑猩猩族群，想了解牠們展露出的數千個表情。我們注意到這些表情有等級深淺之分，還會混合表現。舉例來說，一頭年輕的雄黑猩猩想要和首領雄性接觸，但是出於害怕，便坐在稍遠的地方，等待友善的訊號。年輕黑猩猩發出友善的訊息，包括朝領導者伸過去一隻手，發出快速的氣喘聲，服從的咕噥聲則表現出對首領的尊敬。或是有一頭雌黑猩猩想要吃另一頭手上的多汁西瓜，但是一直被拒絕，於是猶豫要繼續請求，或是發出巨大的抗議聲，後者可能會引發爭鬥。她又是嘛嘴、又是哀鳴，想要設法求得食物，但是之中又常高叫低喊，透露出她的挫折感。社會互動中充滿了這樣彼此衝突的意圖，人類和猿類的臉孔會揭露這些意圖。這些表情並不是某種單一情緒的快照，而是多種情緒在細微層次上交織而成。事實上，很少出現單一情緒的狀態，因此預設臉部表情只限於單一的「生氣」、「悲傷」或其他的基本情緒，往往大有問題。對於人類來說這種方法並不適用，對於其他人科動物也是。

第三章

將心比心

同理心與同情心

我最早和黑猩猩接觸的經驗，發生在荷蘭拉德邦大學（Radboud University Nijmegen）唸書時，為了要賺點外快，我便去某個心理學研究室擔任研究助理。上班第一天就聽說我的工作和黑猩猩有關。我嚇了一跳，哪個正常人會在校內教學大樓的頂樓飼養黑猩猩？以現在標準來看，當時牠們的居住條件絕對稱不上理想，當然也不會受到允許。不過我和我兩頭毛茸茸的朋友有過一段快樂的時光。

我每天考牠們各種認知問題測驗，這些問題用來測試大鼠可能很完美，但是不適合測試猿類。在當年，心理學家依然認為動物學習與展現智能的規則都一樣，對於各種動物的特殊天分不感興趣，甚至認為腦部大小都不重要。一如行為學派的開山祖師史金納率直地說：「鴿子、大鼠、猴子，哪個是哪個？這並不重要。」不過我們現在知道，智能分成許多不同種類，每一種智能會去適應一個物種的特殊感覺以及自然史。我們不能用評估猿類或大象的方式，評估烏鴉或章魚。猿類更是特別，牠們是會思考的生物，會想要了解所面對的問題。如果解決了問題，牠們便對這個問題失去興趣。相較在同實驗室受試的恆河猴，那些黑猩猩沒有充分發揮學習能力，牠們所表現出來的能力和所具備的智能，完全是兩回事。猴子眼睛會專注看著報償，安於固定作業，好取得報酬，猿類則會覺得無聊。我們提供的作業難度遠不及牠們的程度。因此我很多時間都和牠們一起嬉鬧吼叫，牠們還比較喜歡這樣呢！

這是我頭一次學到這個物種的典型聲音以及其他形式的溝通方式，以及怎樣裝得像一頭猿類，但人類基本上也是猿類，這並不算太困難。唯一的困難是我無法像牠們那麼強壯有力。牠們光靠一根手指就可以吊在天花板上，或是從這道牆跳到那道牆，中間都不會落地。儘管牠們還不滿六歲，但是很快就知道我的力氣很小，不喜歡被繩結綁住，而牠們可是會互相綁住對方的。我可以盡全力拍牠們的背部，用力到人類應該會勃然大怒，但是這樣拍牠們的時候，牠們只會一直哈哈大叫，好像那是我做過最可笑的事情。

以他們的年紀來說，性衝動已經出現了，因此會不由自主投射這種衝動到人類這個物種上。這兩頭雄黑猩猩看到人類女性經過都會勃起。牠們看到異性馬上就能夠正確辨識出來，我便想知道牠們怎麼辦到的。從味道分辨？不太可能，因為牠們和人類一樣，主要感官是視覺。我和另一位男學生決定來測試一下，這也成為我第一個動物行為實驗。我們穿起裙子、戴上假髮、尖起嗓音，看看牠們會有什麼反應。我們邊談話邊走過來，指著黑猩猩，裝成意外來到的女性訪客。牠們幾乎不看我們一眼，沒有勃起，也沒有搞混我們的性別，就只是拉一下我們的裙子而已。幾分鐘後，有一位祕書探頭過來，因為她見到兩位陌生的女士走過，以為她們迷路了。黑猩猩馬上就對祕書產生我們一直希望看到的反應。我們的結論是：要騙過人類比騙過黑猩猩容易多了。

這項實驗基本上像是惡作劇。我曾猶豫是不是要在這裡提起，好說明牠們敏銳的感知能力。這也是本章的主題：一個生物體如何解讀其他個體的肢體語言？要辨識人類的性別，許多動物敏銳的程度都不下於這兩頭黑猩猩，即使親緣關係和人類相去甚遠的物種，例如鳥類和貓，都能輕易區分出男性與女性。我知道有許多鸚鵡只喜歡男性，或只喜歡女性。牠們會仔細打量性別差異，這也是其他動物的觀察標的：雄性動作比較僵直，雌性動作比較柔軟。我們不用看到整個身體就能區別。科學家把小燈裝在人類的手臂、腿部和骨盆，拍攝人們走路的動作。他們發現僅僅憑著光點的移動就足以區分性別。受試者只看到那些白點在黑色背景中移動，便能馬上分辨是男是女。女性在月經周期的不同階段，甚至走路的姿勢也會變化。如果我們能從這麼零星的訊息中判斷出人類的性別，那麼便不難想見，對許多動物而言，人類的雄性特性與雌性特性有如打開書本般清楚明白。反過來也一樣，因為就算遠遠看著，我也能夠從動作中分辨出黑猩猩的性別。

多年之後，針對區分性別這個題目，我們展開更科學的實驗。這個實驗延伸自觸控螢幕研究，本來是臉部辨識，但是後來得出一個結果，是黑猩猩能夠認得其他伙伴的臀部。在實驗中，一頭黑猩猩坐在螢幕前看照片，牠一開始會看到一頭黑猩猩的臀部，接著是兩頭黑猩猩的臉孔，其中只有一頭是那個臀部的主人。如果臉孔照片中是不同性別的黑猩猩，那麼這個問題就太簡單了，因為雄黑猩猩和雌黑猩猩的臀部差別很大，臉部也是。

不過如果黑猩猩看了雄黑猩猩的臀部，接著看到的臉孔都是雄黑猩猩，會怎麼選照片？或是先看雌黑猩猩的臀部，再看雌黑猩猩的臉孔時會怎樣？牠們仍然能夠正確配對嗎？我們發現，如果受測試的黑猩猩認識照片中的黑猩猩，那麼牠能夠正確配對臀部和臉孔。面對陌生黑猩猩時，配對便會失敗。這意味著牠們不是基於照片的特徵（例如顏色或大小）來選擇，而是因為牠們每天都看到那些黑猩猩，能夠認得出牠們。黑猩猩對於認識的對象，會留下全身的印象，對於身體的各個部位（例如正面與背面）能夠建立聯繫。我們把這些發現寫成論文，標題為〈臉部與臀部〉（Faces and Behinds）。每個人都覺得猿類能夠辦到這件事情非常有趣，我們因此還在二〇一二年得到搞笑諾貝爾獎，這個戲仿諾貝爾獎的獎頒發給那些「剛開始讓人發笑、之後讓人深思」的研究。

雖然沒有對人類進行過相同實驗（至少照片中的人都有穿衣服），人類應該也都有相同的全身印象，因為我們在人群之中，光靠背影就能夠認出朋友和親人。

年長者的智慧

我們會接收情緒並且加以詮釋，用於溝通、了解他人意圖、協調彼此行為，而且最常以肢體語言了解情緒。由於研究人員幾乎不可能光靠觀察來研究人類了解他人情緒的方法，幾乎都需要特別進行實驗，比如利用觸控螢幕跟螢幕成像來作實驗。我們就是這樣對人類作測試，對其他物種也一樣。我們的黑猩猩對這類實驗總是興奮不已，可能是迷上觸控螢幕產生的即時回饋，就像小孩子想黏著智慧型手機不放那樣。事實上要讓我們的黑猩猩用最快速度自願進入約克斯國家靈長類研究中心認知大樓，方法就是在手推車上放一台電腦，從牠們的室外圈養處旁邊推過去。那些黑猩猩會爆出高叫聲，跑到大樓門口排隊。牠們急著想要在這一小時中完成我們所謂的認知測試。在牠們眼中，那是有趣的遊戲。對於這些測試，我們甚至不需要提供報酬。對黑猩猩來說，觸碰影像並解決問題就夠有趣了。有些黑猩猩甚至會在測試中彼此競爭：牠們能夠清楚聽到設備聲，知道自己的表現是否優秀（正確時發出的聲音比較愉快），如果聽到隔壁的伙伴測試成果比較好，還會覺得沮喪。這是讓牠們專注在測試上的最佳方式。

我喜歡那些對科學家和受試動物而言都好玩的實驗，訣竅在於設計有趣的問題。舉例來說，從很久以前，科學家在臉部測試實驗中都用人類臉孔測試靈長類動物，當動物表現不佳時，科學家的結論便是只有人類具有辨識臉孔的能力。有些科學家甚至進一步推論，人類腦中具有特殊的臉部辨識模組，這是在人類的演化分支所獨具的。但是用黑猩猩的臉孔測試黑猩猩的時候，突然間牠們就更為專注，而且表現和人類一樣好。

牠們甚至顯示出具備「整體感知」（holistic perception）的跡象。人類並不是靠鼻子大小或是兩眼距離來辨認臉孔，而是根據五官整體。其他靈長類動物也是如此，只是牠們看的對象是和自己相同的物種。甚至連經過特別育種、馴化的狗以及其他和人類長久相處的動物，辨認狗情緒的能力也要強過辨認人類情緒。這其實都沒有什麼值得驚訝的，只是長久以來我們一直認為人類的臉一定是世界上差異最大的臉，才會讓動物辨識人臉，並進行了錯誤的實驗。顯然猿類和狗對人類感興趣的程度，和我們所希望的不一樣。

那麼顯示情緒的表情呢？這就比較棘手了，因為我們沒有辦法去問動物牠們的表情有什麼意義，不可能給牠們一份上面有快樂、悲傷等形容詞的清單，像是艾克曼那樣。我之前的學生麗莎．帕爾（Lisa Parr）發現一個能巧妙使用心理學數據的方法。心理學讓我們知道身體如何產生反應，這很重要，因為情緒與心智的關聯性，就與它們和身體的關聯性同樣密切。現代英語中的情緒（emotion）衍生自法文中的動詞 emouvoir，是「移動」、「觸摸」或「激起」的意思。更久之前，拉丁文中 emovere 的意思是「鼓動」。換句話說，情緒不可能離開身體，情緒是心智狀態，能夠讓心跳更快、皮膚變色、臉部顫動、胸口糾結、聲音提高、眼淚流出、胃部翻騰等。

不只情緒會影響身體，身體也影響情緒。激素會深深影響情緒（例如和月經周期有關的激素），性刺激、失眠、飢餓、疲憊、病痛等身體狀態也會。不同情緒會連結到身體的特殊部位，身體也會回過來影響我們的感覺。舉例來說，腸道內裡有數百萬個神經元組成的腸道神經系統（enteric nervous system），可能讓我們在緊張的時候腸胃糾結，我們的大腦便會有噁心想吐的感覺。腸道神經系統的結構複雜，也稱為「第二個腦」。

情緒根植於身體，這也說明西方科學界何以這麼久才開始了解情緒。在西方，人們喜歡心靈而冷落了身體。心靈是高貴的，身體只會拖累我們。我們認為心靈堅強、身體軟弱，情緒、非理性與荒謬的決定會被想到一塊，還常會警告說「不要那麼情緒化」。到最近我們都還把情緒貶低到人類高尚的尊嚴之下，並且視而不見。

情緒比我們自己本身還要清楚，怎樣對自己比較好，但不是每個人都準備好聆聽情緒發出的聲音。當年達爾文猶豫是否要向表姊艾瑪．維奇伍德（Emma Wedgwood）求婚，他寫了一長串贊成與反對的理由。贊成的理由包括「有關愛與玩樂的對象，要比狗好」。反對的理由有「不必被迫拜訪親戚與忙於瑣事」。他希望能夠做出完全理性的決定，但是我非常懷疑這一長串的正反理由曾讓他搖擺不定。他甚至連我們認為最重要的兩個結婚理由都忘記考慮進去，這兩個理由是「愛」與「身體的吸引力」。在確定該向艾瑪求婚的「證明結果」（QED）寫下來之後，達爾文採取的行動恍若遵守某種數學證明，不過顯然他的數學證明只是幻象。要做出重大決定時，我們總是搖擺不定，而往往不是頭腦在搖擺不定。十七世紀法國哲學家布萊茲．帕斯卡（Blaise Pascal）說得好：「人的心中有理由，但是理智什麼都不知道。」

情緒幫助我們在這個自己沒有完全了解的複雜世界中前進，身體用來確定我們的所作所為是對自己最好的方式。除此之外，只有身體能夠做出所需要的行為。心智本身沒有用；心智需要透過身體才能和外界接觸，而情緒則位於心智、身體、環境這三方的交界之處。情緒也被稱為「情感」（affect），不過這個詞的定義會引起衝突，我還是會使用「情緒」，定義如下：

情緒是一種暫時的狀態，由與生物體相關的外來刺激所引發。情緒顯露的方式是身體與心智上的特定改變，包括了腦部、激素、肌肉、內臟、心臟、警覺性等。哪種情緒會被引發出來，要視狀況而定。在這些狀況中，生物體會發現自己因狀況改變了行為與表情。情緒和情緒所引發的行為並不是一對一的關係，而是和個體評估環境、進而得到的經驗有關，要讓個體能夠準備好做出最適合的反應。

讓我們思考一下「恐懼」這種情緒。當猴子看到蛇，馬上就覺得恐懼。一樣的，如果你從人行道上跨到馬路上時，公車剛好就在你面前幾公分快速駛過，你也會覺得恐懼。恐懼會讓身體僵住，並且發抖，這時心跳會加速、呼吸變快，肌肉收縮，毛髮或是羽毛會豎起，腎上腺素大量分泌。這些變化可以讓更多氧氣輸送到腦部和肌肉，讓你更有能力應對察覺到的危機。對猴子來說，牠需要判斷這條蛇是危險還是無害，自己要採取的行動是爬上樹、往後退、逃跑，還是奮力一搏。你在差點被公車撞到之後，會看看交通狀況，好決定這樣穿越馬路是否安全，或是找斑馬線。情緒遠勝於本能之處，在於不會引發某種特定的行為。本能引起的行為是僵化的，類似反射動作，大部分動物的行為並不是這樣控制的。相較之下，情緒的重點放在心智，留下經驗與判斷力發揮的空間，會讓身體做好準備。情緒構築起彈性反應的系統，遠勝於本能。經過長久以來的演化，情緒「知道」個體無法意識到的環境和事物，有人會說情緒反應出隨年紀增加的智慧。

回頭說帕爾的實驗，她決定要在測驗黑猩猩時順便量體溫。她訓練黑猩猩，讓牠們有耐心伸出一根手指，好讓她可以把帶子繞在手指上，測量皮膚溫度。人類這個物種如果突然有了負面情緒，例如看到讓人沮喪或害怕的事物，皮膚溫度會下降。在「戰或逃」（fight-or-flight）反應中，流到身體末稍部位的血液減少，真的會帶來「渾身發冷」的感覺。在電視節目《流言終結者》（MythBusters）的某一集中，受試者腳上放了溫度計，然後看著鳥蛛在自己身上爬動，或是搭乘特技飛機展開一趟驚險的飛行，測量到的體溫下降程度極為驚人。我們在害怕的時候，腳會僵住，受驚的大鼠也會這樣，尾巴和爪子的溫度都會下降。

帕爾想要知道，黑猩猩是否也會有這種體溫下降的現象。首先她在螢幕上顯示一部短片，內容是快樂的景象，例如一位動物飼育員推著裝滿水果的籃子過來。或是讓人不快的畫面，像是手持麻醉槍的獸醫，這是她所能得到最接近掠食者的影片。讓黑猩猩看了其中一個影像後，黑猩猩要選擇出現在螢幕上的兩種面孔：同物種個體的快樂笑臉，或是神經緊張的露齒表情。這個實驗目的是要看黑猩猩是否會自發聯繫起場面和臉部表情。這些黑猩猩從來都沒有用那些表情訓練過。在最初的測試中，牠們把笑臉和快樂的景象連接在一起，把痛苦的露齒表情和不悅的景象配合在一起。在看後者的影片時，牠們皮膚的溫度也下降了，人類與大鼠不快時的反應與此也相同。

我認為如果不納入主觀經驗，就難以解釋這種結果。這已經不只是情緒反應而已，也牽涉到了感覺，因為情緒是受到激發、自動出現的。當情緒滲入了意識當中，便會引發感覺，我們會察覺到這種情緒。我們會知道自己是生氣或是戀愛了，是因為我們感覺到生氣或是戀愛。我們經常說「內心深處」的感覺，不過事實上整個身體都可以察覺到改變。在帕爾的實驗中，那些黑猩猩如果不是感覺到了什麼，怎麼能夠選出正確的臉部表情呢？更有可能的情況，是那些錄影讓牠們覺得好或是不好，然後讓牠們決定選出與影片感覺相符的表情。帕爾測量到的皮膚溫度變化，也顯示他們在解決這個問題時靠的是情緒而非智能。她的實驗結果提出了一個有趣的可能性：黑猩猩和人類一樣會意識到自己的感覺。

在絕大部分的時候，我們不知道動物的感覺，我們能做的只有測試牠們的反應。我們已經從實驗結果知道，猴類和猿類熟知自己所屬物種個體的臉部表情，能夠飛快而且準確辨認出相似與相異之處，如同我們能夠馬上分辨出微笑和皺眉。如果用螢幕讓卡布欽猴看不同的物體：花朵、動物、車輛、水果、人類的臉、猴類的臉，我們發現牠們最快辨認出來的是與自己同種物種的表情，那些影像屬於另一類，因為不只有意義，同時還具有吸引力。一開始，那些卡布欽猴甚至對螢幕上的表情有反應，例如拒絕觸摸、顯露威脅表情的臉，還會對抬眉毛的友善表情發出咂嘴聲。表情會引發情緒，事實上，如果不知道臉部的表情，甚至難以產生同理心。

瑞典心理學家渥爾夫・狄伯格（Ulf Dimberg）在一九九〇年代確認了人類的同理心連結（empathic connection）。他把電極貼在人類的臉上，用以記錄所有細微的肌肉收縮，發現人們會自動模仿螢幕中出現的表情。最重要的是人們甚至不需要知道自己看到什麼表情。這些臉部的照片穿插在風景照片中，每次快速閃過（只有幾分之一秒）便可以在無意識間造成影響，人們依然會模仿那些表情。受試者以為看到美麗的風景照，完全沒有意識到螢幕上出現臉孔照片，但是他們之後會因為看到微笑或皺眉的照片，而感覺好或是不好。看到微笑的照片讓人覺得愉快，看到皺眉的照片讓人覺得生氣或悲傷。我們臉部的肌肉在我們無意識的狀況下，會複製照片中的表情，再回饋到自己的感覺裡。

而在現實生活中，我們的情緒無可避免會受到其他人的影響。我們和其他人之間的同理心連結就像是在沒有注意到的情況下，身體之間會「握手」，感知「情境」。這個情境可能是正面或是能激勵人心，也可能是有毒或剝奪精力的。我們要花點時間才能了解這種狀況，因為整個過程發生在我們的意識之外。雖然狄伯格的研究讓我們更理解人類本身，但當時卻遭遇了巨大的阻力與嘲諷。有一陣子，他無法發表這前衛的研究，因為研究結果指出身體具有優先權，在西方世界的人們偏好心智掌控一切。我們喜歡把自己看成是理性的存在，就如同達爾文寫出一大串支持與反對結婚的理由那樣。我們會用合理的解釋來偽裝情緒化的決定，說是我們需要跑車好解決塞車問題，吃巧克力是因為其中含有抗氧化成分。基於相同的理由，科學視同理心為認知過程，這留下一個問題，與情緒和身體相關的過程都不被接受。人們會說如果要建立同理心，就要真的讓自己處於對方的狀況中。說我們如果要了解別人，基本上「要想像自己跳到別人的腦袋中」，或是有意識模擬對方的狀況。在這個理論中，沒有容納身體的空間。

不過在最近幾年，科學被迫改變立場。身體現在是同理心研究的核心。新的腦部成像研究結果支持狄伯格的非自願身體過程（involuntary physical process）。研究人員也發現，如果臉部模仿過程受到阻礙（例如受試者牙齒咬住鉛筆而讓臉頰的肌肉無法移動），同理心也會跟著減少。我們臉部的活動能力比我們想得更高強，經由模仿他人的動作，能幫助我們和他人建立聯繫。在臉部注射肉毒桿菌因此會造成一些問題。接受注射者的臉部肌肉一直處於放鬆的狀態，無法反應出其他人的臉部表情，進而難以感覺到其他人的感受。這些人的臉可能看起來很光滑，但是卻無法建立同理心。這不但使得自己和他人之間的關係發生問題，也使得他人和這些注射者之間的關係起變化。注射了肉毒桿菌的臉孔看起來僵硬，在日常互動時會出現的一連串細微表情變化也都缺乏，這種缺乏反應的臉孔讓他人覺得無法產生互動，甚至覺得受到了排拒。

科學界一開始對身體過程的懷疑，現在則讓我們覺得奇怪。別人哭泣時誰不會跟著一起落淚？別人歡笑時誰不會受到感染？別人雀躍時誰不會一起雀躍？我們藉由模仿對方的姿勢、動作和表情，感覺到他人的感覺。同理心是在身體之間傳遞的。

猴子模仿看到的伙伴

一九〇四年，俄國小說家托爾斯泰發表了一篇兒童故事，開頭句子令人震驚：「野生動物在倫敦展出。要付錢才能參觀，或是得把狗或貓帶過去，扔給野生動物吃。」在這篇故事中，一頭受驚害怕的小狗被推入凶猛獅子的籠子裡。

如果這個故事發生在現代，群眾可能會聚集在展場入口處，憤怒舉牌抗議。人們的態度已經大幅改變，世界上幾乎所有人都會因為這樣的事情而震驚，完全無法看下去。其實狀況很明顯：我可以詳細描述一頭獅子攻擊獵物的過程，你可能還看得下去，但是要真正看一頭獅子殘忍攻擊小狗，則完全是另一回事，你會畏縮不前。身體上的感覺通路（body channel）讓你覺得這件事情距離自己近到逃不開。我們可能會覺得獅子好像在攻擊自己。我們能做的只有用手遮住眼睛。很難想像以前的人以觀賞這種景象為樂。這是否表示現在我們比較具備同理心？我不確定，因為人類的同理心不可能在這麼短的時間內產生了巨大的改變。改變的是同理心作用的對象。我們以開關門的方式調節同理心，對於認同和親近的對象才比較有同理心。對於朋友和親戚，以及所喜愛的動物，我們會打開同理心的大門。但是面對敵人和我們不在意的動物，同理心是關上的。

相較於一個世紀之前，現在西方世界對於最惹人喜歡的寵物種類，大大張開了同理心之門，寵物現在已經成為家中的一分子。一九六四年，美國總統林登．詹森（Lyndon B. Johnson）在白宮的草坪前面對記者時，抓著一頭自己獵犬軟趴趴的耳朵，把狗拎起來。這個事件引起軒然大波，成堆攻擊信件寄往白宮。後來詹森解釋說，他這樣做只是想讓狗叫起來。的確那條狗馬上就叫起來了，但是全世界的人都忽略了這個主宰姿勢的重點。抗議持續得很久，對詹森造成的傷害之重，使他不得不公開道歉。事實上，傳說他因為這個事件收到的抗議信件，要比抗議越戰收到的還要多。這是否意味著我們比較在意一隻小狗受到虐待（但是沒有死亡），而沒有那麼關心其他戰爭中受暴力而死的數百萬平民百姓和軍人呢？從理性上來說，我無法想像人類會這樣，但是我們內心深處的反應是由感覺激發的，而非數字。

閱讀遠方恐怖事件報導帶來的震撼，可能不及哭泣者的真實訪談畫面。每個慈善機構都

大眾對於動物感覺越來越敏感的例子，一例出現在一九六四年，美國總統詹森虐待一頭自己的獵犬，引起了全國抗議。他在記者面前抓住小狗耳朵、把牠拎起。他沒有把狗抓起來，只是讓牠直立，狗狗發出叫聲。記者拍下了這個差勁的場面，大眾對於動物的同情心和對總統的譴責傾洩而出，事後總統被迫公開道歉。

知道影像對於取得捐款有多重要。詹森很倒楣，因為虐狗事件被人拍了下來。人類對於身體和臉部才是最敏銳的。因此且不問是對是錯，安妮・法蘭克（Anne Frank）的照片總是用來代表死於大屠殺中的數百萬名猶太人。一名三歲的敘利亞男孩趴在地中海海灘上的照片，在公眾中激起關於難民危機的討論，聲量之高，遠超過數年來的累積。

我們需要一個能夠指認的個別對象、一個真正的身體與臉孔，才能打開心房。十六世紀法國哲學家蒙田（Michel de Montaigne）早就深知肢體語言的力量。他充滿悲痛與同情地指出，與身體的近距離接觸相比，大腦認知的能力完全受到高估。他說，這絕非巧合，我們會說因為某件事情而深受「感動」，這是關於身體的動詞，因為我們需要真的看到、聽到與感覺到他人，和那個人的聯繫才會大幅增強。

身體上的感覺通路非常古老，人類有，其他的動物也有。我曾見過黑猩猩梅伊（May）突然在正中午產子。我辦公室的窗戶能夠俯瞰黑猩猩的戶外活動區，梅伊身旁擠滿興奮的圍觀者。梅伊腿張開半蹲著，一隻手放在兩腿中間準備接住寶寶。在旁邊的是她最好的朋友、年長的雌黑猩猩亞特蘭大（Atlanta）。讓我嚇一跳的是亞特蘭大也做出相同動作。她沒有懷孕，只是在模仿梅伊的動作。她也把手伸到自己張開的兩腿之間，這可能是因為她自己要來示範，例如表示「妳應該這樣做！」人類雙親在用湯匙給嬰兒餵食的時候，也會做出咀嚼的運動，並且發出啜食聲。人類和其他靈長類不但會模仿其他個體的動作，並且會密切參與其他個體的狀況，讓自己處於那些狀況中。等了很久，梅伊的寶寶終於生出來了，整群黑猩猩興奮不已，有一頭黑猩猩發出高叫，其他彼此擁抱，顯示牠們此時此刻全都受到情緒的感染。

有的時候黑猩猩會出於娛樂，模仿其他個體的動作。每隔幾週，我們的年輕黑猩猩就會玩遊戲：跟著一頭受傷的成年雄黑猩猩。這頭雄黑猩猩沒有採用典型的「指節行走」（knuckle-walking）方式行動，也就是把前半身的重量放在指節上前進，反而用彎曲的手腕撐地，好保護受傷的手指。年輕的黑猩猩會在後面排成一列，蹣跚而行，牠們看起來好像也受了傷，像是那頭成年雄黑猩猩一樣的悲慘與不幸。在烏干達的布東格森林（Budongo Forest）中的黑猩猩，也對一頭黑猩猩的奇特動作深深著迷。那是五十五歲的年老雄黑猩猩汀卡（Tinka），他的手部嚴重變形，手腕也癱瘓了，沒有辦法用手抓癢。汀卡發明了一種抓癢技術，類似人類兩手抓著毛巾擦乾背部的方式。他會用腳拉緊一根垂掛的樹藤，然後頭和身體在樹藤上來回摩擦。這是一種奇特的方法，身體健康的黑猩猩不會採用這種方式。但是幾個年輕的黑猩猩經常像汀卡那樣，利用樹藤來搔癢。

羅馬時期的希臘作家普魯塔克（Plutarch）曾說：「如果你和跛足的人生活，就能學會蹣跚而行。」我們的寵物也會展出出自同情的動作。我有個好朋友有次跌斷了腿，幾天後，他養的狗也拖著腿走路。一人一狗拖著的腿都是右腿。這條狗跛著走路數個星期，在我朋友的石膏取下之後，狗就神奇地恢復原狀。唯一可能的原因，就是狗和其他許多哺乳類一樣，能夠模仿其他個體的身體狀況。哺乳動物不只是傑出的同步模仿者，而且還樂在其中。有些狗能夠學會和小孩子一起跳繩，有些狗則能夠跟著人類嬰兒在家中活動，和嬰兒一樣肚子貼著地面，一前一後地爬動。

在自然界中，同步動作和模仿很常見，例如數條海豚同時跳出水面，或是鵜鶘以完美無瑕的隊形飛行。人類所照顧的動物也有這種現象。兩匹馬在訓練拉同一輛馬車時，一開始會彼此推拉，各有各自的行進節奏。但是在多年一起拉車之後，牠們最後的行動會達成一致，在越野馬拉松中以飛快的速度拉著馬車涉水而過。牠們已經合成一個生物體，無法忍受短暫分離。拉雪橇的狗也是這樣。最極端的例子可能是一頭雌愛斯基摩犬雖然目盲，但是靠著嗅覺、聽覺和身體感覺，依然能夠和其他的雪橇犬一起奔馳。

身體融合（bodily fusion）是最主要的原則。美國動物學家卡第．派因（Katy Payne）研究非洲的大象：

> 我曾見過一頭大象媽媽看著她的小公象追著一頭逃跑的牛羚時，自己也舞動起來，但是沒有跟上去。我看著自己的孩子跳舞，身體也會跟著舞動起來。而且我一定要告訴你，我有一個小孩是馬戲團的雜技演員。

一個世紀前，德國心理學家西奧多．李普斯（Theodor Lipps）發明了「同理心」（empathy）一詞，並且用一個非常類似的例子說明這種「感覺到其他人的感覺」（feeling into）：馬戲團的空中飛人。當我們觀賞這些藝術家的表演時，我們的情緒會和他們一致，進入他們的身體、體驗相同的感覺。我們無法感覺到發生在自己以外之處的感覺，但是在無意識之間像是進入了其他人的身體，得到了類似的體驗，處於感同身受的狀況。

這也說明了為什麼我們的反應會如此即時就發生了。想像一下空中飛人掉落的時候，觀眾的同理心主要只以娛樂為基礎，這個過程需要時間和力氣，我猜想要等到空中飛人支離破碎躺在地面的血泊中時，他們才會反應過來。但這樣的事情並沒有發生。在空中飛人腳滑一下的時候，觀眾馬上就會有反應，發出「喔」、「啊」之類的驚嘆聲。空中飛人有的時候甚至故意這樣做，並不是故意要掉下去，而是他們知道觀眾在注意自己踩出的每一步。我有的時候會想，如果沒有這種同理心連結，「太陽馬戲團」（Cirque du Soleil）該要如何是好。

大約在二十五年前，義大利帕瑪（Parma）一個實驗室發現了鏡像神經元（mirror neuron），使得身體感覺通道的研究受到非常大的啟發。我們進行某個動作，例如去拿一個杯子時，這種神經元會活躍起來。我們看到其他人伸手拿杯子時，這些神經元也會活躍起來。這些神經元不會區別自己的動作和他人的動作，因此能讓我們了解他人，讓他人的動作成為自己的動作。在心理學中，這項發現的重要性，可說是在生物學中發現DNA，因為對於模仿與身體感覺融合來說，這種神經元的意義重大，能夠說明我們在觀賞二〇一〇年的電影《王者之聲：宣戰時刻》（The King's Speech）時，觀眾看到說話結結巴巴的英國國王喬治五世時，會自動說出話來。也能說明為何亞特蘭大會模仿梅伊的姿勢和動作。

雖然鏡像神經元有許多爭議，但是我們不要忘記，鏡像神經元是在獼猴中發現的，不是人類。時至今日，那些讓「猴子做出看到動作」的神經元，在其他靈長類動物中可見到的證據，比人類來得詳細許多。鏡像神經元可能有助靈長類動物彼此模仿，例如演練時示範者打開一個盒子，牠們會照樣按下按鈕，或者在野外時，以母親做過的方式取出果實中的種子。不同群的猴子，處理果實的程序稍有不同，年輕個體會忠實模仿年長個體。靈長類其實是天生因循舊規的生物。靈長類動物有模仿能力，而且還喜歡受到模仿。在一項實驗中，兩名研究人員給了卡布欽猴一個塑膠球當玩具。一位研究人員模仿卡布欽猴玩球的每個動作：投球、坐在球上、用球打牆壁，另一位研究人員不模仿。到後來卡布欽猴顯然比較喜歡模仿牠的研究人員。在類似的研究中，人類青少年受到建議，要模仿約會對象的每個動作，例如舉起玻璃杯、手肘靠在桌子上，或是抓頭。約會對象回報說，比較喜歡模仿自己動作的人，勝於自己隨意動作的人。他們不了解為什麼感覺有差，但是顯然在某些方面，我們認為模仿是一種恭維。

從身邊附近的人打呵欠這件事情就可以看得出來，人幾乎不可能不跟著一起打呵欠。我參加過一場討論打呵欠的演講（他們用「伸懶腰」這個有趣的字眼代替「打呵欠」），坐在場中的聽眾嘴巴幾乎沒有閉起來過。打呵欠傳染和同理心有關，因為最容易跟著打呵欠的人，對其他事情也更具同理心，女性平均來說同理心比男性高，更容易跟著打呵欠。另一方面，缺乏同理心的小孩，例如有自閉症類群障礙（Autism Spectrum Disorder）的兒童，通常就不會出現呵欠傳染的現象。有好些研究從這個現象出發，以了解我們什麼時候會跟著打呵欠、怎麼跟著打呵欠，以及其他動物會不會有相同現象。現在我們知道狗和馬會跟著人類打呵欠，狗甚至聽到主人打呵欠的聲音就會打呵欠。在同一群猴子中，打呵欠也會傳染。

我們教會我們的黑猩猩用一隻眼睛貼在桶子空洞上，看放在桶子另一端的 iPod，好測試牠們看到螢幕上打呵欠黑猩猩的反應。牠們當然也狂打呵欠，不過只有影片中打呵欠的是牠認識的黑猩猩才會這樣。如果影片中出現陌生黑猩猩，牠們就保持冷靜。不是因為看到嘴巴張開打呵欠而已，牠們需要認同在影片中打呵欠的黑猩猩。在人類身上，這種「與對方認識」的概念也擔任了相同角色。在一項隱密的田野調查中，研究人員偷偷觀察餐廳、等候室和車站的人，發現男性和妻子站在一起，如果妻子打呵欠，他也會打。如果身邊的是陌生人，便不會受到陌生人打呵欠的影響。對於有共通之處的人，以及我們覺得比較親近的人，同理心發揮的作用便越強。

讓我們說完托爾斯泰那個獅子與小狗的故事。小狗見到獅子之後，馬上背躺下，並且瘋狂搖動尾巴，這個投降的動作想必安撫了獅子，牠停止了襲擊，兩個還變成了好朋友。雖然不太可能會有這樣的事，不過許多現代故事也描述動物之間的奇特友情：大象與狗、貓頭鷹與貓甚至獅子和臘腸狗，所以也不能說托爾斯泰的故事離譜。我們可以總結說這和身體的互動有關，例如獅子已經很飽了，以及小狗的打滾很有說服力。

親吻傷口

身體感覺通道讓情緒在個體之間傳播，這不僅和打呵欠之類的模仿行為相關，也與感受到他人的感覺相關。我們已經越來越了解真正的同理心了，那也和身體的連結有關。這種情緒傳染（emotional contagion）的現象從我們一出生就開始了，例如嬰兒聽到其他嬰兒的哭聲會跟著一起哭。在飛機上和婦產科病房，嬰兒有時候會像蛙類一樣同時哭起來。你可能認為是這種特殊的噪音讓他們哭的，但研究顯示，嬰兒對於同年紀者的哭聲反應特別敏銳，女嬰也比男嬰更容易跟著一起哭。在生命最早的階段，就出現了連結社會的情緒性行為，顯示這種行為屬於生物本能。人類與其他哺乳動物都有這種能力。

野外的雌紅毛猩猩能夠熟練地在高高的樹枝之間往前盪，她的年幼雄紅毛猩猩會在後面努力跟著，好穿過樹冠，但是會停下來，因為樹枝之間的距離太大了，盪不過去。他會哀鳴並且發出悲慘的叫聲。雌紅毛猩猩聽到了，也會發出悲鳴並且很快回頭，把自己當成連接樹枝的橋：一手抓住樹枝，另一手或是腳抓住另一棵樹的樹枝，自己掛在兩根樹枝之間，讓孩子把自己的身體當成橋來通過。這種每天發生的事件是由情緒傳染加上智能所驅動：母親聽到孩子的哀鳴而擔憂，知道有了困難而幫忙解決。

最讓人吃驚的是負面情緒的影響力。你可能會認為恐懼和哀傷的訊息讓人反感，但是最近一項研究發現，小鼠真的會受到其他痛苦小鼠吸引。我很常在年輕的恆河猴中看到類似現象。有次一隻幼小的恆河猴掉到首領雌性身上，她便打他，小猴持續發出尖叫聲，其他年幼的猴子都被吸引過來。我數了一下，有八頭幼猴爬到那頭可憐的受害者上，彼此推擠拉扯，這些動作顯然難以化解那頭幼猴的驚恐，但是這些幼猴的反應似乎是自然出現，好像自己和受害者都很慌亂，要彼此找尋安慰。

但事情並沒有那麼簡單。如果那些幼猴只是要讓自己平靜下來，為什麼要靠近受害者、而不是跑去找媽媽？事實上牠們追求的是憂傷的源頭，而不是確定的安慰。幼猴一直都會有這樣的行為，沒有跡象顯示牠們知道自己在幹嘛。牠們受到憂傷吸引，就像是飛蛾撲火一樣。

我們可能會把這種行為解讀為關懷，但是其他幼猴可能並不了解之前第一隻幼猴的遭遇。我把這種盲目受到困苦個體吸引的現象稱為「預先關懷」（pre-concern）。預先關懷就像是一種本性，兒童和許多動物遵守一條簡單的規則：「如果你感覺到其他個體的痛苦，就過去接觸。」似乎就很容易了解，可是任何關於嚴格自我保護的理論，都會推導出完全相反的結果。如果你周圍的人尖叫哀鳴，很有可能是因為身處險境之中，如果你夠聰明的話，應該要離開才對。高聲尖叫那麼刺耳，遮住耳朵或是離開，才是符合邏輯的做法。但是許多動物的做法恰恰相反，會靠近看看發生了什麼事，即使痛苦的聲音小到難以察覺。這都和其他個體的情緒狀態有關。小鼠、猴子和許多其他動物會主動尋找受苦的個體，這種現象不符合全然自私的發展方向，也證明了在一九七〇年代與一九八〇年大為流行的社會生物學理論有重大瑕疵。

社會生物學描述大自然是個狗咬狗的世界，所有行為都可以用自私基因來化約說明，追逐私利的傾向最終必定造成「弱肉強食定律」（the law of the strongest）。真正的善行當然不存在，因為沒有生物體可以傻到不顧危險去幫助其他個體。如果真有這樣的行為出現了，那不是海市蜃樓，便是「失敗」基因造成的。當時有一句聲名狼藉的話：「抓一個利他主義者，你會看到偽善者在流血。」（Scratch an altruist, and watch a hypocrite bleed.）這句話會一再受到引用，並伴隨大量笑聲：利他主義真是虛偽！只會在口頭上關心的浪漫主義者和一廂情願的思想家總天真認為人性之善，這句話能用來塞住他們的嘴。當時也是美國總統雷根（Ronald Reagan）和英國首相柴契爾（Margaret Thatcher）當權的時代，這並非巧合。在一九八七年的電影《華爾街》（Wall Street）中，虛構的角色哥頓・蓋可（Gordon Gekko）認為貪婪是推動世界運轉的動力。幾乎每個人都在追逐一個簡單的概念，而這個概念並不認為社會性動物（包括人類）是天擇塑造出來的。

幸好我們現在不再常聽到「自私基因」這個字眼了。大量嶄新資料出現，使得「行為都出自於自私自利」這個概念隨污名消逝。科學研究已經確定，合作是人類這個物種最先、最重要的性格，至少對於同群體成員更是如此。所以在二〇一一年哈佛數理生物學家馬丁・諾瓦克（Martin Nowak）所撰寫的人類行為著作便叫做《超級合作者：利他主義、演化，以及為何需要他人才能成功》（*SuperCooperators: Altruism, Evolution, and Why We Need Each Other to Succeed*）。在神經造影實驗中，讓受試者選擇自私或利他的選項，他們往往會選擇後者。如果選擇前者，往往具備避免合作的好理由。其他許多實驗也支持這個論點，除非有什麼特殊的理由，我們傾向對他人友善並且敞開心胸。我有的時候會開本來能成為哲學家的俄裔美國小說家艾因・蘭德（Ayn Rand）的玩笑：她要寫那麼多以冷酷無情人物為主角的小說，才能夠伸張自己的論點。她的主要論點是人類為純粹的個人主義者，但是她必須費盡心力才能讓我們相信這一點，因為每個人的內心深處都知道，我們自己真的不是這樣的人。蘭德的描述並不是針對人類這個種族，而是一種違背直覺又充滿意識形態的概念。

人類這種靈長類動物的初始狀態就具備密切的社交活動，這反應在我們最喜歡的活動之上：參加運動賽事、和他人一起唱歌、參加宴會以及其他社交活動。有鑑於人類屬於群體動物中源遠流長的一個分支，這類的動物要彼此協助才能生存。人類喜愛社交的天性完全合乎邏輯。人類完全不適合孤獨生活。

雷帝吉納—柯茲提出了一個靈長類同類天生偏好社會活動的典型例子，當中包括憂傷訊息的影響力，主角是她收養的黑猩猩強尼（Joni）：

如果我閉上眼睛，發出悲嘆的聲音，假裝哭泣，強尼馬上會停下玩耍或是其他的事，很快跑到我身邊，激動得毛髮都豎立起來，他可能原本在屋子裡其他地方，像是屋頂或是自己籠子頂端，原先我怎樣叫喚或是請求都不願下來。他會快速繞著我跑，好像是想要找出惹我不高興的事物。他也會看著我的臉，用手掌溫柔觸碰我的下巴，用手指輕輕觸碰我的臉，好像想知道發生了什麼事，然後轉身，腳趾緊握起來。

一個猿類拒絕從屋頂下來吃東西，但是看到主人傷心卻馬上跑下來看，有什麼更能證明猿猴具有同情心呢？柯茲假哭的時候，強尼會看著她的眼睛，而且「哭得越痛苦哀傷，他便越同情」。如果她用手遮住眼睛，強尼會想要把手拉開，嘴唇朝著她的臉嘟起，全神貫注看著她，發出輕微啜泣和嗚咽聲。

當動物和兒童開始了解個人悲傷背後的原因時，就不會盲目受悲傷吸引，而會出現發自同理心的關懷。他們會想要減輕痛苦，像是強尼對柯茲做的事情。這也是人類雙親看到自己小孩膝蓋擦傷、撞到頭、被其他小孩打傷或是咬傷時，最快讓他們停止哭泣的方式便是親吻疼痛的部位。

關於人類這種行為的早期發展，研究是經由家中兒童的錄影內容。研究人員請家中成年的成員假裝哭泣，或是假裝自己哪裡痛，好觀看兒童的反應。在影片中，未滿兩歲的兒童擔心地來到痛苦的成年人前面，他們會溫柔地觸摸、戳動、擁抱或親吻這位成年人。還在學走路的幼兒已經展現出同理心，這意味著同理心是自發的，因為不太可能有人教導他們在這種狀況中要如何反應。

對我來說，讓人眼睛一亮的是這些兒童的行為和猿類非常相似。猿類不只會接近其他憂傷個體，也一樣會觸摸、擁抱和親吻對方。我看完了人類影片後，馬上就了解到我一直研究的就是發自同理心的關懷行為，我為什麼要採用別的專有詞彙呢？從狗到齧齒目、從海豚到大象，許多動物都會展現這種安撫的舉動，只不過各個物種有其各自的方式而已。事實上，心理學家在那個兒童的家中，發現狗也對假裝憂傷的人產生反應，會把頭放在他們的腿上或是舔他們的臉，後來更精確的實驗確立了這種行為。

當然，不是每個人都喜歡聽到「狗和猿類具備同理心」的說法，但是多年來這種抗拒心態已經消失。現在我們已經確認動物具備同理心了。不過沒有人宣稱，狗也具備人類了解其他人所具備的全部心智能力。同理心的特徵分成不同層級。我們當然知道，狗能夠敏銳察覺到其他個體的情緒、接受類似的情緒，並且表示出關切。就是因為這樣，我們才會認為狗是人類最好的朋友。到目前為止，已經有數十項對於靈長類動物的「安慰行為」（consolation）研究，發現牠們顯然具備同理心，而且這行為很普遍。「安慰」是指讓經歷痛苦經驗的個體感到舒服與安心的行為。如果要記錄靈長類的安慰行為，我們只需要等著意外事件讓牠們焦慮，例如爭鬥、摔落或挫折，然後看其他個體如何來安慰。經由身體接觸達成的安慰具有鎮定的效果，通常發生在社會關係親近的個體之間，效果卓著。一頭猿類因為討不到想要的食物而大聲尖叫，胡亂揮舞手臂、憤怒地用身體側面亂撞，一分鐘後她的朋友緊緊抱住她，她的尖叫便漸漸轉變成低低啜泣。

由於安慰行為並不僅限於巴諾布猿和黑猩猩，因此我很高興，某次加入我研究團隊的學生想要研究大象。我和這位學生喬許・普拉尼克（Josh Plotnik）觀察了這種陸地上最大的哺乳類動物，牠們以社會連結與互助合作聞名。在泰國北部的露天保護區中，收留了獲救的亞洲象，牠們在保護區中有一些自由，可以到處漫步。一頭盲眼的母象喬奇亞（Jokia）在有需要的時候，她的朋友梅潘（Mae Perm）會馬上來到身邊，像是她的「導盲犬」。這兩頭大象經常發出高叫或是低鳴，彼此總是以聲音聯絡。如果喬奇亞沮喪，或是因為公象叫聲及遠方交通工具發出的聲音受驚，兩頭大象都會張起耳朵、舉起尾巴。梅潘可能會發出細細的安撫聲音，用象鼻撫觸喬奇亞，或是把象鼻伸到喬奇亞口中。這讓梅潘處於危險之中，因為大象的身體部位中以鼻尖最敏感與最重要，但是她相信對方。喬奇亞也會把鼻尖放到梅潘的嘴巴中。她們彼此信賴。

如果周圍有其他的大象，牠們可能會如同喬奇亞那樣反應激動，把尾巴舉起、耳朵張開，有的時候發出細細的聲音，同時排尿與排便，圍成一圈，保護喬奇亞。

喬許找到大量證據，指出這些皮膚很厚的動物具有情緒傳染和安慰的行為。許多人認為這種狀況顯而易見，他有的時候會被問到，為什麼需要進行這項研究？有誰不知道大象具有同理心嗎？在某種意義上，聽到這個問題，我很高興，因為這意味著動物有同理心的觀念已經確實建立起來了。但科學是在漫天的懷疑論中前進的，只要有人如我一樣，記得這個概念曾經遭受過何等強烈的抗拒，就會了解到，若沒有扎實的資料，這個概念是站不住腳的。但是顯然我們接受這個概念就像接受心臟輸送血液和地球是圓的那樣，我們甚至無法想像以前的人為什麼不這麼想。

即使現在已經知道哺乳類動物對於情緒敏感，我們依然需要進行研究，好知道動物情緒的運作方式，以及在什麼狀況下會表現出來，因為同理心不是唯一的選擇，舉例來說，梅潘還無法不占喬奇亞眼盲的便宜，去偷她的食物。

了解其他個體所受到的傷害，也讓你有機會利用對方。

善行與惡行

矛盾的是，人類可以對其他人非常殘酷，原因也和同理心有關。同理心基本的定義是：對其他個體的情緒敏感，了解其他個體的狀況。但這並不表示就會觸發善良的舉止。同理心一如智能和身體的力量，是中性的能力，能拿來做好事，也能用來幹壞事，端看個體的意圖。舉例來說，如果要有效折磨人，就得知道怎樣才會造成最大的傷害。二手車銷售員同意你的建議，和你說笑，只是為了把爛車用高價賣給你。雖然同理心這個詞讓人聯想到粉紅色的氛圍，但其實使用這種能力，可以達到不同的目的。

這是事實，不過大部分的時候，同理心往往有正面的結果。同理心演化出來是要去幫助其他個體，起先是雙親照顧後代，這個行為是利他行為的原型，也是所有其他善行的藍本。在哺乳動物中，母親必定得照顧後代，父親則依種類而定。哺乳動物需要哺育後代，只有一種性別具有哺育後代的構造。雌性動物比雄性動物更常於養育，也更具有同理心。在猿類中，雌性比雄性更常展現安慰行為，在人類這個物種中也是。最近有一項研究，分析監視錄影機的商店搶劫畫面，發現驚恐未定的受害者，從女性得到肢體安慰的狀況要遠超過男性。到目前為止的研究，這種性別差異在所有的哺乳類動物中都相同，人類的同理心性別差異甚至反映在學術研究中。許多男性會說是利他行為之「謎」，彷彿利他行為令人費解，不知從何而來，因此需要特別關注。他們認為利他行為如此難以處理，非常違背直覺，因此圖書館有大批關於利他主義為何演化出現以及演化過程的推論。這些文獻都不會提到母親的照顧行為，因為這種行為連困難都說不上。為自己的後代著想這樣的行為實在是太容易解釋了，何必詳細討論？

相較之下，我從來都不知道有哪位女性科學家在利他行為之謎上用力過度。女性在討論利他行為時，難以排除母親的撫育行為，以及由此發展出的持續擔憂與關注。美國的人類學家莎拉·赫迪（Sarah Hrdy）在寫到合作行為時，提出了一個「村莊理論」（it takes a village）。她認為人類的團隊精神始於共同照顧幼兒。精通神經科學的美國哲學家派翠西亞·邱吉藍（Patricia Churchland）也提出了類似看法，她認為人類道德是從照顧後代的性情中發展而出。女性身體利用了調節身體的神經迴路，把幼兒需求納為自己的一部分，把幼兒當成額外的肢體。從神經學的角度，我們的孩子屬於身體的一部分，不用思考便會養育和保護他們，就像是保護自己的身體一樣。腦中同樣的神經迴路成為其他照顧行為的基礎，這些行為包括了關懷血緣較遠的親屬、伴侶，以及朋友。

這個母親起源論解釋了為什麼男女在同理心上有普遍的性別差異，因為從生命早期就出現了這樣的分歧。在嬰兒剛出生沒多久，女嬰注視臉孔的時間會比男嬰長，男嬰看機械玩具的時間比較久。之後，女孩比男孩更長於社交，比較能夠讀出臉孔上的表情，更偏愛人說出的聲音，傷害某人之後懊悔程度也越深，也更容易站在他人的角度想事情。在成年人的自陳式報告研究中，也見到了同樣的差異。我們也知道，把催產素噴入男性和女性的鼻腔中，都能夠促進同理心，這種功效卓著的母性激素能夠愚弄他們。因此，我們幾乎不會注意到每天養育後代做出的努力，甚至還會把養育子女的大筆費用當成玩笑哏。比較疏遠的親屬和朋友需要我們幫助的狀況比較少，但是幫助他人所能獲得的滿足感都是相同的。十八世紀的蘇格蘭哲學家亞當・斯密（Adam Smith）比其他人都更了解，個人利益的追求，需要由「同伴的感覺」（fellow feeling）來調和。他在一七七六年出版的《國富論》（*The Wealth of Nations*）非常出名，成為經濟學的基礎。他之前在一七五九年出版的《道德情操論》（*Theory of Moral Sentiments*）就比較沒那麼出名。在這本比較早期的書中，開頭的句子非常有名：「不論我們認為人類有多自私，顯然人類本性中自有原則，這些原則讓人類對於他人的財富有興趣，又能讓他人幸福，這對自己而言是必需的。雖然人類不會從中得到什麼，但是僅僅見到他人幸福，自己便感愉快。」

人類為了生存，需要進食、做愛，以及養育後代。大自然中的人類在做這些事情時感覺愉快，因此人類輕鬆就能自願從事這些活動。對於同理心和互助而言也是，自然讓我們在做好事的時候感覺良好：這是由利他行為產生的「溫暖光輝」效果。利他行為會激發哺乳動物腦中最古老也最基本的迴路，讓我們照顧親近的人，以便建立合作的社會，這樣人類才能夠生存下去。我們藉由尋找人類利他行為最原始也最有說服力的表現方式，可以把謎團解開。

動物同理心背後的神經機制目前還不清楚，因為我們不可能在猿類、大象、海豚等動物上進行類似的實驗。牠們無法進入一般的腦部掃描儀器中，或是無法在清醒的狀態下保持不動。不過齧齒動物經常用於神經科學的研究。在我所任職的埃默里大學，詹姆斯．巴克特（James Burkett）發現到草原田鼠受到壓力時，會彼此安慰。這種小型齧齒動物，雄性和雌性之間會形成一夫一妻制的伴侶關係，並且共同扶養幼鼠。如果其中一個因故煩惱，另一個也會受到影響，有相同程度的煩惱。就算其中一個沒有經歷會造成壓力的事件，結果還是一樣。雄鼠血液中的壓力激素皮質固醇（corticosterone）濃度會和伴侶相同，狀況反過來的時候也不變，顯示雄鼠和雌鼠之間有牢固的情緒連結。詹姆斯還發現，如果其中之一處於壓力，伴侶會更常幫忙理毛，這樣的確能夠讓伴侶平靜下來。如果草原田鼠經過基因改造，不會受到催產素的影響，那麼就不會對壓力大的伴侶有反應，這意味著催產素至關重要，而且指出草原田鼠的同理心和人類的同理心基本上相似，都出自腦。

藉由測量壓力激素，科學家發現到人類情緒傳染的方式和草原田鼠相同。一般人害怕公開演講的程度，高過對死亡的恐懼，因此在一項研究中，科學家要求受試者對一位聽眾演講，結束後所有演講者和聽眾都要把唾液吐到杯子中，科學家可從唾液中萃取和焦慮相關的激素。他們發現如果演講者有自信，聽眾會專心聽進每個字，感覺放鬆。但是如果演講者緊張，這種不安會傳染給聽眾，使得演講者和聽眾的激素都一起增加了，就像是草原田鼠的伴侶那樣。這個結果讓生物學家想到同源性（homology），也就是來自共同祖先的特徵。就像是人類的手和靈長類的手有相同的來源，哺乳類動物的同理心也是跨物種的，具有共同的演化起源，作用的方式也相同。

遠在亞當．斯密的年代，同理心這個詞還沒有發明，人們全都用同情心（sympathy）這個詞。不過現在同情心有別的意義。同理心追尋的是其他個體的資訊，並且幫助我們了解他們的狀況。而同情心則代表了對其他個體的真實關懷，並且想要改善他們的狀況。舉例來說，我的專業是觀察靈長類動物，我很需要同理心，但是不需要同情心。如果不能認同牠們、不能隨著牠們的心情起伏而起伏，那麼花好幾個小時觀察牠們將會是無聊到可怕的工作。同伴突然死亡，健康寶寶的誕生，得到最喜歡的食物等，這些都會感染到人類觀察者。科學家經常宣稱對於觀察對象要保持客觀，但是我希望並非如此，因為這樣會帶給我們一種冷酷的、機械論式的動物觀點。科學可能是客觀的，但是也因此完全忽略了動物的情緒。有些研究動物行為的偉大先驅者不贊同那樣的研究方式，而是強調需要認同研究的動物，並且接近牠們。日本靈長類動物學的奠基者今西錦司，以及奧地利動物行為學家康拉德．勞倫茲，兩人都認為同理心是通往動物心智的大門。勞倫茲甚至更進一步，他說如果曾經和狗一起住過，卻還不相信狗和人類一樣具有感情，那麼這個人的心理可能是瘋狂的，甚至是危險的。

同理心對我來說非常重要，我有許多發現是深入了解我的研究對象之後得到的。同理心和同情心不同。我雖然也深具同情心，但是不如同理心那樣會自動自發的出現，之於我比較常是算計過的行為。有些人對於動物的同情心幾乎無限，例如會去救流浪動物，照顧牠們直到康復為止。美國總統林肯有次在旅行中突然停了下來，情願讓好好的褲子沾滿泥巴，也要把一頭陷在泥中不斷尖叫的豬救出來。同情心是行為導向的，通常根植於同理心，但是不只是同理心。

同情心就定義上而言，是正面的，同理心就不必非得如此，特別是用這種能力了解其他個體的狀況並且加以利用的時候。鯊魚和蛇之類腦部較小的動物，通常無法主動發揮同理心。這些動物傷害其他生物的技術一流，但是完全不了解自己所造成的衝擊。在大自然中，絕大部分的「殘酷」都是這樣的：殘酷的只是結果，而不是目的。另一方面，猿類的腦部複雜得足以知道什麼是施加痛苦。牠們利用「了解其他個體」的能力來虐待其他個體。就像只是為了好玩，小男孩會用石頭丟池塘中的鴨子、猿類有的時候會傷害其他個體。在一項實驗室中的遊戲裡，年輕的黑猩猩會在欄杆後面用麵包屑引誘雞群。每次上當的雞跑過來時，黑猩猩會用棍子打雞，或是用鐵絲尖端戳雞。這些黑猩猩為了打發無聊，發明了這種「坦塔洛斯」（Tantalus）遊戲[3]，那些雞也笨到會來玩（其實對雞來說這並不是遊戲）。這些黑猩猩還改良了遊戲，其中一個拿著誘餌，另一個攻擊雞。

在我們自己的研究中，也看到了相關的事件，只不過比較沒有那麼殘酷。黑猩猩意外發現豐盛食物時，會發出高叫聲以及呼嚕聲，宣布這項發現。我們設計了一個實驗，讓黑猩猩在建築裡意外發現滿滿一箱的蘋果，蘋果箱旁邊有一個朝外的小窗戶。發現這些蘋果的黑猩猩在建築物外面的朋友，聽到了聲音，聚集過來看看發生了什麼事。牠們都到窗邊，彼此推擠，伸出手來要蘋果。通常負責分派食物的成年黑猩猩會把水果拿給窗外的黑猩猩，但其實牠們可以全部留給自己吃。年輕的黑猩猩則不然，牠們發現這是玩弄窗外黑猩猩的絕佳機會。牠們會坐在窗邊不遠處，拿起閃亮亮的紅色蘋果，讓每頭黑猩猩都看得到，但是當有其他黑猩猩伸手要抓的時候，馬上就收回蘋果。宛如有錢的孩子會嘲諷窮人。

在大自然中，我們也觀察到黑猩猩會折磨松鼠或蹄兔等小動物。牠們似乎是從中取

3. 坦塔洛斯是希臘神話中的人物，身為宙斯之子，他為了考驗眾神智慧，竟烹殺親生兒子，再邀請眾神赴宴，因此受到宙斯懲罰，打入冥界。（此處應該指黑猩猩的誘雞遊戲帶有測試的殘酷意味。）

樂，因為牠們在折磨小動物時會笑，像是很好玩的樣子。日本的田野工作人員座間耕一郎（Koichiro Zamma）描述了坦尚尼亞馬哈爾山國家公園（Mahale Mountains National Park）的成年雌黑猩猩倥布（Nkombo）拖著、甩著一頭松鼠，長達六分鐘，直到這頭動物在絕望尖叫中死亡。座間耕一郎寫道：「這看起來像是鬥牛，倥布像是鬥牛士，在公牛（松鼠）面前揮動著紅布（手臂）。這個動作像是社交遊戲，有點逗弄著玩的味道在裡面，因為倥布讓松鼠反擊，而且露出像是在玩耍的表情。」也就是像是在笑。松鼠死後，倥布的行為完全改變了，她不再刺激牠，拿著松鼠的身軀而不是如同之前拎著尾巴。因此座間耕一郎認為，倥布了解到那隻動物的狀況已經改變。她拋棄了屍體，沒有吃下去。

除了人類之外的動物不但具有同理心，而且還會蓄意使用殘暴手段，這讓野外觀察到的殺戮行為更顯重要。雄黑猩猩就如同其他種類動物的雄性一樣，會為了領域爭鬥，不過牠們有的時候也會蓄意殺死敵人。數頭雄黑猩猩可能會組成巡邏小隊，繞著領域外圍前進，越過邊境，完全安靜地跟蹤一頭受害者，在果樹上突襲他，猛烈又打又咬，直到對方無法動彈，這時小隊會離開，讓他自己斷氣。我曾在圈養黑猩猩中見到類似的暴力行為，有一次甚至把對方去勢，當時我猜想這是意外，不然就是因為人為居住環境造成。但是現在我們已經確認了，野生的黑猩猩也會幹相同的事。事實上，我所見到的可怕攻擊，對這個物種而言似乎相當普遍。我認為在雄性之間的爭鬥中，死亡和去勢並非不幸的意外事故，而是刻意造成的。

由於這些靈長類動物能夠了解其他個體，進而出現關懷的舉動。那麼為什麼不也假設牠們會為了殺戮而殺戮，具有謀害的能力呢？

當有評論者用這種野蠻的行為，反駁黑猩猩有同理心的概念時（「你知道這些傢伙會彼此殺害，對吧！」），我就會把話題轉移到人類這個好好物種身上。沒有人會反駁人類的確有同理心，但是在某些狀況之下，人類也的確會殺人。我們的態度隨著場合而變化，而人類具有地球上最仁慈也最殘酷動物的頭銜。我不認為這其中有什麼矛盾，因為關懷和殘酷的共通之處比我們所想得還要多，他們是一體兩面。

在西元第三世紀，早期的基督教神學家迦太基的特土良（Tertullian of Carthage），具有最為異常的天堂觀。地獄當然是讓人受盡折磨的地方，而天堂是座陽台，受到拯救的人在上面看著地獄，享受著受審靈魂陷入烈火中的壯觀景象。這是多麼奇怪的看法！對許多人而言，看他人受苦遠不如自己受苦。特土良的天堂陽台讓我嚴重不悅的程度和地獄相同。

但是我們對於敵人所受的痛苦也能感同身受嗎？德國神經科學家塔妮雅．辛格（Tania Singer）研究這個議題，發現到另一個有趣的性別差異。受試者在觀看其他人的手受到輕微電擊時，接受腦部掃描，他們自己腦部疼痛的區域會亮起來，意味著他們感受到了其他人的痛苦，這是典型的同理心，不過這種同理心只會在他們對受電擊對象有好感時才會出現：在掃描之前，受試者曾經和遭受電擊者好好玩過一場遊戲。另一方面，如果在之前的遊戲，遭受電擊者使出不公平的手段，讓受試者覺得被騙了，那麼在看到遭受電擊者痛苦時，效果便不顯著，同理心的大門已經關起來了。不過在女性，這道門沒有完全關緊，她們還是有一些同理心。男性的同理心則已經完全消失，事實上看到那個耍詐的玩家受到電擊，男性腦部愉悅中樞會活躍起來。他們已經從同理的狀態轉移到希望懲處的狀態，主要是想因為看到他人的不幸而快樂。

如果有特土良的天堂存在，那麼一定是男性看著敵人在地獄中接受火焚。

大鼠的同情心

關於人類的同情心，我最喜歡的故事依然是〈仁慈的撒馬利亞人〉（Parable of the Good Samaritan）。故事一開始，有個受重傷的人躺在路邊，一名祭司和一名利未人（Levite）經過，都麻木不仁，沒有停下來探問。他們都非常熟悉經書中要善待鄰人的教誨，但顯然有其他更優先的事情得去完成。只有一位受到宗教排拒的撒馬利亞人，同情傷者並且給予幫助。這個故事的意義是，要小心注意，不要讓書中教導的道德倫理取代了內心的想法。當學者和政治人物輕視溫柔體貼，認為人類沒有這種感情也無妨時，誰會需要同病相憐的感覺啊！心理學家保羅．布魯姆（Paul Bloom）寫了一本名為《對抗同理心》（*Against Empathy*）書，整本都在說明人類是理性的動物，我們的道德應該建立在邏輯與理性之上。如果我們深思熟慮，完全接受科學的指導，最後就能夠得到縝密思考的結果，辨明是非。還有比客觀道德更好的事情嗎？

從近代歷史來看，他的立場非常嚇人。科學和理性如果沒有根植於人性，基本上可以用來辯解所有的事情，包括那些令人深惡痛絕的行為。科學和理性可以從經濟學的角度好好說明奴隸制度從何而來，以及把犯人當成白老鼠進行醫學實驗為什麼是合理的。科學和理性慫恿我們以強迫絕育和大屠殺的方式改良人的種族。在不久之前，優生學還依然是備受尊重的科學領域，世界各地的大學都有課程。對於認為自身比較優越的種族來說，清除掉次等種族是理所當然之事。這就是評估時完全由邏輯掌控、排除內心感受造成的結果。第二次世界大戰時，我們知道沿著這個思路前進會造成什麼後果，我也知道了那些最偉大的英雄人物想法和一般人並不相同，他們的同情心讓他們反抗可怕的命令。他們偷偷給飢餓犯人食物，或是把受害群體成員藏在地下室或閣樓中。波蘭的護士艾琳娜・森德勒（Irena Sendler）把在華沙少數民族居住地區中的猶太兒童，一個又一個偷偷帶出來。她這樣做並不是因為遵循什麼崇高的道德教條，而是出於自然的同理心。

但許多理性主義者把同理心和同情心看成是弱點，認為同理心和同情心是出於衝動，難以控制。但這也正好是同理心和同情心發揮效用之處。同理心讓我們對於其他人感興趣。和同伴相處以及他人的善意帶給我們的快樂，是生物本性的一部分。人類就是這樣，不需要以道德來說明恰當與否。我們也不需要《聖經》用例子來教誨，因為我們每天都可以得到人類驚人善行的報導：跳到冰冷的河水中救起陌生人，在地鐵快要進站時把人從軌道上拉起來，在槍擊事件中用身體保護他人。人們沒有多想、便做出這些犧牲奉獻的舉動，受到矚目也讓這些英雄人物困惑不已。對他們來說，只是做了該做的事情而已。幾乎每天網路上都會出現這類影片：狗把受傷的伙伴從高速公路上拖走、大象保護小牛避免被河水沖走、座頭鯨從正在掠食的殺人鯨前救下了海豹。這些舉動大部分是因為看到困苦的個體而產生，最原始的動機是哺乳類動物看到後代處於危險中的救助反應，後來這個反應延伸到其他個體，有的時候甚至是其他物種的個體。

更有趣的是，在還沒有受困跡象時就發生的救援行動。在這種事件中，救援者了解狀況，知道自己該採取什麼樣的行動。用例子比較容易說明。在聖地牙哥動物園的巴諾布猿區中，有一圈裝滿水的深溝。有天飼育者把水溝的水都放掉，刷洗乾淨，然後準備要再灌水進去。他們到廚房去把水龍頭打開，但是突然間巴諾布猿中的首領雄性卡科瓦（Kakowet）出現在廚房窗戶外，一面高叫一面揮舞手臂，飼育員說這就好像他有話要說的樣子。

結果是幾頭年輕巴諾布猿跳到了沒有水的深溝中卻爬不出來。如果水依照計畫灌入深溝，牠們可能會淹死，因為猿類不會游泳。飼育員拿了梯子過來，所有巴諾布猿在人類幫助之下爬出來了，但是卡科瓦把最小的一隻親自拉出來。卡科瓦之前發狂干預放水，意味他了解到水是怎樣注入深溝的，以及誰來負責這件事。此外他也了解到水灌進去後會發生的慘事，所以在危機還沒有出現前便採取行動。

有些個體會把水和食物帶給群體裡面年長的伙伴。在我們這群黑猩猩中，年長的雌黑猩猩佩恩妮（Peony）有關節炎，有些日子幾乎無法行走，甚至走不到供水口。年輕的雌黑猩猩會去吸滿整口水，帶回給佩恩妮。她把嘴張大，其他年輕雌黑猩猩會把水注入到她口中。有的時候，年輕的雌黑猩猩會幫助她走到攀爬架上一起理毛的黑猩猩群中。她用雙手撐住佩恩妮巨大的臀部，把她往上推。在野外，失去爬樹能力的年老黑猩猩，會有女兒在樹上摘了滿手的水果給她。

我也在路易斯安那州的黑猩猩避難所（ChimpHaven）工作，並且支持這個機構。在那裡，黑猩猩居住在滿是植物的島嶼上，牠們是從各研究機構中「退休」的黑猩猩，這代表牠們通常對於草地、樹木和戶外環境很陌生。有經驗的黑猩猩會教導新來的黑猩猩。有次名叫莎拉（Sara）的雌黑猩猩救了她的好朋友席拉（Sheila），免遭毒蛇的噬咬。莎拉一開始看到了蛇，便發出「哇～」的高叫聲，這樣其他的黑猩猩都知道發生了什麼事，但是席拉反而跑過來看。莎拉捉住她的手臂，用力把她往後拉。當莎拉用棍子戳蛇時，一樣把席拉擋在身後。她絕對知道席拉想要去抓那條蛇，這是一個致命的錯誤。

我可以提供幾十個靈長類動物的案例，在海豚、狗、鳥等動物的例子也一樣多，大象更是這類例子的重要來源，例如小象陷入泥坑中，快要沉下去淹死了，大象會進入泥坑，把鼻子伸到正在掙扎的小傢伙下方，把牠舉起來。南韓動物園拍攝了一部影片，後來受到瘋狂分享，片中一頭小象滑入池子中，象媽媽在水池邊瘋狂亂動，小象的阿姨馬上過來，用頭推象媽媽，讓她走進池子中，自己也一起進去。兩頭母象游到小象邊，集合後再一起爬出來。由於這頭小象很會游泳，又把鼻子當成呼吸管，成年大象的驚恐似乎有點過頭了，無怪乎大象專家喬伊斯·普爾（Joyce Poole）針對這個事件評論道：「她們真是會演戲。」對我來說，最有趣的地方在於小象阿姨知道怎樣讓小象從池中出來，卻推著小象媽媽帶頭。

許多動物能夠掌握其他個體的需求，並且自動協助。與其講述更多故事，我在這裡比較想集中說明一些實驗，因為只有這種方式才能夠得到明確的證據。觀察的結果太開放，無法得到扎實的結論。在實驗中，我們能夠控制狀況，排除可能的自私自利傾向，同時讓動物有各種選擇。不久之前，幾乎都沒有關於協助行為的實驗，因為絕大部分的科學家認為只有人類會關心其他人的福祉，動物對於其他個體的命運漠不關心。有些科學家會用誇張的說法，強調人類本性的高貴之處，或是宣稱相當近期出現的演化「火花」，讓人類的祖先和其他的動物不同。一如當年天主教神父拒絕從伽利略的望遠鏡觀察星空，因為他們認為那裡沒有什麼東西好看的。幾乎在整個二十世紀中，針對單調的動物行為研究，科學家也不抱持什麼期待。為什麼要檢驗動物根本不可能具備的能力？不過後來情況改變了，因為人類的所有行為（包括協助行為），一定有其前身，不然便是出現在親緣關係相近的現存物種上。現在對於後者的研究已經成為了可觀的研究領域。

美國人類學家布萊恩・海爾（Brian Hare）和同事，針對最具同理心的猿類巴諾布猿，進行了一系列傑出的實驗。巴諾布猿和黑猩猩一樣，都是親緣關係和人類最接近的靈長類，而且比黑猩猩更為敏感和溫和。牠們以性接觸的方式緩和緊張情勢，我在很久以前就把牠們稱為「做愛不作戰」的靈長類動物，這個標籤自此就固定下來了。在海爾充滿創意的實驗中，巴諾布猿不愧其盛名。在一項實驗中，研究人員給一頭年輕的巴諾布猿成堆他自己可以吃得完的水果。如果他是自己一個，那麼會全部自己吃完。不過通常巴諾布猿可以透過紗門看到另一邊有伙伴坐在那裡，他知道如何打開門。許多巴諾布猿做的第一件事情是把門打開，讓另一頭巴諾布猿進來，之後才吃水果。如果門後面沒有其他的巴諾布猿，牠們就不會去碰門。在另一些實驗得出更驚人的結果。巴諾布猿會製造讓其他個體得到食物的機會，而這樣做自己並不會得到食物。牠們可以拉動繩子把門拉開，讓其他的巴諾布猿得到水果，但是自己卻無法加入大餐。牠們依然會拉動繩子，這讓人回想到斯密對於同情心的看法：「僅僅見到他人幸福，自己便感愉快。」

這個實驗不只研究以多種方式呈現的利他行為，也研究了親社會傾向（prosocial tendency），後者的定義是「希望其他個體過得更好的意圖」。我團隊中的維琪・霍納（Vicky Horner）在有對照組的情況下，研究黑猩猩在親社會和自私兩個傾向中的抉擇。維琪找了兩頭黑猩猩，讓牠們並排坐著，中間隔了紗網。頭一對來參加測試的是佩恩妮和麗塔（Rita），她們之間沒有親緣關係。研究人員給佩恩妮一筒塑膠籌碼，一半是綠色，一半是紅色。佩恩妮之前已經學會，一次挑一個籌碼給我們，但是並不知道兩種顏色的意義。不論她挑什麼顏色的籌碼給我們，都會得到報酬。差異之處在於麗塔。紅色籌碼代表「自私」，這時只有佩恩妮會得到報酬。綠色籌碼代表「親社會」，這時兩頭黑猩猩都會得到報酬。在連續挑出籌碼多次之後，佩恩妮開始比較常挑出綠色籌碼，機率大約是三分之二。在測試其他幾對黑猩猩時，親社會的選擇可以高達十分之九。不過如果我們只讓黑猩猩單獨接受測試，情況就不同了，兩種顏色對牠們而言都沒有差別。只有在伙伴能夠得到好處的情況下，才會出現親社會性偏好。

但是對於相同的現象，人往往有不同的看法，又如同半杯水可以說成是半空的，也可以說成是半滿的，因此爭議依舊存在：我們的黑猩猩有著讓人印象深刻的親社會性，但是評論者指出牠們並不是一直都具有親社會性。他們說黑猩猩這種生物必定氣量狹小，不然為什麼牠們有時會刻意不讓伙伴得到報酬呢？這種說法是想要再次宣揚已經失敗的概念：只有人類才會關心其他個體。不過，黑猩猩是複雜的生物，牠們的行為隨時都在變化。我不知道牠們在哪項任務中的表現結果會是百分之百相同的，縱使是已經擅長的工作也一樣。人類也是如此。我們的表現會隨著周遭狀況、心情、注意力與伙伴的不同而變化。我們探究了人類的親社會選擇，發現到和黑猩猩一樣的變化性。舉例來說，七到八歲的兒童，做出親社會選項的機會只有四分之三，也就是說有四分之一的機會會做出自私的選擇。其他的研究結果也相同。人類和黑猩猩一樣，並不是完全親社會性的。

在日本，山本晉也（Shinya Yamamoto）進行了一項實驗。在實驗中，黑猩猩能夠幫助其他個體，但前提是了解對方的狀況。他的實驗結果和一些傳聞相似：黑猩猩能夠知道其他個體是否需要食物或水，或是想要抓蛇這種蠢事。山本晉也在有對照組的實驗中，測試這種經過思考才進行的協助行為。他讓一頭黑猩猩有兩種方法可以喝到橘子汁：她可以用耙子把容器拉近，另一個狀況是用吸管直接吸果汁。不過她身邊既沒有耙子、也沒有吸管。在旁邊隔開的地方，有另一頭黑猩猩，他有整組工具。他看了一眼她的狀況，便會把適合解決問題的工具經由小窗戶遞給她。如果他不能看到她所面對的狀況，就會隨便挑工具，這說明了他不知道對方需要的是什麼。所以，黑猩猩不但能夠幫助其他個體，也能夠思索對方的需求。

對於這方面的能力，我們所知甚少，但顯然牠們並不如同一些人所想得那麼自私。在人道行為方面，牠們可能超過一般的祭司和利未人。因為實際運作與道德上的原因，我們其實無法執行犧牲重大的利他行為實驗，例如要犧牲性命去幫助其他個體。沒有一個科學家會刻意把一頭黑猩猩拋到河中，看其他個體會不會前去搭救。不過我們從觀察中知道實際上這會發生。動物園經常會把猿類安置在周圍有深溝的島嶼狀結構上，許多報告指出牠們會想要救出掉入深溝的伙伴，有時兩個都會死去。曾有笨拙的黑猩猩母親讓幼猩落入水中，有頭雄黑猩猩為了救幼猩衝進水中、失去了性命。在另一個動物園中，在母親懷中的幼猩因為觸碰到電網、驚慌跳動之下落入水中，母親去救牠，結果雙雙淹死了。瓦索（Washoe）是世界上第一個接受語言訓練的黑猩猩，有次她聽到一頭雌黑猩猩尖叫與落入水中的聲音，就飛奔穿過兩道電線，那裝置是要避免猿類接近落水的受害者，那名受害者正在水中瘋狂掙扎。瓦索跑到水溝邊濕滑的泥地上，抓住她不斷揮動的手臂，把她拉到安全的地方。瓦索並不認識落入水中的黑猩猩，她們幾個小時前頭一次見面。

黑猩猩顯然對水深感恐懼，但是這並沒有壓過強烈的出手動機。心智的算計（「如果我現在救她，她以後會救我。」）並無法說明：為何要因為這個毫不可靠的預期，非得冒生命和身體的危險不可。只有立即產生的情緒能夠把種種戒慎恐懼拋諸腦後，同理心則連接起兩個個體的情緒狀態。用美國心理學家馬丁．霍夫曼（Martin Hoffman）的說法，同理心具有一種特性，能夠「將他人的不幸轉換成自己的憂傷感覺」。芝加哥大學的殷巴爾．班—阿尼．巴爾塔爾（Inbal Ben-Ami Bartal）研究之後發現，這種機制不只存在靈長類和其他大型哺乳動物身上，齧齒類動物也有。巴爾塔爾把一隻大鼠放到籠子中，牠在裡面會遇到一個小型透明容器，有點像是果醬罐，裡面關著另一隻大鼠，因為擁擠而苦惱扭動。在外面的大鼠會學到打開透明容器開口的方式，讓裡面大鼠出來，牠還會非常熱衷這件事。外面的大鼠沒有受過訓練，完全是自動自發。巴爾塔爾想試試看，牠的動機是否會動搖，便再加入了另一個玻璃罐，裡面裝著巧克力餅乾，這是大鼠喜歡的食物，而且也可以聞得到。外面的大鼠通常會先去救同伴，顯然比起美味食物，減輕同伴的煩惱比較重要。

大鼠去救出伙伴，是不是因為想有同伴呢？因為一頭大鼠被關了起來，自由的那一頭就沒有伙伴可以玩耍、交配與彼此理毛。牠們是不是只想彼此接觸而已？在原始實驗中並沒有提供答案，不過在另一項研究中，設定情境是大鼠能夠彼此救出對方，但是之

實驗是測試大鼠的同理心。一隻大鼠和另一個關在玻璃容器的大鼠關在一起。能夠自由活動的大鼠對於受困的大鼠會有反應，會出現讓牠恢復自由的舉動。如果自由的大鼠吃了能夠放鬆的藥物，對於另一隻大鼠的情緒狀態就會變得比較不敏銳，不會想去救牠。

後卻沒有機會互動。牠們依然會想救出對方，這確定了牠們的拯救行動並不是出於社交意願。巴爾塔爾相信這是情緒傳染。大鼠發現其他的大鼠陷入煩惱之中，自己也覺得煩惱，這讓牠採取行動。相反的，當巴爾塔爾施以大鼠消除焦慮的藥物，讓牠們變成快樂的嬉皮，這時牠們依然知道要怎樣才能打開小門，取出裡面的巧克力餅乾，但是因為處於平靜的狀態，對受困的那隻大鼠毫無興趣，服用百憂解（Prozac）或是止痛藥的人，也有類似的「情緒遲鈍」（emotional blunting）現象。這些大鼠無法察覺其他大鼠的苦惱，也不會想要去幫助其他個體。幫助行為出自於同情心或同理心的概念，便和這個結果十分吻合，由自私出發的立即行為則不能以這個結果解釋。

在這裡，「立即」這個字眼特別重要，因為就長遠的結果來看，沒有人宣稱發揮同理心不具目的性。在生物學中，我們對於達成自己利益的方法，區分成兩種截然不同的形式。首先在演化階層，如果沒有帶來利益，同理心絕對不會演化出來。同理心讓合作社會得以形成，在其中的個體能夠彼此倚靠。同理心可能帶來許多利益與生存價值。第二個帶來自我利益的形式是屬於心理階層，是個體本身追求的目標。採取行動的個體往往不知道演化上的目的。因此，年輕的鳥類並不知道為什麼要跟著固定的路線遷徙，動物在不知道結果的情況下還是會交配，自然界中充滿了無法由動機來說明的演化利益。從心理學的角度來說，動物可以說是完全不自私的。如果我們大致描述救出溺水雌黑猩猩的瓦索，或是指引眼盲伙伴的大象梅潘，我們不會認為牠們是極度偽善的動物，而是發現兩個仁慈的靈魂，對於其他個體的處境非常敏銳。

雖然如此，學者依然著迷於自私的動機，就只是因為他們被灌輸了經濟學和行為主義學派的想法，認為動物或人類的所作所為都是由這種動機所驅動，而我完全都不相信。最近有個巧妙的兒童實驗詳細解開了其中奧妙。德國心理學家斐利克斯．瓦納肯（Felix Warneken）研究年輕黑猩猩和人類兒童幫助成人的過程。實驗人員使用工具，但是工作還沒完成，工具就掉到地上。他們會撿起工具嗎？實驗人員後來手上塞滿了工具。他們會幫忙打開紙箱嗎？兩個物種都自願而且積極，顯示他們都了解實驗人員遭遇到的問題。但是當人類兒童來幫忙時，瓦納肯給他們報酬，他們便沒有那麼願意來幫忙了。看來那些報償讓他們分神，放在實驗人員上的同理心就減少了。我努力思索這在實際生活中會造成什麼結果。想想如果我每次幫忙同事或鄰居的時候，不過是把門打開或是拿個信之類，他們就把幾塊錢塞到我的口袋中，我會覺得超級不爽，好像我多在意那幾塊錢的樣子！這不會鼓勵我再去幫他們這些忙。我可能還會避開這些太會操控他人的傢伙。

人類所有的行為都是由實際報酬所驅動的這種想法，真令人好奇，因為絕大多數的時候，所謂的報酬都不在眼前。那些照顧罹患阿茲海默症伴侶的人，會得到什麼報酬？捐款給慈善機構的人會期待什麼回報？可能對內心而言是有回報（感覺愉快），但是這只在改善他人狀況時才會產生。大自然以這種方式讓我們為他人著想，而非為自己著想。如果我們說這是「自私」，那麼這個詞便不具意義。在其他的物種也是如此，說牠們全部行為都只是為了自身的利益，便辱沒了牠們的社會性。

人類會知道與回應其他人的情緒狀態。絕大部分的時候，我們以自己的身體內化其他人的狀態，這是演化的結果。在動物社會和人類社會中，這種社會連接性是最好的黏著劑，確保我們能夠得到伙伴的支持與安慰。

第四章

人類之所以為人類

噁心、羞愧、罪惡感跟其他不安的情緒

英國維多利亞女王看到倫敦動物園中的猿類，覺得噁心。但是那些猿類本身感覺又是什麼樣子？動物會感到噁心嗎？什麼事物讓動物覺得噁心呢？狗會舔睪丸、吃糞便，或是在發臭的爛泥中打滾，人類認為這是因為狗缺乏羞恥感或噁心感。但是這個論點也可以應用在人類身上。舉例來說，我們喜歡吃橘子，或擠檸檬汁，不過要是餵橘子給自己養的狗吃（建議讀者不要這麼做），就可以看到牠們整個噁心的反應：捲起嘴唇、流出唾液、因為酸味而退避。我們認為健康的水果，對另一個物種而言就是噁心的。也許狗想過，人類到底懂不懂噁心啊？

猿類的排拒反應很常見。就拿我們在約克斯的黑猩猩群來說，總是大膽無畏的凱緹（Katie）有次從巨大卡車輪胎下的污泥挖東西，拉出了個扭曲的玩意兒。她輕輕發出「响」的聲音，用中指和食指夾住那個東西，就像是人類手指夾著香菸那樣，並且還舉高，一副「看看這是什麼」的樣子，拿給其他黑猩猩看，包括她的母親。那可能是爬滿蛆的死老鼠。她的母親發出了數個「哇哇」吼叫聲。

凱緹的表妹塔拉（Tara）發現了這個有趣的玩意兒，便調皮起來，捏著死老鼠的尾巴到處晃。她會小心不要碰到自己的身體，並且偷偷把死老鼠放在睡覺的伙伴頭上或背上。受害者在感覺到（或是聞到）死老鼠時，馬上大叫，同時抖動身體，要甩開那個髒東西，甚至還抓了一把青草擦拭身體接觸到死老鼠的部位，好確定味道消失不見。塔拉則是馬上撿起死老鼠，找尋下一個目標。塔拉為什麼會認為這個遊戲有趣？為什麼人類看到這種事馬上會覺得好笑？我更在意的是噁心這種好壞參半的情緒。

另一方面，噁心在演化上應該相當原始，因為通常是氣味造成噁心的感覺，好避免吃下有害的食物（對狗來說，柑橘類的果實有毒），這是一種基本的情緒，有的時候甚至稱為「最早的」情緒。在另一方面，越來越多文獻指出，噁心應該是人類獨有的感覺，建立在文化之上，用來表示道德上的好惡。舉例來說，美國神經科學家葛詹尼加（Michael Gazzaniga）在他的書《大腦、演化、人：是什麼關鍵，造就如此奇妙的人類？》（*Human: The Science Behind What Makes Us Unique*）中，便把噁心當作區分人類和其他動物的五種情緒之一。

塔拉應該沒有看過這本書。

鼻子扭曲起來的噁心表情是人類共有的，通常眼睛還會瞇起、眉頭糾結。這是面對惡臭食物或其他不悅事物時的反應，面對不端正行為時，人類也會出現相同的厭惡表情。黑猩猩有相同的表情，也稱為「下雨臉」（rain face）。左圖是表情放鬆的雌黑猩猩，中間圖是受到傾盆大雨時的表情。

口渴的馬

如果有人問起，人類獨有的情緒是什麼？我以往都會提及那些和自我意識關聯最深刻的範疇，像是害羞、罪惡感，我當然知道有些同事能夠提出更多不同之處。他們認為動物只有一些情緒，而且這些情緒不會混合在一起，和人類具備的情緒不同。那只是單純的推測而已，差不多就像是西班牙哲學家何塞．奧特嘉．伊．加塞特（José Ortega y Gasser）突發奇想，認為黑猩猩和人類不一樣的地方，在於牠每天早上醒來的狀態，會表現得像是之前沒有黑猩猩存在過的樣子。加塞特難道是想說，每隻黑猩猩都認為自己是在一夜之間創造出來的嗎？為什麼會說這樣的話啊？一些認真的學者想要區隔人類和其他動物，便提出最為異想天開的點子，有些是空中樓閣，有些無法驗證。對於這些點子，我們必須抱持懷疑，包括關於動物有哪些感覺或是沒有哪些感覺的意見。

不過，我以前願意把害羞和罪惡感這兩種情緒當成犧牲品，獻祭給現在依然主宰學術圈的「只有人類具有某某特點」的宗教，畢竟這兩種情緒需要某種程度的自我意識，其他動物可能缺乏這樣的自我意識。但是現在我沒有這麼確定。我越來越相信，人類熟知的所有情緒，所有動物也以某種形式具備，只不過是在細節、精巧程度、應用以及強度上有所變化。問題之一在於人類的語言。你可能會認為，能夠用語言描述感覺，就應具有莫大的優勢，但是對於研究情緒來說，這優勢有好有壞，讓研究更為困難。

這要從艾克曼對於臉部表情的標籤開始說起。受試者眼前會出現臉孔的照片，問及臉上的表情是「生氣」、「悲傷」或「快樂」。看到大笑女性的照片，你會毫不猶豫使用「快樂」的標籤。在世界各地的實驗，人們只認同數量有限的情緒，這些情緒標籤看起來完美，能夠取得許多資訊。但是如果你不給受試者任何標籤，只讓他們用自己的語言來猜想照片中人的情緒，情況又會是怎麼樣呢？如果在你給受試者的標籤中，排除最明顯的情緒，那麼他們會使用你這組標示不同的標籤嗎？如果照片是在光線不佳的時候拍攝，又會如何？演員可以做出標準的表情，例如不會遭到誤解的笑容。但是「在自然狀態下」，人類的表情沒有那麼標準，而且稍縱即逝，往往也比較不強烈。人類在刻意往旁邊看、咀嚼食物、眨眼睛、坐在黑暗中等狀況中，會一直出現細微的表情。許多研究指出，人類在詮釋表情時，並不是那麼清楚明確。如果受試者能夠自由描述所看到的表情，他們並不會一直使用標準的標籤。對於有些表情，大多數人都會相同的描述，但是並不如之前所想得那麼一致。

除此之外，給表情貼上標籤是相當缺乏意義的舉動，因為情緒的存在超乎語言的形容。在陽光明亮的陽台和好朋友喝咖啡、聊是非，對於他的臉部和身體動作，我在數毫秒之內便有所反應，完全不需要想出什麼字眼來形容這些表情。人類對於他人的肢體語言持續起反應，這些肢體語言是接連出現，也可以說是如「舞蹈」般彼此協調。我的朋友說話時，我的眉毛會抬起來、眼珠子轉動、發出哼聲或喊聲，就像是在說我同意、不同意、了解、贊成、逗樂、驚訝等等，這都會因為眼睛和嘴巴周圍細微的肌肉動作而顯露出來。朋友的瞳孔放大時，我的瞳孔也會同步放大，身體姿勢和他相同的時候比較多。不過如果你進一步問我朋友臉上出現了哪些表情，我可能不知道，甚至也不在意，因為在表情上貼標籤，並不屬於情緒溝通的一部分。語言有助討論心情，但是對於心情的產生、表達與感受中，語言並非重要角色，現代的情緒研究卻把語言放在前端與最核心的部位。

接下來的問題是表情出現時的情境。看看一張網球名將小威廉絲（Serena Williams）的特寫照片。照片的她張大了嘴、露出牙齒，看起來似乎被對手激怒。但是對手其實是她親愛的姊姊大威廉絲（Venus Williams），而且在這場比賽中她還擊敗了姊姊，這意味她現在非常高興，可能是因為勝利才在高喊。光看這張特寫照片，難以知道這種差異，但是這個差異又非常重要。或是你看著一個眼中有淚水的女性，但是無法知道這是參加婚禮時流下的感動淚水，還是參加葬禮時流下的傷心淚水。照片中的大叔露出了牙齒，是想要展露微笑？亦或是費勁拔出葡萄酒的軟木塞？

美國心理學家麗莎・費德曼・巴瑞特（Lisa Feldman Barrett）把臉部表情需要與狀況配合這件事情推到了極限。她宣稱情緒是由心智建構。她並不認為人類天生就可以用明顯身體特徵表達情緒，我們所感覺到的，是評估所處環境後的結果。她的立場和相信艾克曼六種基本情緒的那些科學家相衝突。人們對於自己感覺的判斷結果變化多端，這讓巴瑞特印象深刻，我們自己也往往不知道要如何表達這些感覺。

人們在悲傷時會微笑、高興時會尖叫、疼痛的時候甚至會大笑。在一九七〇年代的情境喜劇《瑪麗泰勒摩爾秀》（*Mary Tyler Moore Show*）中[4]，瑪麗在葬禮中從頭到尾笑個不停，儘管她知道這個舉動並不恰當（這可能就是真正的原因）。不過外在的表現和內心的感覺不完全相符，並不表示兩者哪一個是可疑的。推測全世界的人都了解人類臉部共通表情，與知道外在表情與內心感覺之間沒有一對一的關聯，這兩件事情之間並沒有很大的矛盾。表情與感覺不總是相符，也不需要相符。

依據同樣的理由，我反對「人類不知道動物的感覺就無法談論動物情緒」這說法。美國神經科學家約瑟夫·拉度（Joseph LeDoux）是研究恐懼的傑出專家，他讓全世界的人知道恐懼感是經由杏仁體產生。最近這個論點讓他大受動搖，因此突然拒絕談論他一生都在研究的大鼠「恐懼」。他之前對於恐懼的大鼠和人類恐懼症，進行了許多比較，也經常在同一個句子中出現「大鼠」和「恐懼」這兩個詞。不過現在要求我們避免提及動物的情緒，因為大鼠的感覺和人類不同，不能使用情緒詞彙來形容。拉度進一步總結道，由於人類有幾十個和

4. 美國知名情境喜劇，又名《一代電視女強人》。

恐懼相關的不同詞彙（恐懼症、焦慮、慌亂、擔憂、害怕等），而大鼠並沒有這樣的情緒，甚至連一個都沒有，那麼大鼠便不可能如同人類那樣會體驗到許多不同明暗層次的情緒。

這個把語言設置為情緒基礎的論點，讓我想到在一個性行為工作坊中的某件遭遇。比起科學方法，在這個工作坊中的後現代人類學家更相信語言。他們認為，如果沒有語言，就無法感知到感覺，甚至外推這個概念，宣稱如果語言中缺乏「高潮」這詞的民族，將不會感覺到性快感。這個完全沒有證據支持的說法，讓出席的科學家惱怒，我們彼此開始私下傳小紙條，上面寫著「缺乏『氧氣』這個詞的民族會不會呼吸？」不論在演化還是在人類發育上，情緒顯然都是出現在語言之前，因此語言並沒有那麼重要。語言是附加在情緒上的，是用來標示內在狀態的標籤，但是誰說語言能夠幫助我們區別各種情緒？德文中有兩個不同的詞，分別對應「生氣」與「噁心」，而墨西哥的猶加敦馬雅語（Yucatec Maya）用一個詞涵蓋這兩種情緒，處於這兩種文化的人，都能好好區分生氣與噁心的臉部表情。對於情緒的認識，顯然不受詞彙限制。

但是拉度太害怕「恐懼」這個詞，以至於現在不承認自己的實驗大鼠有這種情緒。相反的，他說大鼠腦中有「生存迴路」，威脅影響到牠們生存時就會做出反應。我非常熟悉這個論點，因為動物行為學派（ethology）偏好這種功能性取向的詮釋，我就是在這個學派中接受專業訓練的。動物行為學派完全不想觸及內在過程，我的那些動物行為學教授只要情緒字彙和動物有所牽扯，真的就會拉下臉做出噁心的表情，其他動物也有這種表情。如果某個行為有助生存，這種功能性的說法會讓他們覺得比較安心。

回頭談大鼠的情緒。我們已經知道情緒和感覺是不同的東西。情緒是由身體表現出來的，因此可以觀察得到，但是感覺卻是私密的。這都不是什麼新鮮事。那麼現在我們為什麼要因為不知道大鼠的感覺，就不討論牠們的情緒？為什麼不把相同的論點延伸到人類行為的研究之上？我們的確有很多詞彙用來說明恐懼，但是這些詞彙真的有助我們了解其他人的狀態嗎？我們真的知道這些詞彙的真正意義嗎？這些詞彙真的能夠適當涵蓋人的感覺嗎？我們的語言能夠承擔這項重任嗎？舉例來說，我問你對於自己父親的去世有什麼感覺，你可能會說「悲傷」，但是這個說法真能讓我了解你的感覺嗎？我無法進入你的內心。誰能說你自己的悲傷和我的悲傷是相似的？誰說你的悲傷中摻雜了解脫、生氣，或是其他你不願意說出口的感覺？甚至這時會有你不願承認的情緒。

情緒往往潛藏在意識之下。我當學生時，為了去印尼的蘇門答臘雨林看紅毛猩猩，首次要搭飛機。你可能會認為，我擔心毒蛇、獅子，或成千上萬在林地中爬動的水蛭。但是那時我非常期待生平第一次的熱帶之旅。或至少我認為自己很期待。隨著出發的日子一天天接近，我卻覺得自己的肚子越來越不舒服。我不知道原因，但是好幾個星期，我的胃都揪在一起，包括登機的那一天。不過當飛機在蘇門答臘的棉蘭（Medan）著陸時，症狀全部都神奇消失了。隔天我帶著絕佳的心情進入雨林，度過了一段愉快的時光。事後回想，我覺得當時害怕死於飛機失事，但是卻壓抑這個感覺，因為這個感覺和我去看野生紅毛猩猩的夢想相衝突。我不認為只有我一個人會讓前額葉皮質（prefrontal cortex）去阻礙情緒的覺察。人類說出口的感覺往往不完整，有時候甚至完全錯誤，而且迎合眾人喜好時總是經過修飾。

還有其他問題。即使用最好、最正確的描述方式，依然無法讓我感覺到你的感覺。感覺是私人的體驗，我們要怎麼談論感覺這件事都行，但感覺依然是私人體驗。因此我懷疑，我對於人類的了解程度，是否超過我對所研究動物感覺的了解程度？雖然對我來說，外推人類的感覺似乎要比外推黑猩猩的感覺容易得多，但是我又如何能夠確定是這樣的呢？如果我們認定動物沒有感覺，那就真的是這樣了。這時我們可以認同拉度的看法，全然略過感知情緒（felt emotions）帶來的影響。但是想到動物和人類身體具體表現出來的情緒是如此的相似、所有哺乳動物腦部在神經傳遞物、神經組織、血液供應上等細節都如此雷同，就覺得這個立場極度不合理。那就像是說，大熱天中馬和人類似乎都口渴，但是對於馬，人類會說牠們「需要水」，因為我們不清楚牠們是否有感覺。這樣就會出現一個問題：馬怎麼決定自己需要喝水的？應該是身體裡面有缺水的訊號出現了吧！馬的身體偵測到內部的改變，把訊息傳送到下視丘（hypothalamus）。下視丘會監控血液中的鈉濃度，如果鈉濃度高出某個界線，血液便會太鹹，腦部便產生要大口喝水的強烈欲望。欲望要受到感覺才能發揮作用，馬將會忍不住去河中或是水槽飲水。這種偵測系統極為古老，在許多物種身上基本也相同，包括人類。那麼，為什麼會有人相信，在長途跋涉穿越過沙漠後，牛仔和馬對於水的感覺會不相同呢？

雖然我完全了解，我不能感受到動物的感覺，我只能用猜的。但是我完全可以就動物的行為以及讓這個行為出現的環境，說馬渴了，以及大鼠害怕了。對我來說，這和我對待人類的情緒基本上沒有差異。對於感覺，我只能確定我自己的感覺，但就算是如此，我依然會懷疑自己的印象，因為我很容易就有一廂情願的想法、否定的念頭、選擇性記憶、內心衝突，以及其他心智上的欺瞞花招。大部分的人都沒法子像法國小說家普魯斯特（Marcel Proust）那般持續分析自己的感覺，進而熟悉這些感覺。但就算是普魯斯特，最後也說：「我一直都誤會了，以為清楚知道自己內心的想法。」（這是他的主角認為自己不再喜歡戀人了，但是直到她去世之後才了解自己依然愛她。）他當然不知道，因為我們的內心（heart）要比心智（mind）更了解自己的感覺。我知道談內心真的很不科學，最好是把身體當成一個整體來看待。但是不可否認，我們深入探索情緒生活時，這的確確使我們遭遇到困難。這種困難並不會阻止我們討論與解析這個極度棘手的議題，然而一直使用大量不精確的文字，也讓科學怯於討論動物情緒到失衡的地步。

以眼還眼

科學界經常把成年猿類和兒童相比，例如「黑猩猩的心智相當於四歲兒童」。我一直都不知道該拿這種說法怎麼辦才好，因為我完全不可能把成年黑猩猩當成人類兒童來看待。雄黑猩猩只對權力和性有興趣，並且隨時準備好為此殺戮。如果他的地位高，可能要擔任領導者的角色，要做的事情包括維持秩序和抵抗地位低的黑猩猩。雄黑猩猩有時候陷入權力競爭中，總是一副眉頭深鎖的樣子，顯示內心的焦慮混亂。他們也有壓力很大的時候。另一方面，雌黑猩猩主要心力放在後代以及照顧後代相關的事務上，例如花時間照顧牠們、找尋食物、威嚇掠食者和其他想要攻擊的同類。雌黑猩猩每天也忙於社會關係之上，為朋友理毛、在騷亂後安慰她們、必要時看顧後代。成年黑猩猩的生活總是圍著成年者關注的事情，和人類兒童的無憂無慮幾乎毫不相通。

年輕的猿類會為了食物爭吵，打對方的頭、彼此高叫。年長的猿類則會禮貌請求與分享食物，有時候會輪流享用，用食物回報早先得到的服務。最好的類比方式，是比較年輕猿類和年輕人類、成年猿類和成年人類，因為這和情緒有關，有些情緒往往只出現在成年動物上，特別是那些需要更多時間感的情緒。年輕動物活在當下，成年動物則不然，有些情緒牽涉到未來，例如盼望與擔憂。有些情緒則和過往有關，例如復仇、寬恕與感激。我稱這些為

「時間線情緒」(time-line emotion),似乎會出現在成年猿類身上,其他動物也會有。

在黑猩猩中,分享食物屬於交換經濟活動中的一部分,其他的活動還包括理毛、性交、爭鬥時站隊,以及其他形式的幫助。這些協助像是放在巨大的桶子中,可以交換,讓這個桶子得以形成的是「感激」這種情緒。感激的功能是維持交換收支表的平衡,讓個體找到曾經善待自己的個體,並且在時機來臨時加以回報。從數千次觀察結果中,我們發現黑猩猩會特別分食物給之前善待自己的個體。每天早上,那些黑猩猩會爬上架子,彼此耐心理毛,我們記錄了誰幫誰理了毛。在下午,我們給牠們一些可以分享的食物,例如大西瓜。得到西瓜的黑猩猩允許曾幫自己理毛的同伴,從牠們手中或是口中分一塊西瓜吃,但是在早上沒有互動的就分不到。牠們會拒絕後者,有時候甚至會威脅牠們。分享食物的對象每天不同,取決於每天早上理毛的關係。分享食物和理毛的時間隔了好幾個小時,因此黑猩猩需要記得之前的事情,還要記得理毛的舒服感覺。我們知道這兩者合一的情緒便是感激。

美國小說家馬克・吐溫(Mark Twain)曾經說過:「如果你撿了一頭飢餓的狗並且善待牠,牠不會咬你。這是狗和人類之間最主要的差別。」我家收養的流浪動物,對於溫暖對待與食物都會報以最大的感激。我在聖地牙哥撿到一頭骨瘦如柴、渾身是跳蚤的小貓,後來長成為一頭漂亮的公貓,取名為狄亞哥(Diego)。在他十五年貓生中,只要有人拿東西餵他,便會一直發出嗚嗚的叫聲,就算他沒有吃要餵給他的東西時,也會發出這樣的聲音。我們認為他這個行為是在表達感激，不過這也很難排除只是單純的快樂。比起其他被寵壞的寵物，狄亞哥能享受食物。

在猿類中，感激的態度便明顯得多。有次兩頭黑猩猩在大雨來臨時被關在遮蔽處之外。德國研究工具使用的先驅沃夫岡．柯勒（Wolfgang Kohler）那時剛好路過，發現兩隻渾身濕透、在雨中發抖的黑猩猩，於是便幫牠們打開了門。兩頭黑猩猩沒有馬上跑進乾燥的地方，反倒是先擁抱這位教授，讓他非常滿足。

牠們的反應和溫達（Wounda）類似，這是頭從盜獵者手中救回來的雌黑猩猩，當時她幾乎快要死了，後來在剛果欽龐噶黑猩猩康復中心（Tchimpounga Rehabilitation Center）接受治療。二〇一三年，她回到了森林。有人記錄了放她回森林的過程，影片馬上廣為流傳，因為她和出席野放活動的珍古德之間有著感人的互動。一開始溫達走了，但是又匆匆轉回來擁抱照顧過她的人，和珍古德彼此擁抱的時間特別久，最後才離開。值得注意的是，溫達先是走了，但是馬上又回頭，好像了解到這樣直接離開是不對的，要感謝那些救了自己又照顧到恢復健康的那些人。

纏到漁網或是擱淺在沙灘上的海豚和鯨魚，在人類切斷漁網或是把牠們推回海中後，也出現了類似的舉止，會回頭找救了自己的人，推推他們或是把他們從水中頂出來，之後才游走。在這些情況中，在現場的人類都深受感動，認為這是表達感激的方式。

我之前提過瑪瑪最好的朋友庫伊，她因為我教她怎樣使用奶瓶餵奶，為此深深感激。從我們允許她收養我們放在她麥稈床上的幼猩羅西起，她就把我當成家人看待，之前她不會這樣。我認為這是她表達感激的方式，因為我讓她的生命變得更美好：之前她由於泌乳不足，失去了數頭幼猩，現在她能夠成功扶養羅西長大，後來也用同樣的餵奶技巧扶養了自己的後代。

「感激」有一個醜陋的姊妹：「復仇」。這個情緒也和公平對待有關，只不過牽涉到的是負面的對待。芬蘭人類學家愛德華．韋斯特馬克（Edvard Westermarck）首度提出道德演化的相關想法，他強調懲罰會讓人們守規矩。他認為不只人類有這種傾向，不過在他的時代，動物行為的研究很少，他的研究只能依靠傳聞。例如他曾聽說，摩洛哥一頭駱駝因為轉錯方向，受到一位十四歲男孩的狠狠鞭打，當時駱駝默默承受處罰，但是幾天後牠沒載貨，又單獨和那個男孩在一起，牠「用巨口咬住那位不幸男孩的頭，把他舉到半空中，再甩到地上。他的頭顱上半部完全裂開，腦漿散了一地。」在動物園中，動物挾怨報復的故事也時有所聞，主角通常是（以記憶力優異而聞名的）大象，以及猿類。每個剛開始與猿類共事的學生和飼育員都受過諄諄教誨，說要是侵擾或攻擊牠們，事後將難以擺脫。受到攻擊的猿類會牢牢記住這件事，並且耐心等待討公道的機會。有的時候並不需要等很久。有天某位女士來到我工作的動物園辦公桌前，抱怨黑猩猩丟的石頭砸中了她的兒子，他受到了很大的驚嚇。後來旁觀者說，是男孩先朝黑猩猩丟石頭。

黑猩猩在自己的圈子裡也會報復，牠們在爭鬥中會支持某一方，奉行「善行要有好報」的原則，實驗者已經確認了牠們具備這種特性。許多黑猩猩只要有機會，都準備好要幫助伙伴，像是拉一下控制桿，或是挑一個能換取食物的代幣。如果伙伴是被動接受，那麼牠們幫助的行為就比較溫和。如果伙伴允許回報，那麼幫助時會熱心許多。當兩方都確實得到報酬，彼此的關係會更密切。人類的現實生活也是如此。黑猩猩獨在復仇上也是一報還一報。對於曾經對抗自己的對象，會想要討回公道。舉例來說，首領雌性如果經常攻擊另一頭雌性，後者無法獨自復仇，但是她會等待最佳時機，在仇家與其他黑猩猩爭鬥時，就會趁機報復。

尼基成為伯格斯動物園黑猩猩群體中的新首領雄性時，通常會施展策略性的報復。他的主宰地位還沒有受到普遍認可，地位低的黑猩猩通常會對他施壓，一起追著他跑，讓他氣喘吁吁地舔著傷口。但是尼基並不會放棄，幾個小時後他會恢復沉著冷靜，這一天接下來的時間他會在居住的大島上一一找出那些反抗他的黑猩猩，在他們分開獨坐，幹自己的事情時，一個接一個找上牠們，加以脅迫或是痛打，彷彿是要牠們下次想對抗自己前，最好先仔細想想。黑猩猩這種以眼還眼的個性非常顯著，相關事件在我們的觀察統計資料中多達數千筆。報復是一種「教訓」，讓牠們知道不良的行為是要付出代價的，但是我們並不清楚黑猩猩牠們是否是這樣思考。牠們可能只是順從報復的念頭而已，人類也有同樣的念頭，畢竟人類稱報復是很「甜蜜的」（sweet），就像是美味的食物。在實驗中，研究人員給受試者巫毒娃娃，代表曾冒犯受試者的人。當受試者能夠用針刺巫毒娃娃時，他們的心情明顯變好了。人類的審判系統對於報復的渴望又更進一步：凶殺案受害者的家屬，或是詐騙受害者，顯然都受到深切的欲望驅使，想要傷害那些對自己造成傷害的人。

黑猩猩也是如此，牠們的階級制度有彈性，因此有報復的空間。相較之下，恆河猴和狒狒基本上是暴君體制，在下位者要反抗上位者，幾乎是自殺行為。威嚇和懲罰總是從上往下，排除了復仇的機會。不過這些猴類也知道要反擊，牠們利用的是社會中無所不在的親緣關係。祖母、母親和姊妹會有超多時間黏在一起，成為關係密切的單位，稱為「母系團體」（matriline）。一頭猴子如果受到了攻擊，怨氣會發洩在攻擊者的親屬身上。牠無法直接報復，但是轉向攻擊者母系團體的年幼成員，威嚇她們比較容易些。復仇行動往往延遲許久才行動，顯示牠們的記憶力不錯。猴子要進行這種策略，顯然要知道其他猴子所屬的家庭，牠們事實上的確清楚。這種手段就好像是我受到老闆的譴責之後，突然拉他女兒的頭髮。我並沒有破壞階級制度，但是的確懲罰了冒犯我的傢伙。

最後一個和過往事件相關的情緒是「原諒」。我一輩子都在研究靈長類動物的和解行為，見過許多次黑猩猩彼此親吻與擁抱之前的敵人、猴子為敵人理毛、巴諾布猿用一些性行為化解緊張對立。這些行為不只限於靈長類，有數百份報告指出，其他社會性哺乳動物和鳥類也有類似的行為，案例多到如果有人說哪個物種在爭鬥之後不會和好，會讓我們大為困惑。

化解衝突是社會生活不可或缺的一部分，我們難以指出相關的情緒，但是至少在衝突中憤怒與恐懼這兩種典型的情緒會緩和下來，以便讓更正面的態度得以浮現。這種反轉看似違背直覺。有些人在與上位攻擊者的爭鬥中落敗了，這時需要鼓起勇氣和對方和好。攻擊者同時也需要馬上放下敵意，似乎也不合邏輯。但是許多動物的確有這樣快速的情緒轉變，似乎心智有個旋轉鈕，可以把敵意馬上轉換成善意。

人類如果處於容易發生衝突的環境，例如大家庭或是有許多同事的工作場所，調整情緒旋轉鈕的速度也非常快。這些地方每天都需要妥協與原諒。不過，原諒並不完美，我們通常會說「原諒並且遺忘」（forgive and forget），要遺忘才是困難的，我們無法消除分毫記憶，只是選擇了繼續前進。許多群居動物也是如此，因為牠們也需要和平共存與彼此合作。和解是觀察得到的過程，原諒則是和解時的內在體驗。這種機制在演化上非常古老，難以想像人類與其他動物牽涉其中的情緒會有什麼不同之處。

感激、報復與原諒這三種情緒能夠維持社會關係，其基礎在於個體多年來的互動，甚至可以追溯到年幼時期的共同玩耍經驗。這些情緒能夠促進友誼與敵對，增加或是破壞信賴感，讓社會的運作對個體都有利。這種維持平衡的舉動，需要彼此互相幫助與化解緊張態勢，動物對此極為擅長。我們現在知道猴子（可能還包括其他動物）腦中有專門處理社會訊息的迴路，這些神經迴路經過實驗檢驗：讓猴子看螢幕，如果影片中的同伴從事社會行為，這些迴路會活躍起來。如果觀看的是一般肢體動作或是生態環境影像，這些迴路就不活躍。研究動物行為的學者很久之前便堅持社會智能有其特殊的地位，現在神經科學支持了我們的想法。

也有和未來相關的情緒嗎？我們現在知道猿類和一些腦部較大的鳥類，不僅僅是活在當下而已。野生的黑猩猩會事先計畫，在前往白蟻蟻丘或是蜂巢前數個小時便撿拾工具，到時候再使用。牠們蒐集時必定知道要前往的目的地。靈長類和鴉科鳥類也展現了類似的計畫能力，牠們會為了將來的利益而忽略一時的滿足。如果在需要選擇的狀況下，猿類會選擇之後能得到更多回報的工具，放棄工具旁多汁的水果。這種行為需要自我控制的能力。在社會行為的領域中，很難研究「計畫」這個行為，不過雄黑猩猩之間的政治競爭指出牠們可能有這種能力。年輕的成年黑猩猩要挑戰現任的首領時，每場衝突可能都會以失敗收場，並且一直會受傷。但是在沒有立即的報酬之下，他還是每天會持續挑戰，數個月後可能終於有所突破，並且得到其他黑猩猩的支持，幫助他勝過對手。就算到了這個時候，就如同尼基那樣，年輕的雄黑猩猩依然可能會受到抵抗，之後才會受到群體認同，成為首領雄性，或許要數年之後地位才會真正的穩固下來。他有計畫到這所有的事情嗎？如果沒有，那為什麼要經歷這些地獄般的煎熬？我在研究生涯中見過太多次這樣的策略，很難說牠們為此不抱任何希望。

我們很少把「希望」這個詞用在動物身上，但是一個世紀之前就有人提出和希望相關的詞：預期。美國心理學家奧圖．廷克鮑（Otto Tinklepaugh）進行過一個實驗：讓獼猴看到杯子下面蓋住一根香蕉。當獼猴進入房間，她會跑到蓋著餌食的杯子那兒。如果她發現杯子下面的是香蕉，那麼便無意外之事。如果實驗者偷偷把香蕉換成一片萵苣，獼猴會目瞪口呆地看著萵苣。她會瘋狂反覆翻找每個地方，並且氣得對鬼鬼祟祟的實驗者大叫。要過了好長一段時間，才會勉強接受那片讓人失望的蔬菜。廷克鮑的實驗指出，猴子不只是把地點和報償連接在一起，而是知道她看過的東西被藏起來了。她有所預期，當實際狀況和預期不符合，便會憤怒。

靈長類和狗看到魔術師神奇地把東西變不見，或是從虛空中取出東西時，也一樣會驚訝。猿類可能會發笑或是覺得困惑，狗則會瘋狂尋找消失的東西，意味這和牠們預想的現實大不相同。

雖然亞當．斯密說過：「從來沒有人見過兩隻狗之間有意進行公平的骨頭交換。」但是對於食物的交換上，動物的確有所期待。對於狗，斯密的看法可能是正確的，但是我們知道在幾內亞的野生黑猩猩會突襲木瓜園，拿木瓜換取性交。成年雄黑猩猩通常會偷取大的果實，一個留給自己吃，另一個給性器官已經腫大的雌黑猩猩。在雄黑猩猩冒險在農民的憤怒之下偷取美味的果實時，雌黑猩猩會在僻靜的角落等著，在性交或是性交後，雄黑猩猩會把果實給她。

另一個交換行為的例子出現在峇里島上神廟中的長尾獼猴，牠們慣於偷取觀光客的貴重物品。在神廟入口上也設有警告標示，參訪者要摘下眼鏡和首飾，但是有些觀光客沒有照著做，他們完全不了解這裡的猴子惡徒動作有多快。猴子可以跳上觀光客的肩膀，馬上搶走眼鏡或是智慧型手機，也能夠把他們穿在腳上的拖鞋拿下來。這些猴子不會把偷到的東西拿去玩，或是帶著跑開，而是有耐心地坐在旁邊不會被抓到的地方，看看那些受害者願意付出什麼來換取被搶走的東西。幾個花生米是沒有用的，要一整袋才能讓牠們放手。研究這個勒索行為的靈長類學家發現，那些猴子知道哪些東西對人類來說是最有價值的。

由於狗具備了「未來導向」的行為，因此最近讓狗面對某項任務時，可以把狗說成是「樂觀」或「悲觀」的。當主人把狗留在家中時，狗會很難過，以破壞家裡、到處撒尿、憤怒大叫等方式來發洩挫折，這樣的狗是悲觀的。當碗中裝著未知的東西，這些狗會遲疑並且慢慢靠近，可能認為那個碗是空的。相反的，和主人分別也比較不會心神不寧的狗，被認為是樂觀的，牠們會跑去碗那裡，期待裡面裝滿了食物。這種認知偏誤（cognitive bias）在人類當中也很普遍，活潑隨和的人會期待生活中有好事情發生，沮喪的人則認為可能出錯的事

交換物品或是服務，是靈長類動物的第二天性。一頭年輕的巴諾布猿注意的一頭成年的雄巴諾布猿手裡拿了兩個葡萄柚，就趕忙跑過去表示要性交，交配的時候顯示出高潮的表情，之後雄巴諾布猿分了一個葡萄柚給她。

情就一定會出錯。

認知偏誤讓我們難得可以檢驗牲畜對於生活環境的感覺。畢竟住在狹小籠子中高壓的豬，可能不期待會有什麼好事情降臨。不過要是居住在有趣的環境中，有麥稈堆可以挖，睡覺時能夠彼此疊在一起，感受身體接觸與彼此的體溫，豬的心情可能會比較好。在一項研究中，科學家讓一些豬住在水泥鋪底的小圍欄中，有些豬住在大圍欄中，每天更換新鮮的麥稈，並且有紙箱當玩具。所有的豬都受訓，對於兩種不同的聲音有反應。正面音效宣示會有一片蘋果，負面音效宣示會有空塑膠袋在豬的面前揮舞。豬很聰明，很快就學會要在正面音效響起時行動。

在訓練完畢之後，科學家讓這些豬聽一個模糊不清的聲音，這種聲音介於正面和負面音效之間。那些豬聽到這個聲音之後會有什麼反應？這取決於牠們的生活狀況，生活在好環境中的豬預期會有好事情，往發出這個聲音的地方跑去。但是在不良環境中生活的豬就不是這樣了，牠們遠遠待著，預期可能又會是愚蠢的塑膠袋。如果後來牠們居住的狀況改善或是惡化，對於這個模稜兩可的聲音反應也會隨之改變，顯示日常生活會改變牠們對於世界的看法。這種認知偏誤的結果非常明顯，我們可以加以應用，有些產品宣稱來自快樂動物公司的動物，可以看牠們是不是真的快樂，例如法國知名的乳酪抹醬「哈哈笑乳牛」（La vache qui rit）。這個測試能夠讓我們知道，那些牛的生活是否有能夠讓自己哈哈笑的事物。

這種對於想要事物的期盼，我們稱之為「希望」。猴子期盼有利可圖的交換，黑猩猩想要提升自己的地位，海豚在海洋中尋找迷失的幼年海豚、狼群準備出發狩獵、象群跟隨那隻知道沙漠水洞所在的首領母象，這些動物可能都具備了「希望」。在牲畜中，可能有，也可能沒有。許多動物和人類一樣，會以過往與未來為框架，判斷每件事物的價值。我們不再能夠否認，不受現狀局限的時間線情緒確實是存在的，因為有許多證據指出，動物能記得特殊的事件，因此會有所期待、交換幫助，並且以眼還眼。

傲慢與偏見

牙買加短跑選手尤桑・波特（Usain Bolt）在贏得勝利之後，會做出「閃電波特」的慶祝姿勢：一隻手肘彎曲，另一隻手伸直指向遠方。許多知名人士曾經模仿過這個彰顯勝利的姿勢。著名的歐洲足球球星在射門成功後，會掀起運動服，露出肚子，跪下來在草地上滑動，雙手朝天展開，接受喧囂群眾的歡呼。人類贏得勝利之後，會擺出讓自己看起來面積較大的姿勢。隨著勝利的程度，我們會抬起下巴、展開胸膛、肩膀後拉、雙手打開，通常還會露出微笑。與此相關的情緒是「自豪」（pride）。在動物中，通常會稱為「優越」（dominance），但是基本上相同：勝利的動物會讓自己看起來比較大隻：豎起羽毛或毛髮、大步行走、頭高

運動員會以展開身體和雙手的姿勢，說明自己是勝利者。這種表達自豪的方式是人類共通的。動物在擊敗對手時也會出現類似彰顯勝利的訊息，例如鵝的勝利演示行為。

舉起來、伸展軀幹等。這些膨風的舉動會造成身體更龐大的假象，可能會讓人誤以為體型最大的會贏得勝利。

美國的大象專家卡特琳・歐康奈爾（Caitlin O'Connell）曾經描述納米比亞的伊托沙國家公園（Etosha National Park）的最高地位公象葛瑞格（Greg）：

> 有更深層的東西讓他與眾不同，一種性格特質，讓人在老遠之外就可以看到那是他。這個傢伙對於自己的權勢信心十足，他那抬頭的樣子，偶爾出現神氣活現的態度，顯示他天生就是當王者的料。顯然其他的大象知道他的身分尊貴，每次他昂首闊步去水坑喝水時，都可看得出來他的地位穩固。

優越個體所發出的權力訊號，在演化上有非常久遠的歷史。魚類會張開所有的魚鰭，威嚇其他個體。有些蜥蜴會展開頸部周圍的皺褶，首領雄雞最先鳴叫。其中最有名的可能是灰雁（greylag geese）的「勝利叫聲」（Triumfgeschrei）。雄雁驅逐入侵者之後，在回到伴侶身邊的途中，會張起翅膀，發出刺耳的高叫聲，然後兩隻雁鳥一起進行慶祝驅除敵人的儀式動作：脖子會平行拉長，同時發出吵雜的叫聲，代表牠們的聯繫在遭受挑戰之後依然緊密。

美國的心理學家潔西嘉・崔西（Jessica Tracy）在她於二〇一六年出版的書《驕傲：為

什麼這一致命罪行會成為人類成功的祕密》（*Pride: Why the Deadliest Sin Holds the Secret to Human Success*）中，記錄了人類表彰自豪的行為。她分析了數百張世界級運動員在獲勝或失敗時的反應。二〇〇四年的奧運柔道項目，每場比賽的獲勝選手照片中，自豪表情大都相同：身體張大、雙手握拳高舉。我們通常認為西方人更在乎個人的成功，強調那是自己的能力以及成就，但事實上運動員的文化背景並不重要，每位獲勝者不論國籍都表現出相同的行為。這裡我們還是先要想想，是不是因為全世界都已經同化，才會出現相同的行為？運動員是模仿其他運動員才做出這樣的動作嗎？針對這個問題，崔西分析了殘障奧運的一些照片，其中選手都是先天性視障者。獲勝的盲眼運動員慶祝勝利的動作和明眼運動員一模一樣，因此崔西認為這種自豪的表現方式不是學習而來，而是出自於生物本性。其他的動物有相似的行為，更支持了這個想法。

但是崔西並不認為其他動物上有自豪這種情緒，相反的，她所提出的一些功能性解釋，我的動物行為學教授可能會喜歡吧。她認為動物讓自己看起來比較大，唯一的理由是為了虛張聲勢或威脅恐嚇，只是為了達成目的才出現的行為。牠們是在對抗之前或是對抗過程中出現這類行為，而人類是在擊敗對手之後才出現這樣的行為，兩者的原因並不相同。崔西認為，只有人類會覺得有成就，而成就感「需要了解到自己在時間流動中依然是穩定的實體，知道自己今天的模樣與行為是和昨天有關的，也知道自己明天會變成什麼樣」。

我是聽到加塞特一說的回音嗎？一頭黑猩猩早上醒來時，並不知道自己是什麼？這讓我深感困惑，因為絕大部分的動物今天展現的行為，就是直接延續自昨天，並且也牽涉到牠們對明天的預期。想想牠們每天都要重新釐清彼此的階級地位以及社會關係的狀況，會有多麻煩！動物和人類一樣，清楚知道自己是什麼，也了解自己的地位。牠們的友誼可以持續終身。除此之外，展現地位不只是為了要占優勢而已，有的時候這種展現和剛剛發生的事情有關，例如雁鳥耀武揚威的儀式通常是在勝利之後出現，例如雄雁驅逐了敵人。這樣的儀式不是代表了雄雁和人類一樣會感到自豪嗎？

郊狼也有類似的舉動，當把對手壓制在地上後，可能會跳著走路，而輸家會趴在地上。兩隻家貓打完架之後，贏家往往會刻意在輸家看得到的地方背躺打滾。棲息在紅樹林中的螃蟹，打架之後通常會擺出耀武揚威的姿勢。獲勝的雄蟹會把一隻螯放在輸家身上用力摩擦，發出慶祝自己勝利的歌曲。對於其他的動物，不論狼、馬還是猴子，只要看一眼就知道牠之前贏了還是輸了，因為全部都寫在牠們的身體上。大象葛瑞格走起路來昂首闊步，散發出自信滿滿的氣息，顯然都是奠定在以往勝利的基礎之上。

黑猩猩中的首領雄性毛髮總是豎起來，因此很容易辨認。他可能會以「雙足闊步」（bipedal swagger）方式走路，也就是直立以兩隻腳走路，雙臂遠離身體下垂，走的時候軀幹左右搖擺，好像頭很重的樣子。他可能還會拿著石頭或是木杖，一副要威嚇模樣。這種傲慢姿勢的辨識度實在太高了。我演講時如果面對有欣賞能力的觀眾，往往會秀一張雄黑猩猩昂首闊步的照片，旁邊放一張來自德州的美國前總統照片，兩者的姿勢幾乎完全相同。

對於靈長類動物地位高個體與地位低個體之間姿勢的差異，我偏好亞伯拉罕・馬斯洛（Abraham Maslow）的想法。這位美國心理學家以需求層次（hierarchy of needs）理論聞名，現在這個理論已經成為心理學教科書和管理訓練中不可或缺的一部分。他也領導研究生，研究靈長類的社會優勢。他曾在威斯康辛州麥迪遜的維拉斯動物園（Vilas Park Zoo）工作，數十年後我也在同一個動物園觀察獼猴的社會優勢，因此相當熟習這方面的事。在馬斯洛的描述中，主宰地位的獼猴有著驕傲自信的態度，地位低下的獼猴則是鬼祟膽小的。恆河猴中的首領雄性每天行走時，尾巴都高高舉起，只有他會這樣。其他的雄恆河猴只有在看不到首領雄性時會把尾巴舉起來。首領雄性經常跳到樹上，用力搖動樹枝，好讓大家知道誰才是老大。馬斯洛的「自尊」理論，直接來自他所謂靈長類動物具備的「優越感覺」（dominance feeling），一開始他交替使用這兩個詞，以強調人類的心理根植於猴類的行為。馬斯洛非常了解高地位靈長類的自信，包括牠們的優越感。

崔西和馬斯洛兩人觀念之間有如此的差距，一言以蔽之，在於我們願意認為動物具備了多少自我意識。我真的很討厭這樣說，但是我們很難賦予「意識」恰當的定義。這意味著我們從事研究時有部分只能依靠假設，可以觀察到的行為依然是研究的起點。

就可以觀察到的行為來看，人類和其他動物所展現出來的態度，相似度非常高。達爾文注意到自信洋溢的狗（頭抬高、腳直立、毛豎起）和順從的狗（身體蜷曲、尾巴下垂、毛服貼）在姿勢上是完全相反或對立的。由於這樣表達階級的訊息很普遍，我們不該假設背後的情緒也是相同的嗎？從演化的角度來說，說親緣關係相近的物種彼此之間行為也相似，是滿安全的。並沒有證據讓我們推測情緒之間有很大的差異，我們並不需要背負由這種偏見造成的傲慢，因此我贊成馬斯洛的看法：不論是人或動物，某個個體如果全面勝過其他個體，便可能得到了完全不同的自我評估結果。牠們對自己滿意，經由行為炫耀在外。自豪的表情具有長久的演化歷史，相關的情緒也是。

落水狗般的羞愧

在崔西的研究中，落敗的柔道選手身體會縮起來，肩膀下垂，頭也低著，完全釋放出羞愧與失敗的訊號。人們如果無法達到預期的結果，或是違背常規、遭到麻煩的時候，也會出現這樣的反應。現在我們認為「羞愧」（shame）一詞衍生自早期帶有「遮蓋」（cover）意義的詞。羞愧時我們會低頭，避免其他人的眼光、膝蓋彎曲、眼簾下垂，同時有悲慘、地位下降的模樣。我們的嘴角低垂，眉毛朝外彎曲，露出絕對沒有威脅的表情。我們可能還會咬嘴唇或嘟嘴，或是用手遮住臉龐，就像是想要「鑽到地洞裡」。我們說自己覺得羞愧，但是也知道其他人對自己的表現生氣，或至少惱怒和失望。

羞愧的運動員想要把體型縮小，並且不讓人看見，這樣的行為在靈長類動物中的順服行為中也出現了。黑猩猩在面對領導者時會趴在地上，彎下身體，以至於要抬頭往上看才能看到他，或是擺出臀部朝向對方這個讓自己容易受到攻擊的姿勢。居於主宰地位的黑猩猩會強調這種差異，刻意漠視地位低的黑猩猩，或是舉起手臂，從地位低的黑猩猩背後跑過，逼得牠們別無選擇，只能蹲下、擺出胎兒一般的姿勢。

請注意，對於人類和動物，我們採用了不同的語彙。人類會使用「驕傲」（pride），

當主人回到家，發現寵物不守規矩：枕頭咬破了或是鞋子被啃，當然馬上就能知道是誰幹的好事。當幹下壞事的狗受到責罵，會不想往上看，擺出順服的姿勢。雖然這條狗看起來有罪惡感，但是我們不能確定牠是否自責。比較有可能的是牠知道自己麻煩大了。

但是對其他動物我們會用「主宰」（dominance）。同樣的，如果一個人陷入了困境，或是輸了比賽，我們用的詞是「羞愧」，處於同樣狀況的黑猩猩，我們會用的詞是「順服」或行為是「從屬」的。我們偏好用功能取向的詞彙來形容動物，形容人類時則注意到行為背後的情緒。我們不願意暗示動物可能具有相同的感情，或甚至有任何感情。但是顯然這些行為背後必定有情緒的參與，那為什麼需要有差別呢？如果害羞是人類獨有的情緒，是憑空演化出來的，那麼人類的表現為什麼和其他動物沒有很大的差異呢？為什麼看起來那麼相似的行為，生物學家要分類為「順服」呢？而且不只生物學家如此。美國人類學家丹尼爾・費斯勒（Daniel Fessler）專精人類的羞愧感，他比較地位較低者在面對憤怒主宰者時的退縮外貌。羞愧反應了一個人知道自己不是讓他人生氣，就是自己搞砸了事情，因此之後要安撫他人、加以解釋。這種行為有明顯的階級模式。

但這並不表示人類的羞愧和順從真的是相似的。比起其他靈長類動物，人類能感到羞愧的事情似乎涵蓋範圍更廣。我從來沒有見過年輕的黑猩猩在母親前面露出羞愧的樣子，或是胖滾滾的大象擔憂自己的體重。人類很能接受隨著時間快速改變的文化習慣、標準與風潮，而這些成為人類害羞成因的獨特背景，甚至不同世代的事物也會造成羞愧。舉例來說，青少年看到父母跟不上流行，或是說出二、三十年前流行的語彙，會覺得尷尬。青少年和父母在家的時候就算這樣也沒有什麼問題，但是有朋友來家裡的時候，情況就不同了，他們認為朋友以為自己和尼安德塔人住在一起。乍看之下，以父母為恥，可能出自恥於順從，而非出自階級，但是到頭來，這是因為青少年重視同輩、希望融入同輩造成的。

只有一種羞愧表現是人類獨有的，它因此代表著更深層或是比較新的情緒，這種表現是「臉紅」（blushing），臉孔和脖子部位因皮下微血管中血液流動量增加，使得皮膚顏色改變。我之前就提到臉紅是人類獨有的特性，達爾文也對此感到困惑，他曾寫信給世界各地的殖民地總督和傳教士，好知道是不是每個地方的人都會臉紅。他推測了皮膚顏色改變的效果（變紅的臉在顏色比較淡的背景中容易凸顯出來），以及羞愧和道德在其中扮演的角色。他的主要結論是，臉紅是人類這個物種共通、發自內在的反應，演化出來的目的是為了顯示自己羞愧或困窘。

臉紅具有顯著的訊息傳達功能，但不是能夠隨意控制的。就算是假造流淚都比假造臉紅容易多了。我們不可能隨著自己的意願臉紅，也不可能如自己的意願去壓抑臉紅。事實上，我們越發覺自己臉紅了，臉紅就越不容易消失。這種表達羞愧的訊號，其他的靈長類動物並不具備，是人類獨有，原因是什麼呢？為什麼大自然沒有賦予人類控制臉紅的能力呢？

主要的原因是「信賴」。對於能夠從臉上讀出情緒的人，我們會比較信賴。那些不會顯露一絲一毫羞愧或罪惡感表情的人，就難以得到他人信賴。人類還具備另一個特徵，也符合這個模式：眼珠周圍白色的鞏膜（sclera）。鞏膜讓人類眼珠的運動要比黑猩猩眼珠的運動來得更為明顯，因為黑猩猩的眼球全部都是黑色的，而且深陷在隆起的眉頭之下。沒有辦法光從黑猩猩的眼珠判斷牠們瞪視的對象，人類就很難遮掩自己的視線，或是隱藏緊張造成的眼神閃爍。臉紅阻礙了人類誤導他人的能力。在人類演化的過程中，信賴變得如此重要，使得欺騙能力必須受到阻礙，讓人更具成為伙伴的魅力。在人類演化出高度合作行為與道德感的過程中，臉紅可能便一併演化出來了。

害羞和性的關係也非常密切。我們希望保有隱私，並且在他人面前遮住身體某些部位。其中有些完全是受到文化的影響，舉例來說，我一直都無法習慣美國人對於乳房的固有成見。這個國家對我造成的第一個文化衝擊，是有天早上我看報紙，上面說有位女性因為當眾哺乳遭到逮捕。在荷蘭，這從來都不成問題。我身為靈長類學家，更認為沒有比直接哺乳還要符合自然的事情。但是在世界各地，有人卻宣稱有些和性與生殖相關的場面不應該讓他人見到。還有個極端的例子：人類在做愛的時候必須關燈。

這些禁忌當中，有些難以追溯原因，但可能一開始全部都和保護家庭有關。人類社會的特徵之一，便是由父親和母親組合而成的單元。他們能夠從保衛這份關係中得到利益。許多鳥類和動物從維持領土、驅逐外來者中得到利益，但是人類群居在一起，其中很多人是潛在的性伴侶，也有很多人是潛在的對手。在這種狀況下，當然少不了婚外情的機會，但是要試著控制這種事件，或是至少要讓人能夠察覺出來。其他的人科動物沒有明顯的家庭，這是人類和牠們最大的差別。雌性猿類獨自扶養後代，就算有些雄性和雌性偏好彼此為伴，牠們之間的關係也不具排他性。對黑猩猩來說，性交需要避開公眾眼光的唯一原因，是因為雌性和雄性擔憂對手的嫉妒。牠們會在樹叢之後相會，或是遠離群體，這種模式可能是人類希望有隱私的根源。生物學家稱這種狀況為「隱密性交」（concealed copulation），在其他動物中也很常見。性一直都是競爭和暴力的主要原因，保持和平的方式之一便是讓性不容易被看見。人類對此需求又比黑猩猩更深，因此不只要隱藏生殖行為，能夠激起性慾和受到性慾激起的身體部位，至少也要在公眾面前遮蔽起來。

上面的種種現象，全都沒有出現在巴諾布猿中，因此人們常認為這種猿類是「性解放」的。不過牠們的社會具有高度的包容性，沒有所謂隱私和壓抑之類的問題，「解放」本身也是沒有意義的。牠們根本不需要保持端莊，除了避免對手找麻煩之外，沒有其他限制。在做愛當中，年輕的巴諾布猿可能跑到兩頭的頂上，仔細窺看整個過程。或是另一頭成年巴諾布猿會加入，把自己的性器官壓在其中一頭身上，就只是因為好玩。在這個物種中，性通常用來分享、而非引發爭奪。雌巴諾布猿可能在眾目睽睽之下躺著自慰，而其他的巴諾布猿全都懶得理會。她的手指會快速摸索外陰部，但是也可以用腳來完成這檔事，好空出手為幼猿理毛或是拿水果吃。巴諾布猿擅長同時做好幾件事。

和羞愧相關的情緒是罪惡感，只不過羞愧感關乎做出行為的人，而罪惡感則和某個行為有關。感到罪惡的人會有「我不該這樣做」的感覺，覺得羞愧的人則有「請別看我，我一無是處」的感覺。羞愧和群體的判決有關，罪惡感的判決卻出於自身。從外在跡象來看，這兩種情緒很難區分，在動物上這兩種情緒的區分卻很明顯，許多養狗的人會信誓旦旦地說，他們的狗有罪惡感。網路上有很多影片的主角是兩隻狗，一隻吃了貓飼料，另一隻則沒有。我最喜歡的是《罪惡之狗丹佛》（*Denver, the Guilty Dog*），片中丹佛的模樣，顯示出牠完全知道懲罰將要來臨。沒有人懷疑狗知道自己有了麻煩，但是牠們是否有罪惡感？這點仍有爭議。

美國科學家亞歷山德拉．霍洛維茨（Alexandra Horowitz）對狗進行測驗。她讓沒有做錯任何事情的狗和生氣的主人碰面，讓搞亂廚房或破壞漂亮鞋子的狗和平靜的主人見面（在霍洛維茨自己進行的實驗中，是阻止狗吃餅乾的主人，以及最終還是吃了餅乾的狗）。在經過各種如此這般的試驗之後，霍洛維茨所得到的結論是，狗是否會表現得有罪惡感（眼光朝下、耳朵朝後壓、身體低伏、頭扭到一邊、尾巴在後腿之間快速擺動），和自己有沒有守規矩無關。罪惡感和做的事情無關，而是和主人的反應有關。如果主人責罵牠們，牠們便顯得特別有罪惡感。如果主人沒有，那就太棒了。實際的狀況往往是狗犯錯之後很久，主人才回到家，因此狗銘刻（imprint）在心上的關聯，比較緊密的是在主人與麻煩之間，而不是在行為與麻煩之間。也是因為如此，有的時候狗狗亂搞的證據就在你的面前，像是咬爛的運動鞋或是遭受肢解的泰迪熊，牠們也能快樂招搖地走過。

狗犯錯之後的行為，我們最好不要當成是罪惡感的表現，有階級制度的動物面對可能發怒的上級個體時，就會展現出這種典型態度。這種態度混合了順從與安撫，目的是減少自己受到攻擊的可能性。我家只有養貓，沒有養狗，我從來都沒有看到自家寵物出現過一絲一毫的罪惡感，這應該和貓本來就缺乏階級有關。狗對於違背規則這件事情很敏感，也比貓更了解。社會階級中保留了罪惡感的原始模版，不過現在人類內化了對懲罰的恐懼，在某種程度上我們會責備自己。對於我們自己認為該做而沒做出的行為，以及不該出現而出現的行為，會覺得很不好，譴責自己並且改正。我們已經準備好要贖罪，例如彌補過失或接受懲罰。

這種內化在其他動物中非常罕見，或是根本沒有，但是我們不能排除動物依然具備的可能性。原因之一在於我們試驗動物的時候，過於以人類為中心，採行的規則對人類是理所當然的，但是對動物而言並不是，例如「不要跳到沙發上」或是「不要把爪子放到皮椅上」。人類的限制還真是怪到極點，動物可能很難了解這些規則的意義，就像是我也無法了解為什麼在新加坡不能嚼口香糖。

或許我們在測試動物行為時，不應該有什麼標準，測試人類的行為時也是。勞倫茲的狗布里（Bully）就是一個絕佳案例，牠打破了規則，咬了地位高的個體。人類不需要教狗這個規則，事實上勞倫茲也指出，布里從來沒有因為這樣受到懲罰，原因就只是他之前從來沒有違背這條規則。不過有次布里和其他狗打架，非常激烈，勞倫茲拉開牠們，布里意外咬到主人的手。雖然勞倫茲並沒有處罰他，還馬上拍拍他，但是狗依然因為這件事陷入深深的沮喪之中，還出現嚴重的神經衰弱現象。在那次事件後的幾天當中，布里幾乎動也不動，也沒有理會食物。他躺在陰暗角落的毯子上，偶爾才發出一聲來自受苦靈魂的深深嘆息。你可能會認為他可能得了什麼嚴重的疾病。布里悶悶不樂度過了幾個星期，因為他違背了天性中的禁忌，這是牠們這種動物的禁忌，或許從祖先那時就有了。違背禁忌會造成難以想像的可怕結果，例如被驅逐出狗群。人類內化的規則差不多也有類似的影響，違背這些規則可能會讓我們的情緒和身體都非常消沉，這可能和罪惡感造成的結果沒有很大的差別。

那麼在與人類親緣關係最接近的靈長類中，又會是什麼情況呢？牠們會這樣深具罪惡感嗎？靈長類動物社會中最著名的外在調節因素，是高地位個體能控制低地位個體的性生活。我當學生時曾經研究長尾獮猴，養這群獮猴的籠子分為戶外生活區和室內生活區，兩者之間有一條隧道連通，我會時時追蹤牠們的活動。首領雄性通常會坐在隧道中，好監視兩邊的生活區。只要他進入了室內，其他雄性就會接近在室外的雌性。如果平常這樣做，那些雄性等於自找麻煩，但是這時交配就不會受到干擾。不過牠們對處罰的恐懼並沒有完全消失。這些雄猴每隔一陣子就會到隧道入口，看看首領雄性的狀況，深怕他會突然回來。低地位的雄猴偷偷交配之後不久，如果遇到了首領雄性，雖然首領雄性顯然無法知道發生了什麼事情，他們依然會張嘴露出許多牙齒，一副緊張的感覺。研究人員進行實驗，系統性檢驗這樣的狀況，觀察到相同的反應，因此他們寫下枯燥的結論：「動物能夠接受和自己社會地位相符的行為規範，在違背了社會規範之後會出現相應的反應。」

社會規則並不是主宰者出現了才遵守，主宰者不在場便放一邊。如果真是這樣，那麼低地位的雄猴看不到首領雄性時，不需要注意他的行蹤，或是得到不當利益之後，也不必表現得額外順從。牠們某種程度上內化了這些規則。在阿納姆黑猩猩群中則有更複雜的表現方式。當時排行第二的雄黑猩猩魯特（Luit）首次擊敗了首領雄性傑倫，那是兩頭黑猩猩在晚上棲息區獨處時發生的事。隔天早上整群黑猩猩都放回了島上，赫然發現打鬥的遺跡：

瑪瑪發現傑倫受傷了，發出高叫，並且看向四周。在這時，魯特崩潰了，也發出叫聲。其他黑猩猩應聲而來，要看到底發生了什麼事。當聚集過來的黑猩猩也都發出叫聲時，「凶手」魯特也尖叫了起來。他緊張地跑到雌黑猩猩面前，一個個擁抱她們，臂部朝向她們。後來他這天大部分的時間都在照顧傑倫的傷勢。傑倫的腳上有一個裂傷、身側有兩個，都是魯特有力的犬齒所造成。

魯特的狀況和布里很接近，他們都打破了階級的禁咒。在之前許多年，沒有任何黑猩猩讓傑倫受傷，黑猩猩群的反應好像是在表達「這樣做真的太糟糕了！」魯特則是盡全力彌補過錯。但是他並沒有放棄要取代傑倫地位的念頭，因為過了幾個星期，他持續施加壓力，最後終於強迫傑倫退位，自己成為首領雄性。之前魯特對於傷口的反應，是因為內化的行為規則讓他覺得罪惡嗎？或是他只是擔心其他黑猩猩的反應呢？

這方面巴諾布猿和黑猩猩就不同了，牠們極少出現暴力行為，因此暴力行為造成的困擾也更深。攻擊者對於自己行為的反應，似乎混合後悔與同理心，因為牠會馬上想要和好。相較之下，其他靈長類動物通常是地位低的想要和好。巴諾布猿通常是優勢的個體看起來非常後悔，特別是造成傷口的時候。我記得有一頭巴諾布猿去受害者那裡，毫不猶豫地檢查起自己咬傷的部位，以便確定傷勢。這樣的行為顯示他清楚知道自己的所作所為會造成傷害，以及傷害出現的部位。對我來說，如果有那麼一個狀況顯示了後悔之意，那便是優勢巴諾布猿跑回去受害者那裡，花上一個半小時舔乾淨自己造成的傷口。

我們很難確認巴諾布猿的感覺，但是這時我得憤世嫉俗一點，對於人類的罪惡感提出相同的問題。我們是否過度強調了內化的力量？看看環境改變的時候，例如在戰爭、飢荒和政治動盪的情況下，人們馬上就能拋開種種限制。在落網機會極低或是資源不足時，許多誠實正直的公民會掠奪、偷竊與殺人，為此毫無內疚感。即使在環境狀況沒有大幅改變之下，只是到遠方度假，就能夠讓人們做出無恥下流的事情（例如在公共場所喝醉、性騷擾），無法想像他們在家鄉也會這樣。

那些犯下了過錯的人說自己因此覺得罪惡和歉疚，通常也無法說服我。事實上我偏好沉默的罪惡感。公眾人物的道歉充滿了偽造的情緒與虛假的眼淚，往往稱為「空道歉」（nonpology）或「假道歉」（fauxpology）：這種形式的道歉並沒有真的承認自己犯了錯，通常還意味著那是受害者的錯，例如「如果你因為我的推文而受到冒犯，我很抱歉」這樣的說法。一九八八年，美國著名的電視傳教士吉米．史瓦加（Jimmy Swaggart）被抓到和妓女在一起。他在電視上哭了又哭，然後看著一條河流，請求上帝和會眾寬恕他所犯的罪。幾年之後，他又被抓了。人類表現出來的罪惡感和狗表現的一樣，通常只是為了避免負面結果，不是真的覺得自己做錯了什麼事。

我並不否定人類能夠區別真假道歉，或是能夠真的感到罪惡，但是罪惡感和安撫／順從之間的差別，並不如我們所期望得那般鮮明。罪惡通常說成是宗教和文化的產物，或是為了催促我們彌補或修復自己造成的傷害而出現的情緒。這些說法都很好，而且毫無疑問是正確的，不過我們也不要低估恐懼在其中扮演的角色。罪惡感和焦慮感往往同時出現，還會彼此強化，背後有比文化和宗教更基本的成因。讓罪惡感和羞愧感加深的是歸屬的欲望，對於任何社會性動物而言可是攸關生死之事，因為這類動物最深層的擔憂便是受到群體的排擠。魯特就是因為這樣才會去擁抱集合在受傷對手周圍的雌黑猩猩。布里陷入沮喪、青少年因為父母而覺得尷尬、史瓦格流下假惺惺的眼淚，都是出自這個原因。在意惹怒了其他人、失去了他們的喜愛與尊敬，這才是人類羞愧感和罪惡感的終極原因。

在其他的動物中，恐懼也造成類似的行為，所以我們可以來看看年幼的雌黑猩猩格娃（Gua）面對人類養父母指責時的典型反應，她在一九三〇年代在家樂夫妻（Winthrop and Luella Kellogg）的家中長大。我並沒有認為格娃的反應是羞愧或是罪惡感的證據，但是她的確展現出對歸屬和寬恕的強烈欲望。對我來說，這便是那兩種情緒的根源。家樂夫妻描述，如果事情好好解決了，格娃會因為放心了而發出嘆息聲：

> 當格娃因為咬牆壁、任意排便，或是犯下其他類似的失禮行為而受到懲罰（比較常是責罵）時，會發出「嗚嗚～～～～」的哭聲，並且跑過來討抱。（如果我們把她推開）一定會讓她發出更大的哭喊聲，只有在我們做手勢，表示願意接受她之後，她才會平息下來。這時她發出的聲音會變成快速的「嗚嗚嗚嗚」，同時朝我們張開的雙手跑過來。她會攀住我們的肩膀往上爬，好讓自己的臉貼近我們的臉。接下來她做出的行為是和解之吻。如果我們默許她這樣，並且回應她的動作，她會發出重重的嘆息聲，一兩公尺外都聽得見。

令人作嘔的事物

下雨天時，這種皺眉的噁心表情很常出現，我稱之為黑猩猩的「下雨臉」（rain face）。每當傾盆大雨來臨，黑猩猩不論老少，全都露出這種難看的表情，把上唇拉近鼻子，下唇些微凸出，牙齒稍微露出來，眼睛半閉著。黑猩猩討厭手弄濕，通過濕草地時，手會好好交疊在胸前，以兩腿直立行走，這時牠們臉上也會露出這種表情，看起來悲慘到不行。我非常熟悉這種表情，因為荷蘭是世界第一的自行車國家，不論晴雨，總是有大批自行車騎士來回穿梭在大都市中，趕著上班或是上學。下雨天時，這些騎士在塑膠雨衣下面就是這副表情，因為天氣讓人不耐煩，而且今天一天都得穿著濕衣服。

噁心和厭惡屬於最古老的情緒，這些情緒和腦中的特殊部位有關，這個部位稱為腦島皮質（insular cortex），或是簡稱為腦島（insular）。不論口中吃了什麼東西，只要刺激這個部位，都會引發強烈的噁心感。當猴子津津有味吃著花生時，只要腦島受到了刺激，馬上會吐出花生，同時臉部表情也跟著改變，上唇朝著鼻子皺起來，用舌頭清出口腔中的食物。在人類受試者中，要是看到讓人作嘔的照片，例如糞便、腐爛的垃圾，或是爬滿蛆的食物，這個腦區便會活躍起來。這時人類的上唇也會朝鼻子皺起，眼睛瞇上，眉頭揪在一起。鼻子皺起這個特徵是肌肉收縮儀式化的結果，目的是為了保護眼睛和鼻孔不受粉塵或惡臭的危害。在英文和中文中，對厭惡的東西有「嗤之以鼻」（turn up one's nose）的說法。

猴類、猿類和人類有著類似的臉部表情，以及由相同的腦區控制，顯示這三類動物都有噁心和厭惡的情緒。噁心感比靈長類的歷史還要古老，因為所有動物都需要排出危險的物質和寄生蟲。大鼠聞到噁心的食物，會把嘴張得老大，這個行為稱為「張大口」（gaping），可能是想要嘔吐的動作。貓聞到了香水會倒彈，腳掌觸碰到黏膩的物體時會瘋狂甩動。狗聞到了酸臭的味道會發出嗚咽聲並且噘嘴。貓如果遇到了惡臭的東西，例如死掉的蟑螂，會想用腳把這個髒東西埋起來，動作非常可愛，就算是在沒有塵土可挖的廚房地板上也會出現這個動作。以上種種反應，都可以解釋是要避免有害物質傷害到自己。這種「內臟噁心」（visceral disgust）的行為延伸自免疫反應，出自身體內部，幾乎無法控制。

在各種情緒中，噁心就如同灰姑娘，一開始不受重視，但是經過了有趣的轉變之後，現在成為心理學家最喜愛與關注的感覺，沒有其他感覺能夠比得上，因為這種感覺和道德之間關係密切。有些行為讓我們作嘔，例如亂倫、獸姦，以及腐敗的政治、叛國、詐欺、偽善。有人假裝得到癌症，在網路上騙取捐款這樣令人髮指的事情，或是占據不屬於自己的停車位，我們會覺得「讓人作嘔」或是「感覺很糟」。政治人物如果想要我們反對某一群人，例如不同種族的人，就會利用噁心這種情緒。他們說這群人讓我們想起令人厭惡的動物，或是聞起來有那種動物的味道。政治人物在談及要攻擊的那群人時，鼻子會皺起來。相反的，我們會在乾淨與美德、好事之間畫上等號。就像是本丟彼拉多（Pontius Pilate）[5]那般在做了不名譽之事後，要「把手洗乾淨」。近來討論「道德噁心」（moral disgust）的文章，有的時候把原始的噁心感覺當成後來才出現的情緒，這樣的想法就過頭了。那些文章的作者把人類的噁心感抬舉成文化現象，說這不是為了避免造成疾病的物質，而跟後天習得的品味有關。

我們通常把厭惡的食物冠上「噁心」一詞。我們的飲食習慣是從同文化中的其他人身上學來的，其他文化中的美味食物，我們可能會極度厭惡。有次我在日本札幌的酒吧中吃下了半碗納豆，酒吧中其他客人都起立為我歡呼，因為我是酒吧裡第一個吃下這種重口味發酵豆類的西方人（至少他們是這麼說的）。我覺得自豪，但是有人問我是否喜歡納豆。在我還沒有來得及說出漂亮話之前，我的表情已經洩露了我的感覺。每個人都笑了。相反的，日本人不能忍受蘋果和梨子連著皮吃，一定要削皮，我反而覺得很奇怪。

顯然人類對於味道的喜惡，以及覺得噁心的對象，可以後天習得。其他動物沒有這樣的文化分野，因此也不會引起爭論，因為牠們天生就知道哪些東西能吃，哪些不能。很多人喜歡另外一個概念，即噁心感讓人類和動物有所分別，因為牠們的身體和排泄物會讓人噁心。相較動物腐敗的屍體，以及動物的糞便、血液、精液、內臟等，腐爛的植物和水果並沒有那

5. 西元二十六至三十六年間擔任羅馬帝國派駐猶太行省的總督，一般因判耶穌死刑而為人所知。

麼容易引起嚴重的噁心感。這個理論還能繼續演繹下去，說死亡動物的景象和味道不只是讓人類不舒服，也讓我們聯想到自己終會死亡。人類非常害怕死亡，因此憎惡人類與動物的共通之處，以及動物的存在如此脆弱。遠離動物有助人類處理關於存在的問題，無怪乎有些科學家認為噁心感就是文明的象徵。

噁心這種直接的情緒演化出來是為了避免有害物質，以上誇大說法真的讓我暈頭轉向。學術界人士往往控制不住自己精心打造出的奇妙想像。噁心感的起源非常平凡，但那些學者的努力有了成效，讓噁心感發展的過程變得一團混亂，使得噁心感看起來像是一種全新的情緒，不僅僅如此，還被當成一種能夠定義人類、解釋人類成就的心智活動。並非所有的心理學家都這麼想。有些心理學家和我一樣，認為要是能深入探究噁心這種感覺，就算是從道德這個領域出發，最後也會發現這個位於腦島中的情緒區域，一樣會造成鼻子皺起來的表情。

動物的厭惡在某方面促進了文明這樣的說法，讓我以及一些非常喜歡動物而且成天和動物一起工作的人特別不悅。如果這個說法是真實的，那麼為什麼有許多人要把動物帶回家？我們雖然要定時清理這些動物的大小便，但是依然把牠們如同家人般縱容。愛貓者不會厭於清理貓沙盆，愛狗者不會討厭鏟狗糞，更別說愛馬者要負擔的工作量了。看看人類有多少的慈愛是施予在動物之上的！人類不只吃動物，也讓動物幫助犁田、載運軍隊武器、傳遞訊息（信鴿）、聞出藥物、協助打獵、放牧羊群、安撫病人、捕捉老鼠、傳遞花粉等。如果動物讓人類作嘔，為什麼光是在美國的動物園，每年便吸引了一億七千五百萬訪客？

想想看每天有多少人在臉書上看動物的影片，兒童卡通滿滿是動物朋友。玩具店販賣絨毛熊、絨毛象、絨毛恐龍等，兒童會買回去抱著睡覺。人類實際上深深受到動物的吸引，並且讚賞動物，有了「獅子般勇敢」、「如貓頭鷹般有智慧」、「忙得像是河狸」之類的表達方式。雖然我們西方人偏好區分人類本身和其他動物，但是人類祖先貼近大自然生活，並不見得抱持著同樣的幻想。他們可能會崇拜動物模樣的神明，現在尚未有文字的部落依然如此。因此我不認為，人類噁心感和人類排拒動物性之間有任何相關之處。

噁心這種情緒部分來自文化，這點非常有趣，讓我們想到其他物種是否也有文化。動物可能也具備文化所造成的噁心感。有些種類的動物可能天生就知道哪些東西可以吃，例如只吃一種食物的動物：大熊貓幾乎只吃竹子，無尾熊吃尤加利樹葉，不過這樣的例子非常少。熱帶雨林中有數千種不同的植物，靈長類動物以這些植物的樹葉與果實為生。大部分的植物都是不可以吃的，有些有毒，有些會讓身體不適。靈長類動物要怎麼才知道哪些植物是可以吃的呢？牠們要仔細區別食物，並且知道果實適當的成熟度。事實上，科學家認為靈長類動物的彩色視覺能夠演化出來，便是因為能夠用於區分果實的顏色變化。

黑猩猩也會吃許多肉類，口中肉來自狩獵。牠們必定和人類一樣，對於腐敗的屍體非常敏感，因為對於不是自己殺死的動物，就算別人吃剩的屍體也不會去動。這種反感點出了塔拉用大鼠屍體惡作劇能夠成功的理由。

我們從許多研究中得知，年輕黑猩猩從年長黑猩猩那裡學習到了哪些東西可以吃、哪些東西不該吃，除此之外，難入手的食物牠們也知道怎麼取得。牠們會學習釣白蟻、敲開堅果、從蜂巢中收集蜂蜜的方法。我們的實驗結果指出，猿類善於模仿，牠們天然的棲息地會影響牠們的飲食偏好，並且成為文化的一部分。現在對於文化的研究已經拓展到其他許多物種，包括鳥類、魚類、海豚和猴類。文化對於噁心感的影響，南美洲野生保護區的絕妙田野研究中便可一覽究竟。

荷蘭的靈長類學家艾利卡．范．德瓦爾（Erica van de Waal，和我沒有親戚關係）給野生長尾猴（vervet monkey）打開的塑膠盒，裡面裝了玉米粒，灰毛黑臉的小型猴子特別喜愛這種食物。但是這個盒子中的玉米粒另有玄機：有些是藍色的，有些是粉紅色的。給某群長尾猴的玉米中，藍色的可口，粉紅色的塗上了蘆薈，會讓猴子作噁。給另一群猴子的玉米粒則相反，藍色的塗了蘆薈，粉紅色的好吃。由於某種顏色的玉米粒好吃，另一種難吃，在學習連結的過程中，有些猴子便知道要吃藍色的玉米粒，另有一些猴子則知道要吃粉紅色玉米粒。接下來研究人員讓所有的玉米粒都沒有沾染上難吃的味道，並等著新猴子出生。現在數群猴子都得到了兩種顏色（都很可口）的玉米粒，但牠們卻頑固遵守先前學到的偏好，從來沒有發現另一種顏色的玉米味道已經變好了。在二十七隻新生猴子中，只有一隻學會都吃兩種顏色的玉米粒。其他的新生猴子和牠們的母親一樣，不會去碰某一種顏色的玉米粒，就算是那些玉米粒完全供應無缺，且和另一種顏色的一樣可口。有些年輕猴子甚至在吃喜好顏色的玉米粒時，坐在裝著討厭顏色玉米粒的盒子上。唯一的例外，是因為這猴子的母親地位非常低，經常挨餓，有的時候會吃難吃的玉米粒，她生下的小猴也因此學到她的飲食習慣。

因襲盲從的力量非常強大，這不是浪費食物的現象，而是一種普遍的行為。幼猴跟著母親學習哪些東西可以吃、哪些東西要避開，不需要自己親自嘗試，以免可能遭到毒害，可以大幅提高生存的機會。當然這也表示動物可能具備後天噁心感。成年猴子拒絕難吃的玉米粒，把這種偏好傳遞給後代。幼猴是否真的覺得母親拒吃的玉米粒噁心？這很難說，但是牠們表現出來的行為，顯然受到某一種顏色的玉米粒吸引而排拒另一種。我們人類毫不猶豫就會覺得這是情緒造成的。

法國靈長類學家西賽兒．沙拉賓（Cecile Sarabian）在日本的亞熱帶島嶼幸島（Koshima）研究野生獼猴的「噁心」反應。她把三件東西一起帶到海邊，彼此相鄰擺放：猴子糞便、看起像真的塑膠猴子糞便、筆記本的棕色塑膠封面。她在每個物品上都放了一些麥子（猴子吃但是並不喜歡吃），或是半顆花生米（猴子愛吃）。猴子發現了這些東西之後，會把所有的花生都撿起來吃（不過有時碰到了糞便則會大力擦手）。牠們也會把放在筆記本封面上的麥子全部撿起來吃，但是在真糞便和假糞便上的麥子就只拿了一半。這是因為覺得糞便太噁心了所以放棄了一些麥子，但是面對花生時則食欲獲勝。在要吃可能受到污染的食物時，厭惡感和營養價值總是持續較勁，花生的營養價值比麥子高。沙拉賓現在對黑猩猩和巴諾布猿進行類似的實驗，發現有些污染物因為太過噁心，讓這些猿類放棄可口的食物。

沒有沾染到食物的雜質和髒污，也可能引發噁心的感覺。雨水沒有很髒，但是人類和猿類一樣，碰到雨水也會出現不悅的表情。計程車內部髒污會令人作嘔，髒亂的浴室也會讓有些人作嘔。人類會在早上沐浴刷牙，因為注重自己的身體健康（這是功能面），也因為我們討厭自己看起來髒兮兮的（這是情緒面）。動物也是，牠們追求身體的乾淨，不只因為有益健康，也是發自希望乾淨，以及極度厭惡髒污的態度。看看正在用喙清理自己羽毛的鳥類如此專心一致，對於翅膀和尾部的正羽（堅硬的飛行用羽毛），更是一絲不苟，讓人不得不佩服牠們的清潔衛生工作。

除此之外，身體乾淨也會讓鳥類高興。我當學生時，每個星期會有一天在宿舍房間地上放一個大水盆，裡面裝滿水，好讓我馴養的穴鳥洗澡，水潑得整個房間都是。之後整個早上的時間，牠們會整理身上每一根羽毛，到最後所有鳥的羽毛都膨起，並且一起「高歌」（會加引號的原因在於穴鳥的聲音並不好聽），顯然牠們對於自己乾淨無瑕的狀態非常滿意。這樣挑剔身體清潔的現象也可以在貓身上看到，貓會仔細清洗臉部和身體每個部位。在追蹤動物的時候，清潔的身體不容易散發氣味，獵物也就聞不到牠們。據說家貓醒著的時間中，四分之一都在整理自己的皮毛，好達到完美無瑕的狀態。

許多動物也想要身體周遭環境保持整齊清潔。會築巢的動物通常偏好整齊沒有雜物的環境。雄花亭鳥（bowerbird）會把數百件裝飾品（花朵、甲蟲鞘翅、貝殼）放在自己求偶的庭園中，好吸引雌鳥。雄鳥會一再整理與重新布置裝飾品的位置。鳴鳥（songbird）會一絲不苟地移除幼鳥排出的糞囊（包裹在黏膜中的糞便）：啄起白色的糞囊，飛到遠離鳥巢的地方丟棄。裸鼠（naked mole rat）在地底下的洞穴系統中有專門當作廁所的房間，當這個房間髒了之後，裸鼠會用泥土把這個房間封起來，在其他地方挖新的廁所。保持清潔的優點再明顯不過了：乾淨的羽毛有助於飛行、避免身體沾上東西。乾淨的巢穴能夠避免寄生蟲和掠食者。但是我們也要更加注意，保持清潔行為背後的情緒，這些情緒可能包括極度厭惡不該出現的物品。許多動物都對不潔之物作嘔。

最後，動物的噁心感在本質上也可能受到社會的影響，就如同心理學家喜歡討論人類具備的噁心感那樣。人類之外的靈長類，的確會對某些社會性行為或是某些個體反感。我最先想到的例子是受過訓練、會使用美國手語的黑猩猩瓦索。對於沾上污泥的家居和衣服，她學會使用「髒污」這個字。當有頭獼猴惹得她大怒，她便重複比出「髒猴子！髒猴子！」的手語。這是新發明的用法，沒有人教過她這種使用方式。這例子說明，瓦索產生的社會性反感（social aversion felt）類似處理髒污的反感。

對於個體的反感發生在和性有關的狀況：年長雄性對雌性求愛。我見過年老黑猩猩想要和年輕雌黑猩猩交配時，後者尖叫跑開。雌性恆河猴在交配季節時，有的時候看到年老雄性朝著自己過來，會馬上跑開。年輕的雌性可能會想避免和老到能當自己父親的雄性交配，避免亂倫，不過展現出來的行為的確像是受到了驚嚇。如果迫近的雄性和自己有親緣關係，那麼這種反感更是明顯。有一頭野生雌黑猩猩拒絕自己兒子的交配要求，但是在對方持續威脅下服從了。在過程中她依然不情願，並且「持續高叫，在射精之前跑開」。

一九六〇年代，岡貝國家公園（Gombe National Park）中爆發了小兒麻痺症疫情，珍古德描述當時的情況，說受到感染的黑猩猩四肢麻痺，無法在森林中活動，或是爬到樹上。因為疾病之故，牠們的活動樣子變得很古怪，同一群落中的健康黑猩猩也受到了嚴重的驚擾。牠們會接近生病個體，但是在安全距離之外停下來，有時候會發出溫柔的「呼」警告聲。健康的黑猩猩極少觸碰染病的個體，絕對不會幫牠們理毛，這個狀況非比尋常。有一頭成年雄黑猩猩的腿儘管已經無法動彈，但還是奮力想要幫在樹上的兩頭雄性理毛，但是他們一直跑開，只留下成年雄性獨自無伴。

就連動物對排泄物的噁心感，也受到了社會關係的影響。雌性猿類因為時時抱著幼猿，身體老是弄髒。她們對於這種狀況反應非常平靜，就像是面對日常工作那般。她們通常會察覺到幼猿的行為，知道要撒尿排便了，會稍微把幼猿拿得離開身體一些。如果來不及了，她們會摘樹葉來清理身體。相較之下，如果一頭黑猩猩遭受攻擊，恐懼之下排出的屎尿，要是沾到攻擊者身上，後者會瘋狂清理身體，顯然這個意料之外的髒污讓他惱怒。排泄物會讓人困擾，排泄物的來源也是。

對於自己群體之外的個體，噁心的反應會更為強烈，甚至延伸到相關的非生物物體。雄性黑猩猩在邊境巡邏的時候，如果看到了自己這邊森林中有另一群黑猩猩建來晚上過夜的巢，會認為這是種侮辱，數頭雄黑猩猩會爬上樹去，小心翼翼嗅聞並且檢查這個巢，之後把這個巢搗爛，每根築巢的樹枝都折斷，把巢摧毀得一乾二淨。我認為，狗發現敵人在自己領域做標記，會刻意撒尿、掩蓋標記，都是因為同樣的反感造成的。還有一個有趣的故事和這類現象相同：非洲草原的田野工作者有天把靴子放到帳棚外。隔天早上他覺得靴子裡有濕軟的東西，結果發現是花豹糞便。看來花豹討厭他腳的味道，決定要用自己的糞便遮蓋過去。

動物展現出和人類一樣所謂「道德噁心」的行為案例並不多，但是並不意味這類的行為不會發生。因為除了少數靈長類動物如何「評估」其他個體的研究之外，沒有人在尋找這類的案例。日本京都大學的科學家研究卡布欽猴對於某種場景的反應：有一個人假裝打不開塑膠罐子，要求人類實驗者幫忙，實驗者會好心幫忙。在下一幕中，同樣有人請另一位實驗者幫忙，但是後面這位實驗者不予理會就走開了。猴子會比較喜歡好人還是那個自私的混蛋？要注意，這裡實驗者所對待的不是猴子，而是人類。猴子在看過這兩幕之後，拒絕和那位卑鄙的實驗者有什麼關聯，因為他不願意和其他人合作。

這類和道德演化相關的實驗越來越多，我一直很關注這個領域，也是我前一本書的主題。我可以舉出許多相關的例子，在這裡只提出一個關於黑猩猩違反社會規矩的故事。那是約克斯田野工作站黑猩猩群中首領雄性傑莫（Jimoh）發現到了一隻年輕雄黑猩猩和他最喜歡的雌黑猩猩偷偷交配的事。

我從辦公室的窗戶，可以看見黑猩猩活動區的每個角落，並全程觀察這個事件。不過在地上活動的黑猩猩，有許多障礙物遮住了視線，年輕的雄黑猩猩和雌黑猩猩有的時候就能暫時避開傑莫的視線。首領雄性知道事情不對勁，就開始尋找他們。通常他會追著禍首跑，但是這次不同，可能是今天稍早那頭雌黑猩猩拒絕了他，傑莫一直攻擊年輕的雄黑猩猩，沒有要停手的跡象。這裡我得補充說明，雖然首領雄性經常拍打年輕的黑猩猩，或是用腳踹，但是群裡的雌黑猩猩不允許他用犬牙咬，這是她們所能容忍的界線。但這時傑莫抓狂了，一直追著那頭年輕雄黑猩猩在活動區中到處跑，讓他驚慌失措。傑莫看來是一定要抓到他、加以懲罰。

就在他快要得手時，雌黑猩猩全部都聚過來，發出大叫。這個憤怒的聲音是針對攻擊者和入侵者的警報。一開始發出叫聲的黑猩猩會看向四周，好知道其他黑猩猩的反應。其他黑猩猩會跟著一起發出叫聲，特別是首領雌性，之後她們的叫聲會越來越大，最後大到震耳欲聾。這像是群體在投票。當抗議的聲音逐漸加強，傑莫停止了攻擊，發出緊張露齒的表情：他知道大家的意思了。

我覺得我在目睹道德非難的運作過程。

情緒有如器官

讓我從基本論點開始說起：情緒就像是器官，我們需要所有種類的情緒，而這些情緒和器官一樣，也是其他哺乳動物所共有。

如果像是器官，很多事情就顯而易見了。沒有人會爭論說有些器官是最基本的，例如心臟、腦和肺臟等，有些器官就沒有那麼重要，例如胰臟和腎臟。只要胰臟或腎臟出過問題的人，便會知道身體中的每個器官都是不可或缺。除此之外，人類的器官基本上和大鼠、猴子、狗等哺乳動物沒有差別。這樣的類比不只限於哺乳動物，除了乳腺是哺乳動物所獨有，人類的器官和其他的脊椎動物幾乎都相同，包括了蛙類和鳥類。我在當學生時解剖了很多蛙類，牠們五臟俱全，具備生殖器官、腎臟、肝臟、心臟等。脊椎動物具備了這樣一組機具，如果哪個零件缺失或是損壞了，便會死亡。

但是對於情緒，我們的想法便顯然不同了。我們認為人類只有幾種「基本」或是「原始」的情緒，這類情緒對於生存而言是必需的。不同科學家對於這類情緒的種類數量有不同的看法，少到兩種，多到八種，但是通常是六種。恐懼與憤怒顯然是基本的情緒，其他被視為基本情緒的還包括傲慢、勇敢與輕藐。有些情緒比較基本的概念可以追溯到亞里斯多德，後來這個概念提升成理論，稱為「基本情緒理論」（Basic Emotion Theory，BET）。稱作是「基本」的那些情緒，必須是世界各地所有人類都能夠表現出來的，也就是腦中內建迴路的情緒。基本情緒在生物中屬於原始的情緒，是人類與其他動物所共有的。

另一方面，那些缺乏固定表現方式的人類情緒，便稱為「次級」或甚至是「三級」的。這類的情緒讓我們的生活更為豐富，但是沒有也沒關係，我們依然可以活得好好的。這類情緒完全取決於自身，而且會隨著文化背景不同而改變。次級情緒的種類很多，不過你會注意到，有人認為這類情緒根本不存在，而我對這種說法有異議，那顯然是有瑕疵的，因為就好像是說，並非每個器官都有其重要性。就算是闌尾（連接在盲腸上的一端封閉管狀構造），現在也不再說成是「多餘」或「退化」的器官了，因為它曾經多次獨立演化出來，毫無疑問對於生存有所貢獻。可能的功能之一是成為益菌的棲息地，幫助消化器官在嚴重霍亂或是腹瀉之後重新恢復活力。同樣的，身體的每個部位都有其功用，每種情緒能夠演化出來，也是有原因的。

首先，到這裡我們已經認識了自豪、羞愧、罪惡、復仇、感激、原諒、希望和噁心等情緒，也無法排除其他物種具備了這種情緒。這些情緒在人類身上可能發展得更完善，或是出現在更多樣的處境中，但是基本上並不是全新的。有些人類文化更注重某些情緒，並不能用來反駁這些情緒不具備生物性起源。

其次，常見的情緒幾乎不可能沒有功能。由於所有情緒都有發洩的對象，運作都要付出成本，而且情緒激動的狀態會影響決策，過多的情緒其實會造成嚴重的負擔。情緒可能會讓我們誤入歧途，顯然不是天擇希望人類背負的包袱。因此我認為，所有的情緒都有生物性起源，也都是必需的。沒有哪種情緒更為基本，也沒有哪種情緒是人類獨有。對我來說這非常符合邏輯，因為情緒和身體的反應密切相關，而且所有哺乳類動物身體構造基本上也都相同。因此當科學家要人類受試者猜想爬行動物、哺乳類、兩生類或是其他陸生動物的各種情緒狀態時，只要聽到牠們的叫聲，往往便能夠得到正確答案。在這個「聲音宇宙」中，所有脊椎動物似乎都以類似方式溝通情緒。

要注意我在這裡並沒有談論「感覺」。感覺要比情緒還要難以知曉，可能也更多變化。在主觀判斷他人的情緒時，產生的感覺可能會因為文化不同而有差異。我們很難知道動物的感覺，但是最好了解到，無法知道動物感覺這件事，其實帶有兩個對立的面向：我們只能猜測動物的感覺，同時也無法排除牠們有任何特殊的感覺。由於第二次的警告往往受到忽視，讓我簡單重新解說一下排除動物有感覺的標準方法，這種方法讓我們的注意力轉移到行為的功用與結果。如果你認為兩頭動物彼此相愛，便會聽到有人說牠們不需要愛，因為重要的是生殖。如果你說動物覺得自豪，便會聽到有人說牠們只是展開身體炫耀。如果你認為動物恐懼，就會聽到有人說動物只要能夠逃離危險就好，不需要覺得恐懼。他們最後總是在談論行為的結果。

這種手法相當狡詐，因為就算是行為結果造成了利益，也無法排除情緒。在生物學上總是有人混淆了分析的階層，我們每天都在警告學生不要陷入這種混淆當中。情緒是在背後推動行為的動機，而結果是和行為的功能有關，兩者密切相關：每種行為都各有其動機與功能。我們人類會戀愛也會生殖，也會覺得自豪而令人生畏，因為口渴而去喝水，受到恐懼而要保護自己，感到噁心而要讓自己保持乾淨。看到動物行為的功能面，不論如何都不會讓我們免去了情緒的問題，只是逃避這個問題而已。

如果下次聽到有人宣稱動物的性行為就只是為了繁衍下一代時，就要想想這並非是事情的全貌。兩性個體必須要相遇、彼此吸引、信賴對方，然後才會發情。每種行為都有其機制，情緒參與了這種機制。要在正確的激素狀況、性慾、擇偶偏好、相容程度甚至相愛之下，交配行為才會出現。這點對動物和對人類來說都是相同的。

奇怪的是，愛與依附鮮少歸類在人類的基本情緒裡，但是我認為這兩種與後代的聯繫最為典型，母親失去了嬰兒往往會陷入深沉的悲傷。每次看到母猿和自己的幼猿玩耍、把牠舉高翻轉（我們稱為「飛機遊戲」），或是看到媽媽象和阿姨象對於小象分外注意的樣子，都會讓人感覺到愛。愛沒有列入基本情緒的唯一原因，在於無法成為臉部的表情。人類沒有關於愛這個情緒的表情，而憤怒和噁心會讓人產生表情。對我而言，這意味著傳統的情緒研究專注在臉部表情上，是有其極限的。許多缺乏臉部表情變化的動物，依然更深切感受到這種情緒。

情緒該如何分類？或是情緒到底是什麼？這方面的爭議從來未曾停歇。這個爭議讓我回想到生物學主要把生物分類為動物和植物的年代。相關的領域稱為系統分類學（systematics），黃金年代發生在十八、十九世紀。當時最熱烈（或是更有成果）的爭論，莫過於一個物種能否自己成為一個物種，或僅僅是個亞種而已。後來DNA解決了許多這方面的問題，神經科學可能也有助於分類情緒。舉例來說，罪惡感和羞愧如果讓同樣的腦區活躍起來，並且以類似方式表現出來，那麼顯然就屬於相同的情緒，可能像是同一種自我評估情緒中的兩個亞種。不過我們就如同優秀的博物學家那樣，喜歡詳細討論兩者之間的區別。另一方面，快樂和憤怒讓腦部活躍的區域就很少重疊，在身體上的表現也屬於情緒樹上不同的分支。現在並非所有人都相信，每種情緒都有自己的一套神經特徵，我們最好要掃描所有和情緒相關的腦區與神經迴路，在扎實的科學上建立客觀的情緒分類系統，一如我們使用DNA比對的方式描繪出動物和植物的分類圖譜。

神經科學也有助於確定，哪些情緒在不同的物種中是相同的？我們已經知道在預期報償的時候，狗和商人腦中的活動是相似的，我們下一步便是要把「有罪惡感」的狗放到功能性磁振造影機（fMRI）中，看看牠們的腦中活動是否類似人類受試者想到有罪事情時的腦中活動。

這個概念讓我回想到腦島，以及這個部位對於食物噁心感所扮演的角色。這種噁心感無關道德行為，一如在岡貝的黑猩猩覺得受疾病傳染的黑猩猩噁心一樣。雖然人類把各種噁心的感覺視為不同的情緒，但是說不定其實都是相同的？對於不同的物種、情境、甚至文化中，引發噁心感的事物不同，但是噁心這種情緒本身牽涉到相同的神經物質，說不定也引發了相同的感覺。美國的靈長類學家兼神經科學家羅伯・薩波斯基（Robert Sapolsky）曾經以第一人稱的方式，趣味盎然地描述演化如何把道德噁心感附加到現存的情緒上：

嗯，違背共通行為準則引發的極度負面情感？讓我想想……哪裡有適合的體驗呢？我知道了！是腦島！腦島負責極度負面的感官刺激，這種情緒和腦島負責的很像，因此我們把道德噁心感納入腦島的負責項目中，來人啊，把鞋拔和膠帶拿過來。

人類的情緒可能都是這樣產生的。這些情緒原來是我們和其他哺乳動物共通的古老情緒，有所改變之後才又形成。達爾文把演化定義為「累世修飾」（descent with modification），換句話說，演化很少創造出什麼全新的事物。演化就只是重新改造舊性狀，用以適合當前的需求。就因為這樣，人類的情緒中沒有一個是全新的，也都是我們生命中所必需。

第五章

權力欲望

政治、殺害與戰爭

二〇一七年七月，有人發現當時身為美國白宮新聞祕書的尚恩・史派瑟（Sean Spicer）躲在樹叢中迴避記者的問題，我就知道華盛頓的政治活動已經完全成為靈長類學的研究對象了。就在這個事件的前幾個星期，當時的聯邦調查局局長詹姆斯・柯米（James Comey）刻意穿著破舊的藍色服裝，站在房間的藍色窗簾之前，想要融入這個背景中。這個身材很高的局長希望不要受到注意，以免受到總統的擁抱，但是這個策略並沒有成功。

利用環境的創意，以及充分使用肢體語言，本來就是靈長類動物從事政治活動時的拿手好戲，例如坐在高聳的寶座上面對卑躬屈膝的群眾，從扶手梯慢慢走下、進入群眾之中，以及舉起手臂好讓部下能夠親吻自己的腋下，這個充滿費洛蒙氣息的儀式是由薩達姆・海珊（Saddam Hussein）發明的。我們都知道，在辯論比賽中，得分和辯論者身高有關，身高比較高的一方，得分往往比較高。法國前總統尼古拉斯・薩科吉（Nicolas Sarkozy）參觀一座工廠時，先送了整公車比他矮的人去，這樣在拍照的時候他看起來就比較高。類似例子多得是，但是二〇一六年川普（Donald Trump）參選美國總統之後例子便暴增了。

宛若首領雄性

川普霸凌男性競選者的技巧足以載入史冊。在共和黨初選時，他吹捧自己、用低沉的聲音說話，並且用貶低人的綽號稱呼對手，例如「低能量傑布」（Lowenergy Jeb）、「小馬可」（Little Marco），徹底碾壓可憐的同黨候選人。他像是打了腎上腺素的雄性黑猩猩一樣昂首闊步，把初選變成較量陽剛肢體語言的競賽場，這時政治議題已經變成次要的了。我們甚至可以看到新聞比較他們手部大小，以來推測身體其他部位大小。那位領先者把他的雙手舉起來，問在場的觀眾看起來真的小嗎？他保證他身體的其他部位也是一樣，這真是美國史上不可思議的一刻。

川普最厲害的招術之一，出現在二〇一二年對共和黨的提名人米特・羅姆尼（Mitt Romney）的批評做出的回應。川普猛烈抨擊羅姆尼，說四年前羅姆尼對他殷勤諂媚。川普對聽眾說：「你們可以看看他有多忠誠。當時他請求我的支持。我那個時候可以說：『跪下吧！』而他真的會跪下。」在一次猛烈攻擊中，川普把羅姆尼說成不值得信賴的傢伙，並且描繪他拜俯在地的樣子，像是地位低的黑猩猩趴在泥地上對首領雄性低頭。

川普的威嚇技術完美而精準，但是大選中如果遇上女性對手，就完全無用武之地。在兩性的競爭中，所有類似的手法都不能使用。爭鬥行為受到了規則的限制。具有殺害對手能力的動物，例如掠食者、毒蛇和長角的有蹄類哺乳動物，和對手打架時都有一套標準的交戰規則。牠們不會一開始就拼盡全力，而是出現儀式動作，試探對方的力量與敏捷程度，並不需要真的打倒對方。還有，雄性之間的戰鬥規則，和雌、雄性之間的戰鬥規則完全不同，因為雄性殺死另一頭雄性是一回事，但是殺死另一頭雌性顯然非常愚蠢。從演化的角度來看，雄性想要提升自己地位的目的，就是要讓雌性生下自己的後代。在人類的政治系統中，女性能夠參與競選、進而居於顯要位置，使得人類的社會階級秩序和其他許多動物大相逕庭，但是爭鬥的規矩卻幾乎沒變。數百萬年來的演化已經讓這些規矩根深柢固，難以消除。雄性在面對雌性時，往往會收斂身體力量。對於馬和獅子來說就是如此，對於猿類和人類也是。這種抑制深深根植在人類的心理層面中，如果有人違背了這個規則，將會激起強烈的反應。舉例來說，在電影裡面，女性賞了男性一個巴掌，觀眾不會覺得怎樣。如果反過來，我們就會覺得這個情節讓人尷尬不已。

這也就是川普所面臨的困境：這次不能使用他以往擊敗男性對手的方式。我從美國總統雷根（Ronald Reagan）開始，每一場美國總統競選辯論都沒有錯過，從來沒有見過二〇一六年十月九日的第二場電視辯論那樣，發生在川普和希拉蕊之間的奇特場景。川普強調身體優勢以及滿滿的敵意，使得辯論場宛若地獄。川普的肢體語言顯示他的內心受到煎熬，他很想直接擊倒對手，但是知道自己只要有一根手指碰到她，便會喪失候選人資格。他就像是一個巨大的氣球，坐在希拉蕊身後的椅子上，不耐煩地前後搖動。憂心忡忡的電視觀眾即時在推特上對希拉蕊發出警示，例如「注意自己的背後」。希拉蕊稍後說，當川普呼出的氣吹到她的脖子上時，「渾身起雞皮疙瘩」。

川普的行為並不是憤怒，而是確實的威脅：他說自己當選總統後，特別檢察官可能會把希拉蕊送入大牢。如果他是一頭雄性黑猩猩，就會把椅子丟出去，或是攻擊旁邊無辜的黑猩猩，好展示自己強大的力量。川普退而求其次，陷害了自己的競選伙伴（他因為外交問題背棄了川普），並且批評歐巴馬總統以及前總統柯林頓（希拉蕊的丈夫）。面對男性目標，川普覺得輕鬆多了。事實上，在辯論開始之前，他舉行了記者會，在會中他又找來了數名女性指控柯林頓，但是這些方法都無法化解他所處的困境：對手是女性。

在辯論結束之後，絕大部分評論家都認為川普輸了比賽。英國政治家奈傑爾．法拉奇（Nigel Farage）嘲諷川普，說他就像是「一頭銀背大猩猩」（a silver-back gorilla），動作有如牠猛烈敲著胸脯，只不過是弱化的版本。身體語言專家也同意這種用靈長類動物來比喻的方法。這些推測的重點在於如果你要成為首領雄性，非得身材高大、力大無窮，隨時都可以殲滅對手。只有在這段期間我才能到處都聽到首領雄性這類的說法，例如川普的兒子艾立克（Eric）為自己父親對女性的猥褻戲謔話語開脫，說那是典型的「首領性格」（alpha personality）的說話方式。當年美國眾議院議長紐特．金瑞契（Newt Gingrich）建議新進的眾議員讀我在一九八二年出版的書《黑猩猩政治學：如何競逐權與色？》（*Chimpanzee Politics: Power and Sex Among Apes*），好了解首領雄性的意義，而使得這個詞大為流行。因此我覺得有必要在這裡解釋「首領」（alpha）的真正意義。

首領雄性這個詞來自於狼的研究，當時只是單純意指排行最高的雄性個體。依照達爾文的「對立原理」(antithesis principle)，主宰雄性和下級雄性會姿勢相反。主宰雄性的毛豎立起來，耳朵朝前豎立，對下級雄性嗥叫時用前腿高高站立。下級雄性則是在地上翻滾，耳朵朝後貼，發出高音的嗚叫聲。

在動物學研究中，首領雄性的意思就只是群體中最高階的雄性。最初是瑞士動物行為學家魯道夫・申克爾（Rudolf Schenkel）在一九四〇年代研究狼群行為時所用，之後一直沿用到今日。不過在政治領域中，這個措詞代表著某種類型的人格。甚至在商業指導課程中教導人們如何成為「首領」，強調首領的滿滿自信、趾高氣昂與決心。他們指出，首領不只是贏家，而是擊敗了周圍的每個人，並且還要時時提醒他們誰才是贏家。首領絕不放鬆。面對競爭，一位真正的首領會勇敢面對並且贏得勝利，就像是進入羊群中的獅子。這些課程推銷膚淺的首領意義，真實沒有那麼單純。在人類社會中如此，在黑猩猩與狼的社會中也是。首領雄性並非天生的，並不是光靠體型與脾氣就能夠得到這個位置。靈長類動物的首領雄性更為複雜，而且並不是靠著霸凌他人得來。

在黑猩猩的世界中，殘酷不仁的暴君有時候會爬上頂端，但是我所認識的首領雄性大部分都恰恰相反。在這個位置上的雄黑猩猩不一定是要身材最魁梧、力量最強大、手段最殘酷，因為首領雄性往往要靠著其他黑猩猩的幫助，才能夠得到這個位置。事實上，如果得到有力的支持者，身材最小的雄性也可以成為首領。大部分的首領雄性要保護地位低的個體，維持群體和平，安慰受到苦難的同伴。要是分析群體中誰會去擁抱打架打輸那一方，我們發現雖然雌性黑猩猩要比雄性黑猩猩更常彼此擁抱，但是有一個例外，那便是首領雄性。首領雄性就像是主要的療癒者，比群體中其他黑猩猩更常去安慰痛苦的伙伴。只要群體中的成員發生爭鬥，其他成員會馬上看他要如何處理這個狀況。他是最後的仲裁者，會去維持和諧。他會高舉雙手介入爭執的兩方之間，直到牠們都平靜下來為止。

這是川普和真正首領雄性大不相同的地方。他苦苦對抗同理心。他沒有讓國家團結穩定，或是同情受壓迫者與受苦者，而是點燃爭執的火焰。他帶頭嘲笑殘障的記者，在白人至上主義者的絕對支持之下持續如此。對於靈長動物學家而言，川普的行為和首領靈長類個體之間相似的地方很少，只能用來指稱他爬到了頂端，並不能用來開脫他的領導風格。

在此同時，川普與世界各地領導人見面時，依然使用充滿威嚇的大力握手方式，進行身體壓迫，對於年輕的領導人也是，例如對法國總統艾曼紐・馬克宏（Emmanuel Macron）便是如此，馬克宏比較年輕，照理握手的力量比川普這個年紀大的人更強，將對川普造成威脅。在這些小規模的衝突中，我有時候希望後來成為政治家的健身冠軍阿諾史瓦辛格（Arnold Schwarzenegger）能夠參加美國總統競選。他可能是唯一在身體較量上可以反諷川普的人，或許還能用他最愛說的「娘娘腔的男人」來攻擊川普，讓政治圈變成比現在還要原始的狀況。

政治鬧脾氣

亞里斯多德說人類是「政治動物」（zoon politikon），他認為人類從事政治活動和心智能力有關。他說，人類屬於社會性動物，這並沒有什麼特殊之處，蜜蜂和鶴也是社會性動物，但是人類具有理性、能分辨是非善惡，因此人類的社群生活和其他動物不同。這位希臘哲學家只有部分正確，他忽視了人類政治活動中強烈情緒化的一面。在政治活動中，理性幾乎不見蹤影，事實本身的重要程度比我們想像得要低。政治活動中最重要的要素是恐懼與希望，領導人的特質，以及他們對人造成的感覺。製造恐懼能夠使得當前議題轉移方向。

即使面對最重大的民主決定，人類通常也依循情緒，而非仔細評估資料之後才下決定，例如英國人民在二〇一六年投票決定脫離歐盟。雖然經濟學家事前已經提出警告，解釋這樣可能會毀滅經濟，但是反移民的心態以及國家榮耀最後獲得勝利，隔天英鎊便創下歷史上最大跌幅。

人類的政治活動由兩種力量所驅動：領導者對於權力的欲望，以及跟隨者對於領導人的渴望。最讓人驚訝的是，我們經常委婉地表示這兩種力量。人類和絕大多數的靈長類一樣，是具有社會階級的物種，我們為什麼會想要努力隱藏社會階級，自己騙自己呢？我們身邊到處都有例子，在兒童之間很早就出現啄序了（日托中心開園第一天可能看起來就像是戰場）。我們汲汲營營於收入與社會地位、在小團體中彼此授與對方漂亮的頭銜，幼稚地熱衷對跌下高位的人落井下石。但是這個領域依然是禁忌之地。由於自己的研究專業之故，我看過許多社會心理學的教科書，每次我見到新的，就會在索引中找尋「權力」（power）和「主宰」（dominance），但是很少找到，顯然這兩件事不重要。有次我在一場心理學會議中強調人類對於權力的欲望怎麼產生驅動力量，反對的意見讓我猝不及防，好像我給他們看的是色情照片。在荷蘭的一項研究中，也出現了想要隱藏權力動機的企圖。這項研究詢問公司的經理人對於控制程度的需求。雖然我們全部都認為他們希望具有控制權，但是沒有一位經理人認為這個想法和自己有關係。他們描述自己在公司的角色是擔負責任、維持公司聲譽、管理組織，一致認為是其他人想要奪取權力。

候選人也一樣不願承認這個事實。他們在推銷自己的時候說要成為公僕，為了解決經濟問題和促進教育才參加了現代的民主活動。「公僕」這個字眼本來就是模稜兩可的誇大說詞。有人會真的相信，他們是為了服務大眾才願意受到那些毀謗與中傷的嗎？因此對於黑猩猩的研究才能如此讓人耳目一新：牠們是我們所期待的誠實政治家。觀察牠們為了高位耍手段時，想要找出別有用心的舉動或是虛偽的承諾，將會徒勞無功。牠們的所有追求真是一目了然。

只有哲學家坦白道出人類這個物種一直在追求權力。我最先想到的是義大利哲學家尼可拉．馬基維利（Niccolo Machiavelli），霍布斯則認為人類無法壓抑追求權力的欲望。尼采（Friedrich Nietzsche）談論人類的「權力意志」（will to power）。在學生時代，我意識到生物學課本幾乎無法解釋黑猩猩的行為，便拿了一本馬基維利的《君主論》（*The Prince*）。書中露骨地描述人類行為，這些見識來自於他實際觀察博基亞家族（Borgias）、梅蒂奇家族（Medici）、教宗的結果。這本書讓我建立了正確的認知框架，記錄下動物園猿類的政治活動。不過現在人們談論這位來自佛羅倫斯的哲學家時好像是聞到惡臭，把他和充滿心機、缺乏道德的政治手段聯想在一起。他們的態度好像是在說「我們比他描述的好得多，不要去理會那些反對的證據。」

要觀察人類對於權力的欲望之深，莫過於

雄黑猩猩都發奮要爬到頂端。左側的首領雄性看起來要比右側的對手大上兩倍，其實兩者體型一樣。他的毛髮豎立起來，雙腳站立、大搖大擺走著，目的是要壓迫對手。

看一個人失去權力時的反應。成年人可能會像小孩子沒得到預期結果那樣，陷入無法控制的憤怒之中。年輕的靈長類或是人類兒童一注意到自己的願望無法達成，就會大叫、鬧脾氣：我過的生活不應該是這個樣子！那使盡全力從喉嚨發出的聲音，足以震撼所有鄰居，讓他們知道自己遭受了極大的不公平待遇。小孩子會滿地打滾、高聲尖叫、頭到處撞、無法站立，有的時候還會嘔吐，吃下去的營養食物全部都白費了。幼兒在斷奶時期常鬧脾氣，對於猿類來說大約四歲，人類來說是兩歲。政治領導者失去權力的反應也非常類似，所以英文有「斷了權力的奶水」（weaned from power）這樣的說法。當美國前總統尼克森（Richard Nixon）了解到自己隔天必須辭職時，雙膝跪地流淚，雙拳打在地板上，哭喊道：「我做了什麼？為什麼會這樣？」鮑勃．伍德華（Bob Woodward）和卡爾．伯恩斯坦（Carl Bernstein）在他們於一九七六年出版的書《最後的日子》（*The Final Days*）中說，尼克森當時的國務卿亨利．季辛吉（Henry Kissinger）安慰這個下台的領導人，就像是安慰小孩子一樣，用手擁抱著他，反覆說明他的政績，直到他完全平靜下來。

微軟公司的執行長史蒂芬．巴爾默（Steve Ballmer）得知了公司的資深工程師要離職，加入競爭對手的公司，就真的抓起一張椅子丟過房間。在發了一頓脾氣之後，他開始長篇大論，說要如何幹爆那些Google的工程師。情緒越是高漲，對於身體的負擔就越大。有謠傳說北韓前「偉大的領導者」金正日在視察水力發電大壩時，因為大發脾氣而去世。他已經下

年幼的靈長類在願望無法達成時，非常會鬧脾氣，每個人類家長都很熟悉這個狀況。成年的靈長類很少這樣，除了成年雄黑猩猩或人類政治領導人物斷了權力的奶水時。

令要整修維護，不料漏水狀況讓他勃然大怒。壞脾氣和心臟病聯手害死了他。

就如同季辛吉所說的，對男性而言，權力是最好的春藥。男性會好好守護權力，如果有人膽敢挑戰，就不顧一切反擊。對於黑猩猩來說也是這樣。我頭一次看到首領黑猩猩丟臉的時候，他的叫聲和情緒都讓我受到震撼。首領雄性通常具備了高貴莊嚴的氣質，但是這時他面對挑戰者時，讓人無法認出他是首領雄性，挑戰者耀武揚威從他身邊走過，拍他的背，並且在他前進的方向上投下巨大的石頭。首領雄性在對抗的時候，挑戰者幾乎不會把路讓開。現在該怎麼辦。在這樣的對抗中，首領雄性就像是從樹上掉下來的爛蘋果，在地上翻滾，發出痛苦的叫聲，等著群裡其他的黑猩猩來安慰他。他像是個被迫離開母親乳房的幼猿。同時也如幼猿那樣在鬧情緒的時候望著母親，希望能夠看到柔和的眼神。首領雄性會注意接近自己的黑猩猩。當在自己身邊的黑猩猩數量夠多，他馬上就恢復了勇氣，在支持者的跟隨之下，重新和對手較量。

首領雄性一旦失去了寶座，在每次爭鬥之後會坐著看遠方，無法習慣輸的感覺。他的臉上可能會浮現空虛的表情，對於周遭的社會活動毫不在意。他會拒絕進食好幾個星期，以往巨大的身形現在只剩下幽靈般的殘影。對於這頭落敗且氣餒的首領雄性來說，生命中的陽光已經消失了。

在人類社會中，大公司和軍隊這樣最需要密切合作的組織，階級界線最為嚴格分明。每當要下決定時，由上而下的命令鏈是要壓過民主的。這時我們會自動轉移成比較遵守階級的模式，以因應情境需求。在一項早期的研究中，夏令營中的十一歲男孩分成了兩群，彼此競爭。這時候群體向心力會增加，社會規範的力量會加強，領導者和追隨者模式的行為也是。這項實驗顯示了地位階級具有凝聚力的功能，在需要協同行動的時候增強凝聚力。這是權力結構的詭異之處：區分出階級卻又讓人們凝聚在一起。

階級結構一旦建立起來，衝突便會減少。在階級中地位低的個體可能會想要往上爬，但是他們也能安於次一等的選擇：維持和平的現狀。他們還會看周圍是否有地位更低的個體，好用來發洩挫折。溝通中不時彰顯自己的地位，這訊息能確保領導者不需要用武力來強調自己的地位，這樣大家都能得到暫時的喘息。就算有人相信人類之間的地位要比黑猩猩之間更為平等，也得承認在人類社會中，如果階級秩序沒有受到承認，將會無法運作。我們渴望階級的透明化。想想看如果在人類彼此的關係中，連一點表明地位的線索都沒有，會造成什麼樣的誤會。就像是邀集神職人員開會討論重要決議時，要他們穿著相同的服裝。在無法辨認出誰是主教、誰是教宗時，就會出現不合禮節的騷動，這時地位比較高的「靈長類」在缺乏以顏色標記階級的狀況下，只好被迫展現驚人的威嚇行為，我想大概是抓著吊燈搖晃之類的。

謀殺

一九八〇年某天，我接到電話，說我最喜歡的雄黑猩猩魯特在伯格斯動物園中受到同類的殘殺。前一天我離開動物園的時候便很擔心他，但是我衝到動物園時，看到的事情更是讓我猝不及防。魯特通常得意自傲，不太親近人類，但是這時卻希望受到觸摸。他坐在一攤血中，頭靠著夜間休息籠子的欄杆上。我輕輕觸摸他的頭，他發出了深深的嘆息。至少在此時，我們彼此之間的聯繫沒有消失，只不過這最後的會面悲慘至極。他顯然處在生死危急的關頭，儘管還能動作，但是全身都有深深的傷口，造成大量失血。他有些手指和腳趾也沒了。不久我們就發現他更重要的身體部位也不見了。

獸醫一來，我們就讓魯特鎮定下來，帶去進行手術，確確實實縫了幾百針。在這讓人絕望的手術過程中，我們發現他的睪丸都消失了。陰囊上有洞，但是洞看起來比睪丸小，後來飼育員在籠子地上的麥稈堆中發現了睪丸。

獸醫用不帶感情的聲音說：「睪丸是擠出來的。」

魯特沒有從麻醉中醒過來。他突然升為首領雄性，讓其他兩頭雄黑猩猩受挫。在勇敢面對這兩頭黑猩猩時，他付出了慘痛的代價。魯特在數個月前竊據了最高的位置，起因是其他兩頭黑猩猩的聯盟分裂了。晚上發生在籠子中的爭鬥，顯示這個聯盟突然復合，造成了致死的結果。

前一天晚上，我和飼育員在動物園中待到很晚，想要分開這三頭成年雄黑猩猩。牠們想在待在同一個籠子中，每當我們降下活動門板，要把牠們區隔開來的時候，牠們不是擋住門板，就是彼此攀在一起，讓我們無法成功。到頭來我們只好放棄，打開所有的門，讓牠們在數個彼此相通的房間中過夜。

造成魯特死亡的爭鬥，其實是發生在其他黑猩猩不在場的狀況下。我們不會知道到底發生了什麼事。雄黑猩猩之間的爭吵如果失控，雌黑猩猩聚在一起介入的情況不算不尋常。但是在晚上發生攻擊時，雌黑猩猩睡在同棟建築中的其他籠子中，她們一定聽到了爭鬥的聲音，卻無法介入。

飼育員隔天早上發現到的血腥場景，讓我們知道另外兩頭雄黑猩猩密切配合彼此行動。這兩頭雄黑猩猩幾乎沒有受傷，比較年輕的那一頭後來成為了首領雄性，身上只有輕微皮肉擦傷。年長的那一頭完全沒有受傷。應該是他壓住魯特，由年輕的雄黑猩猩進行攻擊。

魯特曾經是群裡了不起的首領雄性，我也很喜歡他的性格，他的死亡除了讓人悲傷之外，也引發另一個問題：是人工的環境造成了這樣的不幸事件嗎？有些評論者會說：「動物如果沒有自由生活，那麼你想要怎樣？他們當然會彼此殘殺！」這話好像是在說自由生活就能夠免於壓力和衝突，當然不是這樣。現在我們知道恐怖如斯的場景在野外也會出現。不過回到一九八〇年，我們還沒有理由，確信這樣的殺戮的確會發生。當時所能得到的黑猩猩致死攻擊報告相當稀少，而且全都著重於不同群落雄黑猩猩之間的致死攻擊行為，通常說成爭奪領土才發生的攻擊。所以我們前一天晚上並沒有太擔心，認為這些雄黑猩猩彼此熟識，如果牠們不希望關在一起，應該會抓住彼此分開過夜的機會。

事後回想，牠們拼死也要在一起真正的原因，就是因為彼此之間關係緊張。這聽起來違背直覺，但是如果權力來自結盟，那麼哪一頭黑猩猩獨自過夜都相當冒險，因為其他兩頭黑猩猩可以整夜彼此理毛玩耍，拉近關係，這種狀況絕對要避免。黑猩猩對於自己和其他個體間的結盟非常敏銳，牠們會付出一切、只為避免敵對結盟的產生。因此這三頭雄黑猩猩都不想看到其他兩頭雄黑猩猩在自己不在的狀況下一起過夜。雖然魯特從那兩頭黑猩猩那兒奪取了高位，他也知道最後他還是需要他們的支持，而非對抗，所以說他得努力建立起關係。

這件令人震撼的事件對我造成了深遠的影響。之後許多個夜晚，我夢到了那天清晨的恐怖景象。在此同時，我也計畫要搬到美國。我同時思索這兩件事，好像是魯特對我稍來的訊息，告訴我將來該如何。當時我正忙著規畫未來數年新的研究內容，探究各個領域時的利弊得失。我該向其他人一樣研究攻擊行為嗎？或是研究伴侶選擇、母方照護、智能、溝通？

之前我對和解行為有興趣。有些同行認為動物這種行為是一種「奢侈」的表現，甚至還有人說只是僥倖出現而已，但是我那時認為和解行為絕對有其必要。魯特的死亡讓我知道，如果化解衝突的常規方法失敗了，事情就變得很麻煩。我決定未來繼續研究這個主題。不論如何，我整個職業生涯都投注在這個領域，一開始是觀察行為，後來進行親社會、合作、公平行為的實驗。這個結果證明了情緒能夠造成的影響多麼深遠。魯特之死讓我進入一個我認為可能提供答案的領域，之前許多人認為這個領域既不扎實，也不重要。

多年之後我才了解到當時在動物園中發生的那個事件，並不如我們之前所認為的那樣異常。即使因為在圈養的狀況下有可能讓攻擊事件容易發生，但也幾乎不是起因。最早關於野外類似行為的觀察報告，對象是坦尚尼亞岡貝國家公園中的哥布林（Goblin）。哥布林這個首領雄性的特殊之處在於他的表現徹頭徹尾就像是個渾蛋。在珍古德一九九〇年的書《大地的窗口》（*Through a Window*）中，描述他年輕時就常搞破壞，無緣無故在一大早就把其他的黑猩猩從巢中踢出來。他不和其他黑猩猩交朋友，而是恐嚇每頭黑猩猩。有天他在和挑戰者的打鬥中落敗了，報應接踵而至，一群憤怒的黑猩猩對他下手。實際發生的地點在森林底下濃密的植被中，幾乎無法看見，但是哥布林發出了驚恐的叫聲，手腕、腳、手掌都受了傷。最重要的，他的陰囊也受傷了。那個傷和魯特所受的傷極為相似。

哥布林的陰囊因感染而發炎腫脹，並且發高燒，他可能會因此死亡。在受傷後幾天，他的行動緩慢，經常休息，吃得也很少。一位獸醫麻醉了他，施予抗生素。他漸漸康復，遠離了原來的群體。後來他想要重新奪回首領地位，虛張聲勢地威嚇新的首領雄性。這個是大錯特錯，因為群裡面其他的雄黑猩猩都追著他，他又受了重傷，田野工作站的獸醫再一次救了他的性命。

更新的報告來自於馬哈爾山，日本的靈長類學家團隊數十年來持續追蹤當地生活的黑猩猩。我曾經和這個工作站的創立者、我的朋友西田利貞造訪位於坦尚尼亞坦干依喀湖畔的馬哈爾田野工作站，以便親自觀察野生黑猩猩的政治活動。西田非常喜歡群裡的超級首領雄性恩托洛基（Ntologi），他在位了十二年，這算是前所未見。他精於讓群體化整為零、以便統治，同時又擅長賄賂。舉例來說，如果他沒有親自獵捕到猴子，會占用其他黑猩猩得到的肉，分給自己的支持者，但是卻不給對手。控制肉類動向成為了他揮舞政治權力的工具。不過到最後，這頭傳奇的黑猩猩遭到了暴力放逐，被迫在全體領域的邊緣獨自生活。他的腳跛了，只能舔著傷口，幾乎無法行走。

由於周遭其他黑猩猩群體具有敵意，獨自生活的雄黑猩猩又得不到幫助，他的狀況非常危險。恩托洛基直到恢復相當的行走能力之前，都沒有在群體黑猩猩前露面。後來他有的時候會出現，誇耀自己的力量和精神，但是在沒有其他黑猩猩看見的狀況下，他又恢復跛足舔傷的狀態，宛如利用短暫的公開現身，驅散自己身體衰弱的說法，不讓對手得意。這有點像是蘇聯的克林姆林宮會讓生病的領導者在電視上招搖亮相，好說明他的狀況沒有像謠言所傳的那麼糟糕。

經過了數次的回歸和更多次的驅逐，最後恩托洛基身體已經衰弱，回到群體，被迫成為階級中地位最低的雄性。西田往日的偶像，現在變成了沙包，只要有年輕的雄黑猩猩攻擊他，就會尖叫跑開。他已經完全喪失了尊嚴。最後恩托洛基在自己群體占據的領域中遭到殺害，下手的可能是自己群體裡的小聯盟。研究人員發現他的時候，他渾身是很深的傷口，並且陷入昏迷，四周是經常攻擊他的黑猩猩。他在隔天死亡。

還有更多類似的例子報告出來，我通常到這裡就會停止了（我討厭詳細說明這種行為）。但是幾年前美國靈長類學家吉兒．普魯茲（Jill Pruetz）報告了一個極度懾人的案例，讓我難以省略。普魯茲研究塞內加爾（Senegal）稀少莽原中的黑猩猩，這群黑猩猩的首領雄性福杜科（Foudouko）的盟友臂部骨折受傷，因此群裡發生了叛亂，其他成員趁著這個機會猛烈攻擊福杜科，受到放逐的他只能在領域邊緣活動，幾乎是獨自生活了五年。每次他想要回到群裡，年輕的雄黑猩猩可能回想起他以往嚴酷的統治，都把他趕跑了。後來有天普魯茲聽到了營地半英哩外傳來的吵雜聲。她抵達聲音的來源，見到了可怕的一幕：福杜科全身是傷，攤在地上，已經死亡，其他的黑猩猩幾乎一點傷口都沒有，可見牠們是有組織地進行攻擊。牠們持續蹂躪屍體，咬他的喉嚨和生殖器，並且吃下少部分的屍身。普魯茲和其他工作人員埋葬了福杜科，其他的黑猩猩整夜彼此安慰，並且對著墳墓發出緊張的叫聲，好像是非常害怕他的屍體。

在伯格斯動物園的事件之後，我就特別注意著年長的雄黑猩猩傑倫，因為他是凶手。傑倫是我見過最工於心計的黑猩猩，真正的馬基維利主義者。他在地位穩定的時候，是一個偉大的領導者，但是如果有其他黑猩猩阻礙他的行動，他就會變得殘酷無情。我確定他就是攻擊魯特的幕後黑手，把年輕的黑猩猩當成棋子。我們通常不會把一頭動物說成是「凶手」，因為這個詞往往意味著，要有所預謀才會下手。

許多動物在激烈戰鬥中會殺死對方，例如公鹿彼此以鹿角纏鬥時，或是雄巴諾布猿的犬齒刺入對手身體，造成失血和感染。在絕大部分的狀況中，我們都不清楚牠們是否要刻意殺死對方。但是在黑猩猩的世界中，我從目擊者那兒聽到的說法，牠們在攻擊同類時所表現出的行為，幾乎都是「充滿意圖」。目擊者描述那些極度凶殘的過程時，語調中帶著震驚：攻擊者會喝下對手的血，或是刻意扭斷對方的腿。黑猩猩似乎決心想取對方的性命，不達目標絕不停止。據說牠們在「犯案」後數天會經常回到血腥的現場，可能是要查清楚自己的行動是否達到了效果，並且確定對手已經死亡。牠們發現受害者的屍體，並不會覺得驚訝或是緊張，唯一的解釋就是牠們預期會看到屍體。

掠食性動物一直都會刻意殺死同類以外的個體，這不會讓我們震驚，也不會讓我們稱之為「謀殺」。掠食者在獵物斷氣之前，通常不會退縮。老虎咬住印度水牛的脖子時，雙顎會緊緊夾住，讓水牛窒息。老鷹抓起山羊丟到懸崖下，為的是把山羊摔死。鱷魚大力把斑馬拖到河中淹死。這些掠食者都是刻意殺死獵物。如果獵物還有任何生命跡象，掠食者會再度攻擊。黑猩猩在殺死同類的時候，也展現出同樣的意圖，所以我覺得用「謀殺」這個詞彙並非不妥。

從我的經驗來看，越好的領導者在位時間越久，下台之後也比較不容易受到殘酷的對待。這方面我們並沒有扎實的統計資料，而且我也知道有例外。不過一頭黑猩猩如果是靠恐嚇其他個體來維持自己的首領地位，那麼統治的時間往往只有數年，而且下場就像是義大利法西斯獨裁者貝尼托．墨索里尼（Benito Mussolini）那樣慘。面對領導者的霸凌，群體似乎會等待挑戰者出現，在他有機會挑戰的時候熱烈支持。在野外，惡霸雄黑猩猩會受到放逐或是殺害，就如同哥布林和福杜科那樣。在圈養狀態中，為了維護牠們的安全，飼育者會把牠們帶離群體。受到擁戴的領導者則不然，牠們通常能夠掌權很長一段時間。如果有年輕的雄黑猩猩要挑戰這樣的首領雄性，群體會站在首領雄性這一邊。對於雌黑猩猩來說，沒有比穩定在位的首領雄性更好的，這樣的首領會保護她們，並且維持群體生活的和諧，適合撫養後代。雌黑猩猩通常會支持這類雄性掌控團體。

好的領導者在下台之後，他可能只是排序降個幾級，在群裡面優雅地老去。他可能在幕後依然有相當影響力。多年前我認識這樣的雄黑猩猩，名叫費尼斯（Phineas），他的領導位置被其他黑猩猩奪取之後，成為排行第三的雄黑猩猩，並且受到年輕黑猩猩的喜愛，他就像爺爺一樣會和牠們玩耍嬉鬧，也是所有雌黑猩猩歡迎的理毛對象。新的首領雄性允許他排解群裡面的爭執，而不是自己來做，因為那頭年長的雄黑猩猩精於此道。那幾年是我見到費尼斯最放鬆的一段時光。這很容易理解：雖然大家都認為當上首領雄性很棒，但那也是壓力很大的位置。

有生理學方面的證據，證明成為首領雄性並非那麼美好。科學家收集了肯亞草原上狒狒的糞便，從中取得壓力相關的激素，顯示地位低的雄性受到的壓力，的確比地位高的雄性要多，這滿合理的，因為地位低的雄性總是受到追趕，又不能和雌性接觸。但是讓人大吃一驚的是，最高位置的雄性受到的壓力幾乎和底層雄性一樣大。只有最高位置的雄性會這樣，因為他要持續觀察底下不服從與勾結的跡象，避免自己被扳倒。莎士比亞在《亨利四世》（*Henry IV*）中寫道：「戴著皇冠的頭下有不安在騷動。」巴諾布猿和黑猩猩的首領雄性或許也是如此。

戰鼓響起

人類的許多情緒，其他的動物也有，不過我們總是討論其中一部分：「好」的情緒，特別是那些我們認為可以提高動物評價的情緒。動物也會猛烈攻擊敵人，或是把獵物狼吞虎嚥吃下肚，但是沒人要我們因為動物這樣的特性而特別關懷牠們。喚起人們注意的論點，往往涉及依附關係、互助合作、犧牲奉獻、照顧後代、悲傷痛苦，以及喜愛。當代最早著重描寫動物這些能力的書之一，是傑佛瑞・莫斯耶夫・麥森（Jeffrey Moussaieff Masson）在一九九四年出版的《哭泣的大象》（*When Elephants Weep: The Emotional Lives of Animals*）。伊莉莎白・馬歇爾・湯瑪士（Elizabeth Marshall Thomas）、天寶・葛蘭汀（Temple Grandin）、芭芭拉・金恩（Barbara King）、馬克・貝科夫（Marc Bekoff）、卡爾・薩費納（Carl Safina）等人的優秀著作也讓我們知道動物具備這些能力。我著作中關於靈長類動物追求和平與同理心的書也屬於這一類。但是不可否認，動物也具備了一些情緒，會讓牠們因為性方面的嫉妒攻擊對手、為了提高排行而爭鬥、拓展領土而犧牲其他個體、殺嬰等。動物的情緒生活並不是全然那麼美好。

我們的討論必須涉及所有情緒，才會更貼近現實。最早受到研究的動物情緒是「攻擊」（aggression），在一九六〇年代與一九七〇年代，這是生物學家唯一重視的情緒。在當時對於人類演化所有的爭議，歸根究柢都能說成是攻擊本能。生物學家並不提及情緒本身，而是定義「攻擊行為」（aggressive behavior）：傷害或是意圖傷害同種個體。他們注意的還是結果。但是在攻擊背後有一種明顯的情緒，展現在人類身上的是生氣或者憤怒，動物之間彼此對抗也是因為相同的情緒。這種情緒展現於肢體的方式，在各種動物身上也是相同的，例如發出低沉的威脅聲音（各種咆哮吼叫）。這種聲音和體型有關，喉嚨越長，發出的聲音就越低沉。我們不用看，光是聽吼叫聲就可以區分出巨大的洛威拿犬（Rottweiler）和嬌小的吉娃娃。雄大猩猩拍打胸部發出的聲音，也能夠讓我們多少知道他的身軀大小。受到威脅恐嚇時，動物會用各種方式讓身體看起來比較大，例如聳起肩膀、拱起背部、張開翅膀、鼓起毛髮或是羽毛。牠們也會露出爪子、角或是牙齒等武器。

人類這個物種的雄性個體也會挺起胸膛、雙手握拳，好顯露胸大肌。青春期男孩的喉嚨會往下降，聲音變得更強而有力，但女孩不會如此。這些特徵是要威嚇與造成恐懼，攻擊者才能達成目的。大部分時候這種方法能夠奏效，但是如果沒有達成目的，情勢就會更加緊張。要做的事情受到阻礙，或是地位或領域受到挑戰，憤怒之情便會油然而生。在個體想要取得事物或是保衛已有事物時，通常就會展現出憤怒這種情緒。

有些人把憤怒與攻擊描述成反社會的情緒，但其實這兩種情緒和社會關係密切相連。如果你在城市地圖上標定咆哮、侮辱、尖叫、砸門、摔東西的地點，會發現絕大部分都位在家庭住宅區，不是在街道、運動場、校園和商場，而是發生在你我家中。警方調查兇殺案時，最先懷疑的就是家庭成員、戀人以及親近的同事。因為在社會關係中，攻擊是一種談判協商的方式，通常也在具有社會關係的個體間發生。

同時親近的社會關係也是最容易修復的。人類家族能夠在一起生活的原因，也是家族成員彼此之間最常達成和解。伴侶、手足、朋友之間經常重複著衝突與和解的循環，如此反覆不已，這是談判協商的方式。你以生氣的方式表達自己的看法，然後藉著親吻與擁抱言歸於好。其他的靈長類動物也以同樣的方式維護關係，避免衝突造成了侵害：牠們在爭鬥之後會親吻與彼此理毛。最親近的個體之間也最容易和好。

但是在某一個領域中，攻擊行為很常見，和好卻很罕見，因此結果便截然不同。一九六六年，勞倫茲出版了《攻擊與人性》（*On Aggression*），他在這本書中主張人類的攻擊驅力導致戰爭，戰爭是人類生物本質的一部分。這個說法讓攻擊行為這個領域備受矚目，許多人難以接受這個看法，因為這位奧地利人在第二次世界大戰期間加入了德國軍隊。相關爭論從那時起就熱烈延燒至今，其中往往摻雜了意識形態。有些人認為，人類注定要持續戰爭。有另一些人則認為戰爭只是目前一些狀況引發的文化現象。

不過毫無疑問，現代戰爭和人類這個物種的攻擊本能還是有幾步之遙，並不是完全相同。要發動一場戰爭，通常是由首都的老人做決定，他們基於政治、經濟因素以及自大而發動戰爭。年輕人則接收命令，負責去做那些骯髒事，我在其中沒有看到什麼攻擊本能，而是看到群體本能：成千上萬的男女亦步亦趨，願意遵守命令。我無法想見，拿破崙的士兵在西伯利亞受凍時有憤怒的情緒。我也從來沒有聽說過，從越戰退下來的美國老兵說他們是因為心懷憤怒才參加越戰。話雖如此，戰爭是極端複雜的議題，卻還是有人經常把戰爭的原因化約成攻擊本能。

我們能在近代歷史見到許多戰爭大屠殺，自然而然就聯想到戰爭刻印在我們的DNA中。英國首相溫斯頓．邱吉爾（Winston Churchill）就是這麼想的，他寫道：「人類這個種族的故事就是戰爭的故事，除了短暫且不安的插曲之外，世界從來沒有和平的時刻。在有歷史之前，爭鬥便無所不在、未曾終止。」說是不幸或是幸運都可以，沒有什麼證據支持邱吉爾所謂戰爭來自天性的論點。雖然個人受到殺害的考古證據可以追溯到數萬年前，但是戰爭的證據（例如埋葬了大批留有武器骨骸的墓園）出現在農業革命之後，人類則是在一萬兩千年前才開始以農耕與畜牧為生。在此之前的戰爭證據，一個都沒有。舊約聖經中的「耶利哥城牆」（walls of Jericho）很是出名，人們以前認為這些城牆是最早的戰爭證據，現在這個說法也被推翻了：城牆最初的主要功用是阻擋泥流。

比聖經故事更久遠的時代，我們的祖先零星分布在地球上，當時只有數百萬名人類。從粒線體DNA研究中發現，大約在七萬年前，人類幾乎快要滅絕，只有一些小群體，彼此相隔甚遠，這種狀況幾乎不可能引發持續性的戰爭。現在我們經常認為那時候的人類過著狩獵與採集的流浪生活，經常從事和平的貿易、通婚、獵物交換，並且聚在一起吃大餐。近年有坦尚尼亞的哈扎部族（Hadza）交友關係的研究，當中得到非常驚人的結果。他們彼此之間有複雜的互動關係，遠遠超出群體與親族網絡。我們的祖先可以選擇發動戰爭，但是他們往往像是哈扎部族那般和平來往，和邱吉爾的說法完全不同。更有可能的狀況，應該是長時間的和平與和諧狀態，中間偶爾冒出一些暴力爭鬥事件。

一開始要解決這個爭論時，猿類非常重要。當初人們認為猿類就是人類祖先的標準樣式，牠們會在樹上盪來盪去，尋找食物，像是啟蒙時代法國與日內瓦思想家盧梭所說的「高貴的野蠻人」（Noble Savage），只不過是以果實為生。不過到了一九七〇年代，田野觀察報告指出黑猩猩會彼此殺害，獵捕猴子，還會吃肉，此說引發了巨大的衝擊。雖然殺死其他的物種一直都不是什麼問題，在黑猩猩身上觀察到這種現象，倒是指出人類的祖先其實是凶殘的動物。不過（如之前所敘述）黑猩猩殺害領導者的偶發事件，就能好好拿來和黑猩猩暴力殺害其他群體中同類的事件比較了。結果猿類的行為原本是拿來反駁勞倫茲的立場，現在成了最常用來支持他這個立場的例子。英國的靈長類專家李察．韋漢（Richard Wrangham）在《男性惡魔：人猿與原始人的暴力》（*Demonic Males: Apes and the Origins of Human Violence*）中提出結論：「黑猩猩那般的暴力從以前就存在，並為戰爭製造條件，五百萬年來的致命侵略習慣，使現代人類成為茫然的倖存者。」雖然他已盡力說明這特徵有解釋空間，我們仍有選擇的自由，但是依然回到「戰爭是人類本質」的論點。如果有所謂解釋空間，那麼在人類的歷史與史前時代，又怎麼會「持續」發生戰爭呢？

這種說法聽起來好像是真的，但是缺乏考古證據的支持。我們無法知道戰爭行為是否可以追溯到人類最早的祖先，也不知道這些祖先有哪些地方類似黑猩猩，因為在熱帶雨林中，化石不容易形成，我們不知道先祖的形狀和大小，「他們屬於猿類」是個不錯的猜測，可是人類這個分支已經改變了很多，其他猿類的分支也是如此。現在我們所見到的生物並無法指出人類的祖先是什麼模樣。我們只知道人類和猿類最後的共同祖先可能類似黑猩猩、巴諾布猿、大猩猩、紅毛猩猩，或是其他的動物，這是著名的「失去的連結」（missing link）。有些專家猜像是長臂猿，但是這種猿類並不會以指節觸地的方式行走，而是雙臂交錯在樹枝之間擺盪。

在這些有可能類似人類祖先的猿類中，巴諾布猿是最有趣的，因為牠們的天性愛好和平。已經有許多確實的報告指出黑猩猩會殺害

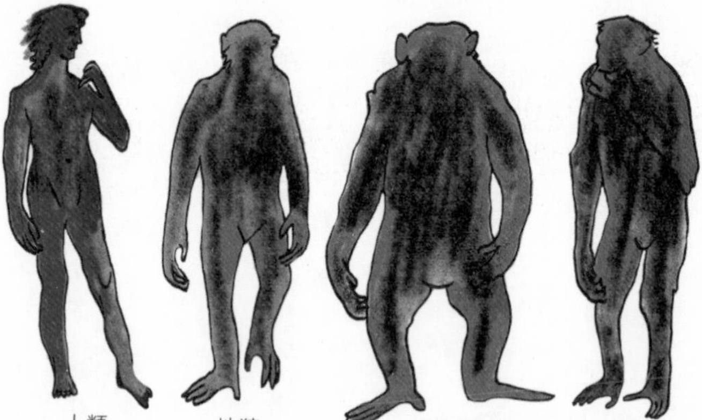

在所有大型猿類中，巴諾布猿的手腳長度比例最接近人類，也最類似人類的祖先地猿（Ardipithecus），這點可以從這四種猿類的剪影（並非實際比例）看得出來。如果人類真的是演化自類似巴諾布猿的猿類，那麼勢必要重新改寫人類史前史，減少與攻擊性相關的內容，增加性與雌性權力的部分。

同類，但是到目前為止卻沒有報告說野外或圈養的巴諾布猿會幹相同的事。相反的，田野工作人員描述，不同群體的巴諾布猿混在一起也不會發生暴力事件。這些猿類碰面的時候會發出叫聲，或許展現些許敵意，但是很快就走向彼此，進行性行為和理毛。雌巴諾布猿會讓幼猿和其他群的年輕巴諾布猿、甚至是年長雄性一起玩耍。巴諾布猿具備的社會網絡，可能延伸到自己所處群體之外。不同群體的成員彼此相遇的時候似乎很高興見到對方，而且完全放鬆。最近的田野報告甚至記錄到牠們在領域邊界分肉出去。對於黑猩猩來說根本無法想像，黑猩猩群牠們只會產生各種程度的敵意而已，絕對不會像巴諾布猿群熱忱親切、彼此信賴。黑猩猩群體如果相遇，雌黑猩猩都會想要盡量遠離對方，因為最小的孩子會遭受到很大的風險。和人類親緣關係最接近的兩種猿類差異如此鮮明：在森林中，黑猩猩群體彼此接觸會發生血腥的戰鬥，巴諾布猿則是一起野餐。

在剛果民主共和國位於金夏沙（Kinshasa）附近的巴諾布猿天堂保護區（Lola ya Bonobo Sanctuary），最近決定把原本分開的兩群巴諾布猿混合在一起，好增加社會性互動。如果是黑猩猩，沒有人敢這麼做，因為唯一可能的結果就是血流成河，而巴諾布猿會一起縱慾狂歡。由於巴諾布猿會幫助陌生者完成目標，研究人員認為牠們是「喜愛外來者」（xenophilic）的，而黑猩猩是「厭惡外來者」（xenophobic）。巴諾布猿的腦部結構反映出這種差異，牠們察覺其他個體悲傷的相關腦區，例如杏仁體和前島（anterior insula），要比黑猩猩來得大。巴諾布猿腦中控制攻擊衝動的迴路更多而且發展得更好。在所有猿類（包括人類）中，巴諾布猿的腦可能是最具有同理心的。

你會想「這很有趣啊！」但是科學界不願意認真研究巴諾布猿。巴諾布猿太和平、太注重母系、太溫和了，並不符合受歡迎的人類演化主流故事，這個故事中充滿了征服、雄性主宰、狩獵與戰爭的情節。我們有一個「男性獵人」與「猿類兇手」理論。我們想法是群體之間的競爭讓人類合作，我們的理論是因為女性喜歡聰明的男性、使得人類的腦部增大。我們提出的人類演化理論總是圍繞著雄性以及讓雄性成功的方式，沒有例外。黑猩猩最符合這些說法，沒有人知道該拿巴諾布猿怎麼辦。我們總是說這種過著嬉皮生活的近親很可愛，然後就把牠們放到一邊去。普遍的聲音是：巴諾布猿真的深具魅力，但是我們還是研究黑猩猩好了。

二〇〇九年，有四百四十萬年的始祖地猿（*Ardipithecus ramidus*）化石出土了，她的牙齒形狀並不符合標準的論述。「地猿」的犬齒小，意味著牠們是生性和平的物種。你可能會認為這正是轉而研究巴諾布猿的好時機，因為牠們也生性和平，犬齒也小而且平。在所有猿類中，巴諾布猿看起來最像地猿，包括身體各部位的比例、較長的腿部、腳掌能夠抓握，還有腦部大小。但是地猿並沒有讓人類學家產生新的看法，強調人性中的溫柔與同理潛能，與人類親緣關係最接近的巴諾布猿關係密切，他們反而是對於地猿不符合典型而傷透了腦筋：

人類為何有那麼溫柔的祖先呢?他們把地猿歸屬於異常而且神祕的物種,好讓流行的雄性故事線保持完整。

根據他們的說法,人類在「自然的狀態下」(天曉得這種狀態是否存在),會持續發動戰爭,唯一的希望就是文明。史蒂芬・平克(Steven Pinker)在二〇一一年出版的書《人性中的良善天使:暴力如何從我們的世界中逐漸消失》(*The Better Angels of Our Nature: Why Violence Has Declined*)就支持這個觀點,他偏好以黑猩猩作為最佳模型來解釋人類的演化。平克認為文化的進展夠解決我們所面對的所有問題。我們需要控制本性,不然我們就會像黑猩猩那樣。這樣一如佛洛伊德的說法(佛洛伊德認為文明讓人類的本質變得更溫馴),在西方世界中根深柢固,而且到現在依然非常受到歡迎,不過自此同時,文化人類學家和人權組織厭惡總是有人認為沒有文字的民族一直生活於慢性暴力之中。從以前到現在,有些人利用這個迷思來反對那些民族具有人權。或許有些部落是那樣沒錯,但是批評者認為,在人類學相關紀錄當中,要嚴格揀選利於己方論點的證據,才足以支持平克對於人類於血腥之中演化的看法。「野蠻人」完全不像有些人所認為得那樣野蠻。

這個「文明拯救人類」的想法中,最讓人大惑不解的地方,在於具備了現代文明的探險者和沒有文字的民族遭遇之後,使用暴力的無一例外都是前者。英國人發現澳洲時如此,清教徒抵達新英格蘭地區時如此,哥倫布抵達新世界時如此。即使原住民帶著禮物和友誼歡迎這些外來訪客，但是這些訪客卻屠殺了招待自己的主人。哥倫布所接觸到的民族根本就不知道劍是什麼，只是驚訝他只靠五十個士兵就擊敗了自己。文明的教化可真是風行草偃啊！

我自己的看法不只專注於人類歷史，也關乎靈長類降低衝突的天賦能力。絕大部分的時候，靈長類都長於維持和平。在爭論人類的演化背景時，我不敢相信我們依然崇敬佛洛伊德、勞倫茲，甚至是霍布斯的看法。我們得壓抑人類的生物本質才能達到理想社會的看法，已經陳舊過時了，並不符合我們所認識到的狩獵—採集者、其他的靈長類動物，以及神經科學的研究結果。這個看法也引發了另一個觀念：人類先具備了生物本性，然後才建立了文明。但事實上生物本性和文明兩者一直都是攜手共同前進的。

文明並非外在的力量，而是存於人類本質。非生物的人類並不存在，非文化的人類也是。而且我們為什麼總是要以最為陰暗沮喪的眼光看待人類的生物本質？我們非得要認為人性本惡才能把自己看成是好人？社會生活是人類靈長動物本質中重要的一環，我們彼此合作，建立聯繫，而且有同理心。這是因為群體生活是人類主要的生存策略。靈長類動物本來就是社會性動物，天生就會彼此照顧、和睦相處，人類也是如此。文明可能帶給我們種種好處，但是那是藉助人類的合作天性，而不是發明了什麼新東西。文明得要和人類所具備的能力合作才能發揮效用，其中一項便是長久以來能夠和平共處的能力。

地猿顯示了一些證據，即使我們不同意這些證據的意涵，現在也該不以隆隆戰鼓聲為背景討論人類的演化。人類在糟糕的時期的確有如黑猩猩般跋扈與暴力。但是在和平的日子，我們如同巴諾布猿那樣善良和敏銳。

雌性掌權

瑪瑪是阿納姆黑猩猩群中排行最高的雌性。雖然她無法以身體力量主宰其他成年雄性，但是她的權力和影響力勝過大部分雄性。我也知道有其他厲害的雌黑猩猩知道如何建立地位，驅使雄性（從他們的手中取得食物，要他們讓出舒服的位置），在群體生活中位於核心地位，其他黑猩猩都要尋求她的政治支持。

不過在這方面，真正的贏家並不在黑猩猩中，而是巴諾布猿。在野外，巴諾布猿的雌性首領會拖著巨大的樹枝，大步跨入林中的空地，這樣的舉止讓其他巴諾布猿注意她但是也避開她。對於雌巴諾布猿來說，把雄巴諾布猿趕跑，自己一群分享大型果實，並不是什麼罕見的事。巨番荔枝屬（*Anonidium*）的果實可重達十公斤，非洲麵包樹屬（*Treculia*）的果實最重可達三十三公斤，相當於成年的巴諾布猿。當這些果實掉落到地上，雌巴諾布猿絕對會占有這些食物，且很少看到她們會把果實分給前來乞討的雄巴諾布猿。單獨的雄巴諾布猿或許可以趕跑獨自一隻雌巴諾布猿，特別是年輕的，但是雌巴諾布猿集合起來，就能夠壓過雄性。

不只野外如此，在我到過的每個動物園都是這樣。毫無例外，某頭雌巴諾布猿會掌管整個群體，唯一例外在於這個動物園的巴諾布猿只有雌雄各一頭，雄巴諾布猿要比雌性更為高大有力，犬齒也更長，這時雄性便是老大。但是只要群體數量增加，有了第二頭雌巴諾布猿加入，雄性優勢便告終結。只要雄巴諾布猿威嚇某一頭雌巴諾布猿，她們便會聯合起來對抗。雄巴諾布猿的數量就算增加了也無法改變局勢。雄黑猩猩會彼此結盟，但是雄巴諾布猿很少彼此合作。

因此巴諾布猿受到女性主義者的歡迎，在書中的題獻詞中說到牠們，例如《紫色姊妹花》的作者愛麗絲．華克（Alice Walker）便感謝自己的生命中有巴諾布猿的存在[6]。黑猩猩使用權力解決性的相關爭議，巴諾布猿使用性解決權力的相關爭議。除此之外，牠們的性關係可以有各種組合，包括同性。但是科學家和記者卻遲疑了，他們覺得巴諾布猿棒到不可能是真的。有位記者長途跋涉到了剛果民主共和國，想要證明巴諾布猿並不如前人描述得那麼愛好和平。結果這位記者寫的報導是關於一頭巴諾布猿追趕羚羊的故事。這頭小羚羊安全脫身了，不過這位記者覺得需要讓讀者認為這是一篇恐怖的故事，因為巴諾布猿可能會殺了羚羊吃掉，但就算是這樣也無關乎原來的議題。獵捕和攻擊是不一樣的，動物因為飢餓才去獵捕，而不是為了彼此競爭。

不熟悉這個物種的科學家，曾批評那些居然敢說雄巴諾布猿地位比較低的科學家。他們說雄巴諾布猿具備了「騎士精神」，因為弱勢性別的影響力顯然建立在強勢性別的善心之上。除此之外，雌性的主宰不可能那麼重要，因為她們的控制權只限於食物。這真是一個難以理解的說法，如果在這個星球上有一個標準能夠評估所有動物，那就是如果個體A為了食物能夠把個體B趕跑，那麼個體A就具有主宰權。研究巴諾布猿的先驅、日本的加納隆至（Takayoshi Kano）在野外追蹤生活在沼澤森林的巴諾布猿長達二十五年，他注意到雌巴諾布猿的確主宰了食物。如果巴諾布猿認為這很重要，對人類觀察者而言應該也是。加納隆至注意到就算是周圍沒有食物，完全成年的雄巴諾布猿光是在階級最高的雌巴諾布猿接近時，就顯出順服的樣子。

雌巴諾布猿進行集體統治，讓人驚訝的是，這些雌性之間並沒有親緣關係，她們是朋友而非親屬。雌巴諾布猿在青春期時會離開原先的團體，加入周圍其他的團體，跟隨其中一頭年長的雌性，後者會保護她。在她所加入的新領地中通常沒有親屬。我稱這樣的雌性政治為「第二姐妹聯盟」（secondary sisterhood），雌巴諾布猿會基於共同利益而非親緣關係，而像姊妹般團結一致。最近幾年，因為多年的戰爭終於結束了，野外觀察巴諾布猿的活動再度增

6. 譯註：這本書是《因為父親的微笑》（*By the Light of My Father's Smile*）。

加，讓我們更了解這種社會關係。在那些最偏遠的森林之中，田野觀察工作難以進行，不過日本的科學家德山奈帆子（Nahoko Tokuyama）還是盡力收集到了重要的證據，說明這種社會關係是如何形成的。在絕大部分的時候，雌巴諾布猿是因為雄性的騷擾而團結。雌黑猩猩通常會忍受虐待，甚至有時候自己的幼猩還會被殺死，雌巴諾布猿就不會有這些麻煩。年輕的雌巴諾布猿如果被哪個雄性找麻煩，地位高的雌巴諾布猿會馬上站出來支持她。雌巴諾布猿的同志情誼可以抑制雄性的暴力行為，讓她們過著無憂無慮的生活，

對於雌巴諾布猿之間的主宰關係，我們所知甚少。她們之中會有一頭明確的首領雌性，她同時也是整群巴諾布猿的首領，地位最高。不過雌巴諾布猿對於首領雌性地位的競爭，沒有像是黑猩猩中雄性爭奪首領那樣激烈。因為雌性比較不需要那麼在意這個地位。從演化的角度來看，最要緊的事情就是把自己的基因留傳下去。這方面雄性可以比雌性做得更好，因為爬到了頂點的位置，就更能讓許多雌性懷孕。對於雌性來說，演化是完全不同的遊戲。不論地位有多高、伴侶有多少，雌性猿類一次只能養育一隻幼猿。有鑑於生殖策略的差異，雄性取得高位所獲得的報酬高得多。

不過雌巴諾布猿退而求其次，她們會大力支持自己的兒子爬到更高位。在巴諾布猿的社會中，最激烈的爭鬥發生在為了兒子地位彼此競爭的雌巴諾布猿之間。雄巴諾布猿藉由母親的力量競爭地位，這樣地位高的母親有比較多孫子。以在野外的雌巴諾布猿卡美（Kame）

為例，她有三個兒子，最大的曾經是首領雄性。當卡美年老體衰，沒有辦法積極保護兒子時，排行第二雌性的兒子應該是察覺到了這一點，這時他敢挑戰卡美的兒子。他的母親支持他，並且為了他毫不恐懼地攻擊首領雄性。這樣的摩擦持續升高，最後兩名母親彼此互毆，在地上扭打。排行第二的雌性擊敗了卡美，卡美無法從失敗的屈辱中恢復過來，不久他的兒子地位也都下降到排名中間的位置。卡美去世之後，牠的兒子地位更低，新的首領雌性的兒子成為了首領雄性。

在人類社會中，最接近這種激烈競爭的狀況，便曾出現在鄂圖曼帝國的後宮中，那些奴隸一般的妃子，有些地位都相當於蘇丹的妻子。這些女性為自己的兒子費心打點，希望他成為下一任蘇丹。勝利者在坐上寶座之後，毫無例外會下令殺掉所有兄弟，好讓自己成為唯一能夠留下皇室血脈的人。人類幹的事情類似於巴諾布猿，只是手段更激烈而已。

雖然對於權力的渴望，雄性總是大過雌性，但是想得到權力的意志卻不是只限雄性。但我們無法否認，在人類的社會中，具有政治野心的女性面對了特別的挑戰。原因之一在於，對男性政治人物而言，長的帥或是好看是加分的，例如美國總統甘迺迪（John F. Kennedy）或賈斯汀．杜魯道（Justin Trudeau）。但是對女性來說卻不是這樣，其中牽涉到和選民有關的性別競爭。選民中一半是女性，一半是男性。具有吸引力的女性，特別是年紀還處於生育階段的時候，會被其他女性當成對手，因此很難得到女性的選票。二〇〇八年約翰．麥坎（John McCain）和歐巴馬競選時，挑了一個比較年輕的女性莎拉．裴琳（Sarah Palin）擔任副手。男性紛紛在媒體上表示這是傑出的一手，認為裴琳「充滿魅力」，以及「這個人妻我可以」（MILF），但是似乎沒有人了解男性的支持熱誠可能會傷及裴琳在婦女中的地位。後來歐巴馬在男性選票中只稍微領先（四十九%對四十八%），但是在女性選票卻大幅勝出（五十六%對四十三%）。

只有當女性過了生育的年齡，不再受到男性凝視，這時才有可能當上領導人。現代國家的女性領導人，全都已經過了更年期，例如以色列前總理果爾達．梅爾（Golda Meir）、印度前總理英迪拉．甘地（Indira Gandhi）、英國前首相瑪格麗特．柴契爾（Margaret Thatcher）。我們這個時代最有權勢的女性是德國總理安潔拉．梅克爾（Angela Merkel），她甚至不希望別人注意到自己的性別，在穿著打扮上盡量中性。梅克爾是幹練又精明的政治家，不會受到男性的壓迫。二〇〇七年，俄國總統弗拉迪米爾．普丁（Vladimir Putin）在自己的鄉下宅邸招待梅克爾時，完全清楚梅克爾怕狗，但還是把自己養的大型犬拉布拉多介紹給她。但是最後他的詭計沒有成功，因為梅克爾很清楚普丁和他的狗是不同的。她對記者說：「我知道他這樣做的原因，是為了要證明自己是個男人。他害怕顯露出自己的弱點。」普丁的策略顯示男性總是想以威嚇手段提高自己的地位。

男性失去權力後的反應，和嬰兒失去了帶來安全感的毛毯時一樣，證明了這種特質根深柢固的程度。我們往往低估了情緒對於我們生活與習俗的影響程度，但是情緒的確位於我們行為與本質的核心。在靈長動物的社會中，渴望控制其他個體的欲望，驅使了許多社會活動，影響了社會結構。從川普與希拉蕊對於國家領導權的競爭，到巴諾布猿母親為了自己的兒子彼此互毆，因追求權力，其動機無所不在且顯而易見。我們因此有了傑出的領導人，完成了不凡的事業，但是同時也留下了令人驚恐的暴力紀錄，包括我們熟悉的政治暗殺。

情緒可以是好的、壞的、醜陋的，對動物而言如此，對人類而言也是一樣的。

第六章 情緒智能

公平與自由意志

在一張晴朗平靜的莽原照片中，一頭斑馬臀部對著觀看者站立，頭部舉起來，好看清楚遠在攝影焦距之外的兩頭獅子，牠們正在交配。我的臉書朋友為這張照片下了各式各樣的標題，其中最好的說出了母獅子的心聲：「亞瑟，搞快點，我看到晚餐了。」

不過交配中的獅子並沒有想吃晚餐。斑馬很清楚這點，才沒有急著跑開，至少現在並不恐懼。恐懼感能夠保護自我，對於生存而言是最重要的情緒。不過即使恐懼這種情緒也是在判斷情況之後才會產生。光是看到獅子並不會引起恐懼。在羚羊、斑馬和牛羚周圍的大型貓科動物，如果躺著休息、玩耍或是交配，那麼這些獵物也會處於放鬆的狀態。牠們熟知那些貓科動物的行為，當敵人想要狩獵時絕對會知道得一清二楚。如果牠們察覺到了，一定會覺得害怕。

讚揚大腦

比起反射動作之類的行為，以情緒為基礎的反應帶來的好處大上許多：這些行為經過了經驗與學習的過濾。我希望早期的動物學家思考過這件事，而不是緊緊抓住本能理論不放，這個理論的內容現在大部分過時了。本能像是膝關節反射，在這個持續變動的世界中用處不大。情緒的適應能力比較強，因為情緒運作的方式比較像是智能。情緒依然能夠激起生物體所需的行為改變，但是這種行為是仔細評估狀況之後才產生。評估過程不到一秒，會比較現在的狀況與以往的經驗，就像是那頭斑馬在莽原上的情況。舉例來說，如果我準備要去野餐，要下雨的跡象當然會讓我沮喪。不過如果我本來就想要待在家裡，習慣荷蘭多雨天氣的我就會有不同的想法：我喜歡看窗外的雨。一般人不會注意到汽車消音器的突然爆裂聲，但是經歷戰爭的人可能會嚇到。狗叫聲嚇人，但是如果看到狗綁起來就不會。情緒往往經過評估，這可以說明為什麼不同的人在相同的狀況下會有不同的反應。

我們可能無法完全控制情緒，但也不是情緒的奴隸，起碼當你幹蠢事的時候，不應該用「我只是一時情緒失控」為藉口，因為那是你自己讓情緒主導的。情緒失控有自願的成分在裡面，你讓自己和錯誤的對象談戀愛，讓自己厭惡某些人，讓自己的貪婪蒙蔽了判斷力，或是讓想像力成為嫉妒的柴火。情緒從來都不「只是」情緒，並不是完全自動自發產生。我們對於情緒最大的誤解，可能是認為情緒和認知彼此對立。我們把「身體—心智」的二元論，延伸成「情緒—智能」二元論，但是其實這兩者是協同運作，無法分開。

葡萄牙裔的美國神經科學家安東尼歐．達馬吉歐（Antonio Damasio）曾經報導過一位腹內側前額葉（ventromedial frontal lobe）受到損傷的病人艾略特（Elliott）。艾略特口齒清晰，頭腦聰明，機智詼諧，但是他沒有情緒起伏，在數小時的談話中都沒有任何流露情感的跡象。艾略特不會悲傷、不耐煩、生氣或是沮喪。缺乏情緒似乎也讓他無法下決定。他可能要花整個下午才能決定要去哪兒吃飯以及吃什麼食物，或是花半個小時才能決定相約的時間地點或是要用哪種顏色的筆。達馬吉歐和研究團隊成員用各種方式測驗艾略特，他的理性能力完全正常，但是卻無法完成任務，特別是提出結論。達馬吉歐的總結是：「缺陷可能干擾了理性推導過程中最後的一些步驟，應該是影響了關於下決定或是對於選擇反應的步驟或相近的步驟。」艾略特在一項測試中要仔細評估所有選擇，他說：「雖然都仔細看完了，但是我依然不知道要選哪個。」

在有了達馬吉歐的見解以及後續的研究，現在神經科學界拋棄了情緒和理性彼此是對立的力量、如同油和水那樣無法互融的理論了。情緒的確是我們智能的一部分。不過把這兩者分開來看待的觀念根深柢固，在許多領域中有著強大的影響力。人們依然貶低情緒，認為在頭腦清晰、情緒冷靜的時候才能做出明智的決定，就像是達爾文假造決策過程，把結婚的優劣之處逐一列舉出來。這種幻象可以追溯到古希臘的哲學家，他們大力讚揚自己的男性邏輯理性思考，認為女性這方面的能力比較低，動物則更低。他們認為女性多愁善感、依靠直覺，更容易受到身體的影響，因此不如男性聰明。男性可以免於每月的情緒變化，也唯有男性能夠壓抑激情。

當時有個問題困擾哲學家，現在一些哲學家也同樣為這個問題坐立難安：人類的心智需要安裝在物質製成的容器中。沒有了身體，心智也將無法存在。心智極為不幸，受到了沉重的束縛，因為身體會發出不受控制的衝動以及感覺，強迫我們去思索不想思考的事務，而且身體還會死亡。在《多馬福音》（*Gospel of Thomas*）中便有人類靈魂的相關抱怨：「難以想像如此富饒的心靈居於如此貧瘠的居所。」

對於身體的藐視，可以說明為何中古世紀的修士（絕大部分是男性）想要遠離身體所造成的影響。他們逃出塵世，到荒蕪之地或是洞穴中居住，好讓自己免於各種肉體上的誘惑，對他們而言，面對豐盛的食物和性感的女性，有如折磨。這也說明了為何有錢人（一樣絕大部分是男性）會排隊想要在死後把自己的腦袋低溫冷藏起來，等到技術成熟時，將自己的腦袋「上傳」出去。他們相信心智本身並不需要身體，願意花大錢去購買一個數位化的不死未來，屆時在腦中所有的一切將轉存到機器之中，畢竟心智只是在身體這個硬體上執行的軟體而已，在電腦上面一樣也可以好好執行。不過腦部和身體之間有數百萬個連結，而且屬於身體的一部分，這種用電腦模擬人腦的說法造成了很大的誤會。人類的心智無法從腦與身體之間區隔開來，同時也藉由身體與腦表現。因此我不相信在數位形式復甦了之後，這些人會享受到快樂的時光，因為快樂是一種身體感覺，與身體區隔開來的腦不會有任何感覺。

我們在討論動物情緒的時候，也會遭受到類似的反對理由。人們有種幻覺，認為人類的靈魂能夠自由流動，和人類的生物特性幾乎沒有聯繫，在某一個性別中更為顯著，而且基本上和人類的演化歷史並不相干。我們讚頌大腦，相信有「純粹理性」這樣的玩意兒，貶低情緒、身體和人類以外的物種。這些文化和宗教偏見影響了人類數千年，因此難以扭轉。我們必須遠離這些偏見，才能夠認真的將動物情緒看成智能的一種表現，接下來我將說明這件事情。

動物和人類一樣具備「情緒智能」（emotional intelligence）。情緒智能是一個流行的心理學概念，意思是能夠利用情緒資訊解讀其他個體情緒，以及控制自己的情緒以達成目的。在這本書中，我使用沒有那麼嚴謹的定義，把情緒智能當成是情緒和認知之間的交互作用。我們通常將情緒智能視為個體的特徵來研究，有些人比較能夠控制情緒騷動，或是利用人類的感覺。這和個人所具備的教養、技巧和人格有關。對於其他動物，我們認為情緒和認知共同運作的結果產生了我們所觀察到的行為，包括了社會結構與家庭生活，包括了抵抗掠食者和化解衝突的過程。

「公平感」（sense of fairness）是一個很適合的案例。人們通常認為公平感是理性與邏輯的產物，是人類獨有的道德價值。但是如果不是來自於人類與其他靈長類、犬類和鳥類的共同基本情緒，公平感是不可能產生的。人類的公平感是從這種共有的情緒轉變而來。

黃瓜猴子和葡萄猴子

二十多年前，我便在約克斯國家靈長類研究中心養了一群卡布欽猴，大約有三十多頭漂亮的猴子，住在和實驗室之間有通道連結的室外區域，我們每天都測試牠們的社會智能。我們設計了各種狀況，牠們在這些狀況中要彼此合作、分享食物、交換代幣、辨認臉孔等。這些猴子全都熱心參與所有測試。卡布欽猴在忙碌的時候心情最好，從來都不會放棄。在野外，牠們會持續敲打牡蠣，直到牡蠣的肌肉放鬆、打開殼，這時就能吃裡面的肉。在實驗室中，牠們會一直在觸控螢幕上選擇群體成員和陌生猴子的臉孔，直到全部區分完畢為止。牠們堅持要完成每項任務。我們從來都沒有強迫牠們進行實驗，而是盡量縮短實驗過程，並提供可口的食物當報酬，讓牠們熱心參與實驗。

我最喜歡牠們的一點，可能是牠們發出的背景噪音。牠們在進行任務時，一直會和群體中的其他成員「交談」。在野外，卡布欽猴居住在森林的樹上，受到樹木和葉子的遮蔽，牠們往往不容易看到彼此，喉嚨發出的聲音可以說是牠們與群體相連的生命線。在實驗室中，每頭猴子個別接受測試時往往看不見彼此，但是全都在聽力可及的範圍內。牠們經常呼喚家人和朋友，也會做出回應。

我越來越喜歡這些猴子，知道每一頭的名字和性格，並且前往巴西與哥斯大黎加親身感受這個物種的野外行為。雖然牠們只是猴子，我們幾乎能夠辨認牠們的各種心智能力。我說「只是」猴子，是開玩笑的。因為研究猿類行為的專家談論其他的靈長類動物時，有的時候語氣會帶些高傲，這有點像是考古學家無法忍受新發現的化石「只是」某種猿類而已，非得要從其中擠壓出某些不自然的結論，好讓這種化石歸到人屬（*Homo*）之中。

不過卡布欽猴是一種了不起的猴子，我們發現到牠們會使用石頭敲開在森林中得到的堅果。牠們會把當成槌子的石頭和堅果，帶到遠處有大石頭露出地面的地方，把大石頭當成砧石。使用石器這項技術被譽為人族動物傑出的成就，只有人類和黑猩猩具備。現在「使用石器俱樂部」必須要讓這些尾巴能夠抓握物體的小猴子入會了。卡布欽猴的身體大小如貓，腦部和身體的比例和黑猩猩一樣。而且牠們的壽命很長，我養的這群卡布欽猴中最年長的雌性「芒果」（Mango）現在都還活著，估計有五十歲了。

我之前的學生莎拉．布洛斯南（Sarah Brosnan）和我意外地在卡布欽猴身上發現了一種行為，足以撼動傳統觀點所謂的人類公平感：大多數人認為公平感由文化造成，不是一種生物現象。我們難以想像公平感是演化出來的特徵，部分原因在於我們描繪自然樣貌的方式。我們使用「生存競爭」和「沾滿血的爪牙」這樣動人心魄的句子來形容自然，強調自然的殘酷性，只有最強者擁有權力，沒有留給公平任何餘地。在此同時，我們也忘記了動物通常要彼此依靠，得合作才能夠生存。也就是因為這個原因，博物學家兼無政府主義者彼得．克魯泡特金（Pyotr Kropotkin）在一九〇二年便寫道：「彼此持續爭鬥的生物和彼此互相支持的生物，哪一種適應能力比較高強？」這位俄羅斯親王親眼在西伯利亞看到了馬和麝牛擠在一起，以求度過冰冷的暴風雪，還圍成圓圈包住幼獸，抵禦狼群的侵襲。他認為彼此互助是更好的策略。他超越了所處的時代。

回到實驗室。我們的卡布欽猴不只會享受自己得到的報酬，還會注意其他成員得到的報酬，這讓莎拉和我大為困惑。由於之前測試動物的典型做法讓我們沒有注意到這樣的行為。一頭大鼠單獨被放在盒子中，牠壓下桿子便能夠得到當作報酬的食物。對於大鼠來說，唯一關注的事情是任務的困難程度，以及當成報酬的食物吸引力有多高，還有什麼時候會得到報酬。不過我對於社會性行為很感興趣，我的實驗室就不跟大鼠實驗室相同，那些猴子往往不是單獨受試。我們注意到牠們會牢牢盯著其他猴子得到的食物。牠們似乎會比較自己和其他猴子得到的食物。這似乎很荒謬，牠們不是應該專注在自己的任務上、好取得報酬嗎？

但是從人類本身的行為來看，卡布欽猴對於其他個體感興趣完全是合情合理的。有一種狀況稱為「伊斯特林悖論」（Easterlin Paradox），由美國的經濟學家李察・伊斯特林（Richard Easterlin）的姓為名，他注意到在每個社會中，富人要比窮人快樂。這是理所當然。不過伊斯特林還注意到如果整個社會都變得更為富裕，平均幸福程度卻沒有提高。換句話說，富裕國家的人民並不會比貧窮國家的人民過得更幸福。如果富裕讓人快樂，怎麼會有這樣的結果呢？答案在於不是財富本身能夠增加幸福的感覺，而是「比較之下更富裕」讓人幸福。快樂的感覺建築在經濟收入比他人高之上。

當時莎拉和我都不知道伊斯特林悖論，只是注意到我們的猴子如果得到的報酬比較少，情緒就會變糟，就決定仔細研究一下。卡布欽猴天性喜歡以物易物，彼此會自動自發交換東西。如果你的螺絲起子留在籠子裡，忘了拿出來，你只需要指著起子，然後舉起一粒花生，牠們會把螺絲起子遞出籠子給你。牠們太愛交換東西了，就算你用不能吃的柑橘皮也可換到一無所用的小石頭。更厲害的地方是，牠們把東西交給你的時候，會用自己的小手抓住你的手指頭往內彎，讓你的手掌包住物體，好像是在說：「拿好，別掉了。」

牠們這種天賦可能和分享食物有關，我們利用這種天賦對牠們進行實驗。我們注意到，牠們只有在付出勞力時才會對不公平起反應。如果你餵兩頭猴子不同的食物，牠們不會特別注意食物的差異。但是如果兩頭猴子都付出了勞力、得到了報酬，那麼彼此之間得到的食物馬上就非常重要了。這樣說吧，那些食物像是薪水，待遇不公平可是大問題。

在實驗中，我們把兩頭猴子放到同一個房間中，彼此用網子隔開。我們把小石頭丟給牠們，然後手掌打開，要牠們把石頭遞回來。我們分別對兩頭猴子這樣連續做二十五次。如果兩頭猴子把石頭拿回來，就給一片小黃瓜當成獎勵，牠們每次都願意把石頭拿回來，並且滿意地吃下食物。但是如果有一頭猴子用石頭交換到的食物是葡萄，另一頭得到的是小黃瓜片，那麼就會引起劇烈的反應。猴子比較喜歡的食物，通常市場價格比較高，而牠們對葡萄的喜好遠勝於小黃瓜。其中一頭猴子注意到伙伴的報酬大增，之前本來高高興興地為了小黃瓜而遞石頭，現在馬上就罷工了。不只不願意進行任務，還會非常激動，把石頭大力丟出來，有的時候甚至連小黃瓜片也都丟了。以往不會拒絕的食物，現在完全不討喜，變得難吃了。

牠們沮喪的程度非常強烈，使得我們決定在實驗結束之後都給了兩邊的猴子非常多好東西，才放牠們回到猴群，以免牠們對於這項實驗產生了負面連結。我們當然不只測試了兩頭猴子，而是以各種組合方式測試了許多猴子，才得到了這項結論。

對於經濟學家來說，把完好的食物丟掉是「非理性」行為。每個理性的演員應該要盡力得到最高的報酬。如果給你一美元、給你的朋友一千美元，你可能會大為惱怒，但是你依然應該要收下那一美元，因為有總比沒

我們為了研究公平感，對這些棕色的卡布欽猴進行了「黃瓜與葡萄」實驗。兩頭猴子併排坐在實驗房間中，中間有網子隔開，前面有挖了洞的壓克力板。如果兩頭猴子得到的報酬都是小黃瓜片，那麼百分之百會完成簡單的任務。如果給予其中一頭牠們非常喜歡的葡萄，而另一頭還是給小黃瓜片，這樣便不公平了。雖然其中一頭猴子得到的報酬完全沒有改變，一樣是小黃瓜片，但是他卻變得非常不悅，拒絕進行任務，也不要小黃瓜片了，還會把小黃瓜片丟出來。

有好。但是人們並不是只想追求最大報酬。我們現在已經完全拋棄了這種「經濟人」（*Homo economicus*）的看法了。經濟學教科書中的人類形象是會根據完美的理性做出決策、以滿足貪婪本性的生物。但是研究指出，情緒造成的偏見，經常使我們做決定的時候完全不是這個樣子，也推翻了這個廣為人知的論點。人類並不如同我們認為的那樣理性與那樣自私，我們的欲望也非全然在於追求物質。

其他的動物也是如此，但這點還沒有受到廣泛的認同。美國人類學家約瑟夫．亨利希（Joseph Henrich）花了很多時間探究「經濟人」這個概念，最後洋洋得意地說：「我終於找到了經濟人，結果那是一頭黑猩猩。」這非常有趣，不過他的說法源自約十五年前的研究結果，這個時候我們還沒有發現到黑猩猩其實也會關懷其他同伴的福祉。縱使有很好的理由懷疑這些負面證據（有句話說：「沒有某件事的證據，並不等於證明那件事沒有發生。」），依然有許多人拿這些早期研究的論點穿鑿附會。現在許多實驗確定了黑猩猩具有同理心和親社會傾向，從當年實驗得到的推論因此也有所動搖。事實上，現在的基本觀念是大部分的靈長類動物都有合作傾向，並不是完全自私的。所以這裡我們可以安然地說「經濟人」從來都沒有演化出來，不論是在人類這個演化分支或是其他靈長類分支上都沒有。經濟人連死了都算不上。

起初莎拉和我都避免談到猴子的「公平感」，而是小心翼翼使用「對於不公平對待的反感」（inequity aversion）這樣的說法。但是我們研究結果發表的那一天，剛好是美國紐約證卷交易所董事長李察・葛拉索（Richard Grasso）因為天價的薪酬和退休金惹怒全國、被迫宣布辭職的日子。媒體發現到公平感是由演化而來，並且指出公平感必定是好的，因為甚至連猴子都注重公平。

這些新聞報導讓有些人非常不爽，我們收到憤怒的電子郵件，狠狠抱怨說我們絕對是馬克思主義者，才會想要證明公平感是天生的，而且猴子不可能和人類一樣有相同的感覺，對方甚至認為人類在法國大革命的時候才發明了公平。對我來說，這些抱怨非常瘋狂，因為我把我們的猴子看成是迷你資本家（為了食物工作，並且會彼此比較收入），而且我不相信在巴黎的一群老頭發明了這項道德標準。道德具有更為深遠的根源。

公平感是展現蘇格蘭哲學家大衛・休謨（David Hume）所說的「道德情感」（moral sentiment）轉為成熟道德教條的絕佳例子。這種轉變的起點必定是某一種情緒。在公平這個道德教條中，做為起點的情緒是嫉妒（envy）。那些猴子看到同伴得到的東西比較好，覺得嫉妒。牠們不是因為看到了高品質的食物就惱怒。我們也進行了另一項實驗，讓猴子看到葡萄，只不過這些葡萄是放在碗中，或是丟到隔壁的空籠子裡。面對這些狀況，猴子幾乎沒有反應，這意味著牠們是經過社會比較之後才拒絕小黃瓜，在看到其他猴子得到了更好的食物後，才會有這樣的行為。

你可能會說這種狀況還算不上公平感，因為只有一隻猴子惱怒，那頭得到好食物的猴子看起來並不在意。的確如此，不過前一頭猴子的惱怒反應依然是公平感的核心，這點我之後將會解釋。現在我們先看其他物種的類似反應。小朋友拿到的披薩要是比自己的兄弟姊妹少，通常也有同樣的行為（大叫：「這不公平！」）許多養狗的人也對我說，自己養的狗中，如果有一頭得到了比較好的食物，其他的狗會有什麼樣的反應。奧地利維也納大學的「聰明狗兒實驗室」（Clever Dog Lab）的確測試了狗，那些科學家發現牠們在沒有任何報酬的狀況下，一直舉起前爪和人握手，可以一直重複很多次。但是只要有其他的狗因為這樣和人握手，也得到了報酬，那麼原先那些狗便失去興趣，不會和人握手。在人類家庭中飼養長大的狼也有相同的行為。

因為其他個體的成功而出現的忿恨之情，可能看起來無關緊要，但是長久下來可以讓自己避免受到愚弄，說這種反應是「非理性」的，就完全沒有掌握到重點。如果你和我經常一起出去打獵，你總是占了最好部位的肉，那麼我不是大聲反對你這種做法，便是找尋其他的打獵伙伴。我很確定這樣會對我更為有利。對報酬的分配敏感，有助確保兩方都能夠得到報酬，對於持續合作而言是必需的。黑猩猩、卡布欽猴和犬類都會成群打獵並且分享獵物，它們對於不公平特別敏銳，可能也不是意外。

並不只有上述的動物會出現忿恨的反應。美國心理學家伊蓮．裴珀寶（Irene Pepperberg）

描述她和兩隻總是發生口角的非洲灰鸚鵡（African grey parrot）晚餐時的例行公事。其中一隻是已經去世的聰明傢伙艾力克斯（Alex），另一隻是比較年輕的葛里芬（Griffin）：

> 我和艾力克斯與葛里芬一起吃晚餐，對，就是同桌吃飯，因為他們堅持要吃我的食物。牠們喜歡四季豆和綠色花椰菜。我的工作便是確定分配公平，不然牠們會大聲抱怨。如果葛里芬得到了太多四季豆，艾力克斯會大叫：「四季豆！」葛里芬也會有相同的反應。

奧地利維也納大學的「聰明狗兒實驗室」測試狗對於不公平的感覺。實驗人員要兩頭狗舉起前爪和人類握手。在沒有得到報酬的情況下，兩頭狗都願意連續握手許多次。但是如果其中有一頭狗因為握手而得到一片麵包，而另一頭什麼都沒有得到，那麼後面這頭狗就會拒絕和人類握手。

這些行為都是以自我中心為出發點才產生的反應，我們稱之為「第一級公平感」（first-order fairness）。和其他個體相比，自己應得到的東西短少，便會產生這種公平感。我們開始研究猿類的時候，才發現了「第二級公平感」（second-order fairness）的跡象，這種公平感涉及到普遍的公平。人類不只在應得到的份量少的時候心裡有疙瘩，得到多的時候也會。我們可能會因為自己得到好處而不舒服。葛拉索董事長並沒有展露出多少這樣的感覺（在人類這個物種中的確薄弱），不過原則上，不只是窮人追求公平的結果，富人也是。

第二級公平感可以從野外猿類的行為中觀察到，例如個體在爭奪不屬於自己的食物時會有其他猿類出面化解。我曾見過兩頭幼小的黑猩猩為了一根長滿葉片的樹枝爭吵。一頭年輕的雌黑猩猩介入，拿過了樹枝，分成兩半，各給幼猿一半。她只是為了阻止爭吵？或是她了解如何分配食物？地位高的雄黑猩猩也經常在平息爭鬥，自己沒有從中得到任何食物。牠們只是要平息糾紛，讓各方都分享到食物。科學家在認知實驗室中對巴諾布猿潘班尼莎（Panbanisha）進行測試。她完成了任務，因此得到許多牛奶和葡萄乾，她朋友卻一直遠遠盯著她拿到的東西，她可以感覺到牠們嫉妒的眼神。過了一陣子，潘班尼莎開始拒絕這些報償食物，像是在擔心自己享受特權。她看著研究人員，一直手指著其他巴諾布猿，直到牠們也得到了一些好東西才停下來。只有牠們也得到一些食物時，潘班尼莎才吃自己手上的。

猿類能夠推測結果。潘班尼莎在其他同伴面前吃自己拿到的東西，後來她和同伴在一起的時候，可能會發生什麼不愉快的結果。

最後通牒賽局

有錢人通常買了家具、廚房用品或是其他昂貴的玩意兒回家之後，會默默撕去價格標籤，這樣保姆和其他家務工作者才不會惱怒。有錢人會避免炫耀。社會學家瑞秋・謝爾曼（Rachel Sherman）訪問了住在美國紐約市的有錢人，發現他們對於自己的收入遠高過其他人，覺得相當不安，同時想要讓對比沒有那麼明顯。他們通常不會稱自己為「有錢人」或「上流階層」，而比較喜歡說自己「幸運」。他們似乎了解到自己的財富可能會激起他人不快，便想要避免這種狀況。

這個想法是個好的開始，但是撕去標籤就像是用OK繃遮掩，根本騙不了任何人。唯一有效避免嫉妒的方法是潘班尼莎選擇的方法：分享財富。在小規模社會中，分享是很常見的，狩獵—採集者往往有樂於分享的特質，甚至不允許狩獵成功的人誇耀自己的技術。黑猩猩也是，我們最早是從布洛斯南的大規模研究中知道這一點。在實驗中，她給完成簡單任務的黑猩猩一片紅蘿蔔，不過偶爾她會給一顆葡萄，那是黑猩猩最喜歡的報酬食物。

黑猩猩就和猴子一樣，得到紅蘿蔔的黑猩猩如果知道伙伴得到的是葡萄，便會拒絕再進行任務，或是把得到的報酬食物丟棄。但是當時沒有人想到，得到了葡萄的黑猩猩也會感到困擾。如果知道伙伴得到的是紅蘿蔔，牠們有的時候會拒絕接受葡萄，但是如果伙伴得到的也是葡萄，那自己就不會拒絕了。這種現象更接近人類對於公平的感覺，我們因此發展出了一個大膽的計畫，讓黑猩猩進行「最後通牒賽局」（Ultimatum Game）。這個賽局遊戲是對於人類公平性的標準測試，在世界各地已經有許多人類參與過了。

在遊戲的一開始，我們會給某個參賽者錢，就說是一百美元好了，這個參賽者得把這一百美元分一些給另一位參賽者。他可以決定要分多少：可以一人一半，也可以有其他分法，像是九十元和十元。遊戲伙伴可以接受分來的錢，這樣兩個人都得到錢。不過遊戲伙伴也可以拒絕，這樣兩個人都得不到錢。遊戲伙伴有否決權，意味著分錢的人要小心，因為遊戲伙伴可能會不喜歡少分的錢。如果人類會遵守理性，追求最大報酬，那麼顯然分來的錢不論是多少，遊戲伙伴都不應該拒絕。但是就算是不曾聽過法國大革命的人，分到的錢要是太少也會拒絕。參賽者出身的文化越看重互助合作，就越可能拒絕錢少的情況。舉例來說，印尼拉馬萊拉村（Lamalera）的捕鯨人會乘著大型獨木舟在遼闊的海中航行，每艘獨木舟上有十二位男性。他們捕鯨的方法是跳到巨大鯨魚的背上，用魚叉刺鯨魚。這是異常危險的行業，漁夫全家人都要靠捕鯨才能夠過日子。當捕鯨人回來後，心中掛念的便是戰利品分配的方式。

毫不意外，這些獵人對於公平的敏感程度要遠勝於大多數其他文化的人，例如每個家庭都自己有一塊地可以栽培植物的農耕者。人類對於公平的感覺和合作關係密切相關。

黑猩猩在狩獵和保護領域時也會彼此合作，更別提締結政治結盟關係的時候。但是我們無法對牠們解釋最後通牒賽局的玩法，那麼要怎樣牠們才能夠玩這個遊戲呢？解決方法是利用兩種不同顏色的代幣，可以用來交換某個分量的食物。心理學家達比．普洛克特（Darby Proctor）和我們一起進行實驗。達比讓兩頭黑猩猩並排坐著，中間隔著桿子，讓其中一頭選擇兩種不同顏色的代幣。如果選了某一種顏色，達比會給她五片香蕉，但是另一頭黑猩猩只有一片。如果她選了另一種顏色，兩頭黑猩猩都會得到三片香蕉。有選擇權的黑猩猩面對了一個簡單的決定：要對自己比較有利的，還是對兩個黑猩猩都好的。就如同在最後通牒賽局中那樣，重點在於選擇者的伙伴必須得「同意」這個選擇。有選擇權的黑猩猩不能直接把代幣交還給達比，而是要經由遊戲伙伴交過去。所以選擇者得把代幣交給在桿子另一邊的遊戲伙伴。遊戲伙伴收下代幣再轉交給達比，才能夠得到食物。

黑猩猩很快就知道了兩種顏色代幣的意義，也了解到選擇者如果拿給遊戲伙伴「自私代幣」，自己得到的食物是對方五倍時，遊戲伙伴會有什麼反應。遊戲伙伴會敲打桿子，或是朝對方吐口水，以表達不滿。

達比對學齡前兒童也進行相同的實驗，報酬不是香蕉而是貼紙，他們的反應也非常類似，只不過是用語言表達不滿。如果拿到比較不好的那個代幣，小孩子會說：「你拿到得比我多。」或是「我要更多貼紙！」除了表達的方式有所不同，猿類和小孩的行為完全相同。在絕大部分的實驗中，選擇者偏好能夠讓自己和伙伴得到相同報酬的代幣。乍看之下，這樣的決定犧牲很大，但是如果我們把社會關係納入考量就不會覺得可惜了。太自私會傷害友誼。

如果你要問我人類的公平感和黑猩猩的公平感之間有什麼差異，我真的不知道。可能有一些差異吧，但是大體上來說，這兩個物種都會主動追求公平的結果。相較於猴子、狗、烏鴉、鸚鵡和一些其他物種所具備的第一級公平感，人族動物大幅進步的地方在於預測未來的能力更強。人類和黑猩猩知道把好東西都留給自己，會引發不愉快的感覺。因此第二級公平感可以從完全自私的角度來解釋。我們會公平待人，並不是因為我們彼此關愛或是自己真是個好人，而是我們需要有順暢的合作關係，要每個人都在團隊中合作。這也是所謂的「情緒智能」。人類和猿類的公平感起源於負面的情緒，但是再與負面情緒的不利後果相結合，就成為了某種正面的念頭。「你不應該貪圖」是一條偉大的誡命，但更好的是要移除貪圖的理由。我的主張與美國道德哲學家約翰．羅爾斯（John Rawls）在一九七一年出版的《正義論》（*A Theory of Justice*）一書中的主張完全相反。我很欽佩羅爾斯精密的推論，說明為什麼正義要比不正義來得好，但是他從哲學角度說明，忽略了人類這個物種所具有的情緒內核。他只思考自己贊同的情緒，在書中的最後進一步宣稱：「基於單純性和道德理論這兩個理由，我認為沒有嫉妒這種情緒存在。」

這讓我目瞪口呆。從什麼時候開始我們可以光分析人類的行為就拋棄掉一種情緒呢？有哪個心智正常的人會幹下這種事？特別是嫉妒這種無所不在的情緒，已知在每種語言中都有嫉妒一詞。嫉妒甚至還有顏色。莎士比亞在《奧賽羅》（*Othello*）說嫉妒是「綠眼怪物」。羅爾斯相信人們是在沒有嫉妒之情的影響下刻意選擇了正義的原則。但是哪裡可以找到這樣的人呢？就算是如同羅爾斯所說，嫉妒是「次要的」，但這話矛盾的地方是如果我們生活在沒有嫉妒的世界中，就絕對沒有理由要在乎公平與正義了。在缺乏公平與正義的狀況下做出的反應，不再具有意義，何必多擔心？羅爾斯的正義原則聽起來非常合乎理性，也可能會減少嫉妒，但是現況會是這樣嗎？一九八七年，德國社會學家赫爾穆特．舍克（Helmut Schoeck）出版了一本全都在討論嫉妒的書，他稱我們這個物種「更為嫉妒」。他說如果沒有嫉妒以及事先阻止嫉妒的企圖，我們現在所處的社會不可能建立得起來。與其否定這種情緒，或是認為嫉妒會威脅這個充滿秩序的社會，我們應該接納嫉妒之情並且加以疏導。舍克呼籲我們要「揭露」嫉妒在我們生活中所扮演的角色，就像是精神分析揭露性所扮演的角色。

光是理性分析絕對不足以得到道德原則，因為道德原則的力量來自情緒。我們花費很多心力在改正不公不義之事，那些發出嘶吼聲的抗議遊行與暴力事件，同時要忍受警察的攻擊和水槍的噴射，在網路上受到酸言酸語和霸凌。凡此種種，都點出來我們並不是沒血沒淚的心智。不論有多少優美的抽象推理，都沒有辦法如不公不義般撼動人們的內心。

黑猩猩受到的待遇如果不如預期，會鬧脾氣，發出刺耳的叫聲，絕望地在地上打滾。這樣激動的行為其實能夠讓其他個體注意到自己的企求。在象牙海岸的塔伊森林（Taï Forest），分享肉食的黑猩猩會知道每個成員在狩獵行動中的貢獻，就算是地位最高的雄黑猩猩，如果來晚了，一樣要乞求分肉，並且耐心等待。狩獵者聚集在分派食物的黑猩猩周圍，有優先享用的權力。這很合理，因為如果努力和報酬之間沒有關聯，那麼為什麼要幫忙呢？幫忙捕捉到獵物的狩獵者沒有分到食物，顯然不公平。眾所皆知，人類這個物種對於不公平的情緒反應也非常強烈，這也能解釋在關係緊密的人類社會中，贏家全拿的心態並不受到贊同。狩獵—採集者似乎很了解這種心態，並且會主動消除這種念頭。但是在現代社會中，因為各種機會太多了，個人反而會誇耀這種心態。不過得到過多不當的利益其實是有害的，甚至會影響身體健康。

流行病學的資料顯示，在貧富差距越大的社會，公民的壽命也越短。巨大的貧富差距會降低互信，增加社會緊張，兩者都會撕裂社會結構，並且引發焦慮，影響了富人和窮人的免疫系統。有錢人或許可以避居在深門大院之中，但是卻無法免於這種緊張感。如果不公平的狀況提升到極致，社會可能會爆發劇烈的衝突，之前的法國大革命在這裡真的是一個很好的教訓。人們在競爭的狀況中會想要提升自己的階級，要是努力一直受到阻攔，就會有人上斷頭台。

簡單的卡布欽猴實驗，就讓我開始思索公平性這個最受人類稱道的道德規則，到現在我依然覺得驚奇，畢竟當初實驗不是有意為之，但是結果出乎意料，顯示了我們應該要一直注意那些預期之外的行為。莎拉和我進行的那個「小黃瓜與葡萄」的實驗錄影長度約一分鐘，在網路上大為流傳，因為人們從搖著籠子抗議的猴子身上看到了自己。有些人寫信告訴我們，說已把這個影片轉傳給上司，好讓他知道自己對於薪水的感覺。其他人寫信過來說，裝有線電視的客人聽到鄰居簽下的新收視合約費用更低時，也出現了相同的反應。順帶一提，那些猴子享有盛名，現在依然過著自己的生活。

多年前我關閉了實驗室，得把猴子朋友送走，這令人悲傷，但是很高興牠們在新家過得很好。其中有一半去了聖地牙哥動物園，住在類似巨大鳥籠的場所，裡面有很多可以攀爬的高大樹木。牠們非常受歡迎。

有一次我去看牠們，牠們全都健康，過著輕鬆的日子，飼育員很寵牠們，知道每隻猴子的名字，並且提供充足的食物和工具，讓牠們有事情可忙，我看了之後內心充滿暖意。飼育員說那個在影片中丟小黃瓜的猴子藍斯（Lance）依然還是個急性子。

另一半猴子留在科學界，牠們跟著莎拉搬到亞特蘭大市區一個種滿樹木的設施裡。莎拉現在是喬治亞州立大學的教授，繼續探索「經濟人」模型的極限，它不只包括人類這個物種，也包括了所有靈長類動物。我上次去拜訪時，走到牠們位於戶外的圍欄中，所有猴子都留在地面上，這很不尋常，因為卡布欽猴待在比人類高的地方時會覺得更安全。莎拉大叫：「牠們還認得你！」在我面前的是我最喜歡的雌卡布欽猴「偏愛」（Bias），她對我友善地抖動眉毛，頭朝後方偏，指出她知道一個安靜的地方。

自由意志

十七世紀英國詩人約翰．米爾頓（John Milton）在《失樂園》（*Paradise Lost*）中，覺得那些墮落天使的空閒時間太多，於是便想讓他們有個可以討論的話題。米爾頓選擇了自由意志這個題目。雖然自由意志缺乏明確的定義，可能根本就是個幻覺，可是我們都覺得自己擁有自由意志。就如同一九七八年諾貝爾文學獎得主艾薩克．巴什維斯．辛格（Isaac Bashevis Singer）所說的：「別無選擇，我們必須相信有自由意志。」如果要引起無止盡的爭論，自由意志是絕佳的題目。

這項爭論和情緒有關，因為通常人們認為自由意志站在情緒的反方。我們需要拒絕或是壓抑最先冒出的衝動，才能自由做出合乎理性的選擇。其實這整個概念都可以追溯到一個老問題：人類的心智受到身體影響的程度有多少？相信有自由意志的人認為，我們可以簡單地把身體以及來自身體的非自願欲望與情緒放到一邊不予理會，並且加以超越。人類（以及只有人類）能夠完全掌控自身的選擇還有欲望。

而沒有自我控制能力的人，哲學家稱之為「荒誕者」（wanton）。荒誕者會依照最先浮現的衝動行事，依照最緊迫或是最能夠讓自己滿足的欲望而行動，不會躊躇。你不會在荒誕者身上看到後悔。幼兒和所有的動物都屬於這樣的個體。

在英文中，有的時候自由意志會用大寫開頭，寫成「Free Will」，以表達我們對於這個概念的崇敬，因為在人類的責任心、道德以及法律中，自由意志位於核心地位。但是如果我們測量不到自由意志，又怎能贊同自由意志呢？有人說歸根究柢，自由意志就是在做出選擇，但就算是細菌也會做出選擇，當然所有具備腦的動物也必須要決定是要接近還是避開，在一群獵物中要獵捕哪一頭，或是朝北或往南移動。我住家附近的松鼠會決定是否要過馬路。有的時候牠們剛好在我的車子前猶豫不決，讓我緊張萬分。牠們跑到一半，又馬上回頭，無法下定決心。我的後院飛來一對藍知更鳥，已經準備好要築巢了，牠們探視了每個巢箱，多次跳進跳出，雄鳥看完雌鳥看，足以好好拍一集《房屋獵人》（House Hunters）的電視節目了。在經過數個星期的偵查探索之後，雄鳥終於把一些樹枝還是草稈之類的放到其中一個巢箱中，然後在旁護衛，讓雌鳥完成整個巢的建築，這個冗長乏味的決策過程才終於結束。這些藍知更鳥有自由意志嗎？

DNA結構的發現者之一、英國的科學家法蘭西斯．克里克（Francis Crick）在他一九九四年出版的書《驚異的假說》（*The Astonishing Hypothesis*）中提出論點：人類的自由意志位於腦中的前扣帶皮質（anterior cingulate cortex），但不是只有人類才有前扣帶皮質這個腦區，而且現在有扎實證據指出，這個腦區能夠幫助大鼠進行決策。雖然動物每天都要下決策的跡象處處可見，但是我們依然拒絕認為牠們具備了自由意志。人們認為動物的決策受限於過往的經驗以及與生俱來的偏好，牠們沒有總覽眼前所有可行選擇的能力。

先不提這個論點一直用來強力反駁人類這個物種具有自由意志，也無怪乎歷史上的一些偉大人物，例如柏拉圖、史賓諾沙、達爾文等，都懷疑自由意志的存在。自由意志一直都無法融入唯物主義者普遍認同的世界觀中，例如著名的德國演化學家恩斯特．赫克爾（Ernst Haeckel）在一八八四年寫道：

> 動物的意志，以及人類的意志，都不是自由的。從科學的角度來看，廣為接受的自由意志教條站不住腳。每個以科學方式研究過人類和動物意志活動的生理學家，都絕對會得到相同的結論，那就是意志絕非自由，總是受到來自內在和外來的影響。

自由意志的定義之多，汗牛充棟，其中一種讓我震撼萬分，決定進一步加以研究。美國哲學家亨利．法蘭克福（Harry Frankfurt）定義「人」（person）不只是能跟隨欲望行動，而是可以知道自己有欲望，並且能夠讓這些欲望轉變成不同結果。法蘭克福強調，只要一個個體能夠考慮到「對於欲望的企求」（desirability of his desires），那麼便可以說是擁有自由意志。這是個很棒的定義，因為這意味著我們可以測試這個定義，只要讓動物處於這種狀況之下：牠可以滿足某一種欲望，但是也有機會克制這種欲望，另外行動好滿足另一種欲望。動物能夠放棄最先浮現的欲望嗎？

牠們一定辦得到，要是動物都依照最先出現的衝動而行事，就會一直遭遇到麻煩事。成為「荒誕者」對生存而言並沒有好處。肯亞馬賽馬拉（Maasai Mara）的牛羚，遷徙途中要渡河之前會猶豫很長一段時間後才會跳入水中。年幼的猴子會等到母親的眼光移開之後才開始打架。你養的貓在你轉身之後才會跳上流理台抓肉。動物非常清楚自己的行為有其後果，也因此牠們經常躊躇猶豫，就像是我車子前面的松鼠那樣。

有的時候動物會完全放棄目的，特別是有階級系統的動物。年輕的雄黑猩猩想要和一頭雌黑猩猩交配，會接近她並且在她附近打轉，好希望能夠有機會交配。但是當首領雄性的目光看過來，年輕的雄黑猩猩會偷偷溜走，因為他知道不會成功。有的時候還會出現更驚人的狀況。地位高的雄黑猩猩會過來抓住年輕雄黑猩猩，拉開後者的兩腿，對雌黑猩猩露出勃起的陰莖這個不怎麼隱晦的求交配訊息。年輕雄黑猩猩看到高階的雄黑猩猩來了，會馬上用手遮住陰莖，完全了解其他雄黑猩猩要是見著了，會猜想到發生了什麼事情。這種種行為都需要了解其他個體的想法，並且有能力克制自己的衝動。這裡是不是很接近法蘭克福對於自由意志的定義了？

不過法蘭克福自己認為，除了成年人類之外，其他的生物體都不具備自由意志。實際上他是這麼說的：「在自由意志這方面，我的理論可以輕易解釋為什麼我們不願意讓任何次於人類的物種具有這種自由。」

這真是廢話連篇！

別搞混了，我和你一樣不喜歡用這樣的字眼，但是法蘭克福這位著名的作家在二〇〇五年出版的書，就叫做《論廢話》（*On Bullshit*），因此我覺得可以隨意使用這個詞。他這本書思慮深遠，對這個主題旁徵博引，引用了語言哲學家維根斯坦（Wittgenstein）和神學家聖奧古斯丁（Saint Augustine）的見解，詳細地說明廢話和胡說、扭曲和吹牛之間的區別。根據法蘭克福的說法，廢話是富有創造性的誇張言談，接近謊言，「在某人需要談論自己不知道事物的情況下，講廢話是無可避免的。」他那些「次於人類」的生物不會監控自身欲望的看法，完全就是在談論自己不知道的事物，這樣看來，他關於自由意志的論點或許也可以歸類到「廢話」的範疇中，可以算得上是空話。五十年前就屬他最早對自由意志下定義，當時這個定義或許合理，但是新的研究結果駁斥了這個定義。我們現在知道動物和幼兒有許多顧慮到未來的行為，並且能控制情緒。其中的狀況不像我們當時所想的那麼簡單。

首先，動物只考慮眼前的狀況、完全生活在現在所處的環境中，這個論點很受歡迎，但是最近對於動物「時間旅行」的研究完全推翻了這個說法。猿類、腦部比例大的鳥類，甚至可能還包括其他動物，都能回憶起過往生活中的重要事件，並且計畫未來。牠們的心智能夠在時間中旅行。黑猩猩有時候會在森林中的某些地方收集一些長長的蘆葦稈，銜在口中，然後到數公里外的地方，用這些蘆葦稈在白蟻丘中釣白蟻。幾乎就像是在心中有所計畫。

雄紅毛猩猩會發出巨大的吼叫聲，能夠在蘇門答臘雨林中傳得很遠，他往往會在樹的高處發出吼叫，我曾經在樹底下聽過這種吼叫聲，因此可以向你保證這種叫聲真的令人震撼。周圍的紅毛猩猩會仔細聆聽這些叫聲，因為主宰雄黑猩猩（完全成年的雄性而且具有發育完整的肉頰）是需要重視的對象。每晚他在築過夜要用的巢時，會朝著某個特定的方向吼叫，隔天早上他會朝著這個方向出發。意味著他在十二小時之前就知道要去的地方，而且他要確定其他紅毛猩猩也知道。

動物的行為受到未來引導的證據來自許多對照組的實驗，其中靈長類動物或是鳥類會看到隔天才會使用或是才能吃到的食物。因為有這些研究，現在大部分的人都相信有些動物具備會為未來著想的認知概念。對於公平感的研究也指出了同樣的概念。在最後通牒遊戲中，黑猩猩即使知道有某種選擇可以讓自己得到更多的食物，卻刻意選擇對兩方都公平的結果，我們得解釋為什們會這樣。我偏好的原因是牠們願意犧牲短暫的利益去維持良好的友誼。如果這是真的，這些黑猩猩不只受到未來狀況的引導，同時天生就具備了良好的自制力。

棉花糖試驗（marshmallow test）可以直接測試自制力。有許多人看過一個影片：小孩子獨自坐在桌子前面，使盡全力不要吃面前的那塊棉花糖：小孩子會偷偷地舔一下，咬一小塊，或是看其他方向以避免受到誘惑。實驗人員已經答應了小朋友，自己一個人的時候如果沒有吃掉那塊棉花糖，等到實驗人員回來後就可以得到第二塊棉花糖。棉花糖試驗能夠測量兒童在面對眼前立即可以滿足的事物時，對於未來看得有多重。猿類面對類似的狀況會怎樣？在一項實驗中，黑猩猩耐心看著一個每隔三十秒就會有一個糖果掉進去的容器，牠隨時都可以拿走容器，吃掉裡面的糖果，但是之後就不會有糖果掉下來了。黑猩猩等待的時間越長，得到的糖果就越多。黑猩猩會像是兒童那樣為了自己的利益而等待，足足可以等最多十八分鐘。

那麼鳥呢？牠們不需要自制。但是許多鳥得到的食物可以馬上吞下去，而不是帶回去給飢餓的雛鳥。有些鳥種的雄鳥在求偶過程中會自己挨餓，把食物餵給雌鳥。這裡的關鍵也是自我控制。裴珀寶的非洲灰鸚鵡葛里芬接受過延宕滿足實驗（delayed gratification task），他

有些動物控制情緒的能力和人類一樣好。在一項經典實驗中，如果小朋友能夠克制自己不吃第一塊棉花糖，就能夠得到第二塊棉花糖。他們會努力抗拒誘惑，躲開糖果，或是做別的事情好分心。用類似的方式測試猿類和鸚鵡葛里芬，牠們能夠如同小朋友般抵抗誘惑。葛里芬面前放著一碗食物，他要是能夠等待，就可以得到更美味的食物。這頭鳥常會閉起眼睛以及做其他事情好分心。

能夠等上好長一段時間。他停在小小的架子上，面前有一碗沒那麼討喜的食物，像是穀物片之類的，研究人員要他等待。葛里芬知道如果等的夠久，可能會得到腰果，甚至糖果。他能夠堅持的機會有九成，最多可以等上十五分鐘。

和法蘭克福的自由意志定義相關的關鍵問題，在於動物是否了解到自己在對抗誘惑。牠們注意到了自己的欲望嗎？當小朋友避免看到棉花糖，或是用手遮住自己的眼睛時，我們認為他們受到了誘惑。小朋友會自言自語，唱歌，發明玩手腳的新遊戲，或甚至是打瞌睡，這樣就不需要忍受漫長的等待。美國心理學之父威廉・詹姆斯（William James）很久以前就認為，「意志」和「自我強度」（ego strength）是自我控制的基礎。我們通常是這樣解釋小朋友的行為，說他們有意識採取讓自己分心的策略。

對於猿類或許也可以採用相同的說法。例如在掉落糖果的實驗中，猿類手邊要是有玩具可以玩，忍受等待的時間可以拉得很長。專心在玩具上讓牠們的心不放在糖果機器上。牠們是刻意這樣做的，因為在沒有糖果機器的狀況下，玩玩具的時間會大幅縮短。葛里芬這隻鸚鵡也一樣，會想要不去看見眼前的食物。在等待時間最長的幾次狀況中，有三分之一他直接把裝著穀物片的碗丟掉。在其他的狀況中，他會把碗移到自己碰不到的地方，自言自語，整理羽毛，抖動翅膀，頻頻打呵欠，或乾脆睡覺。牠有的時候也會啄一下食物但是不吃下去，叫道：「我要堅果！」

兒童、猿類和葛里芬的行為驚人相似，因此我們最好認為他們具備了相同的心智過程，包括了知道自己的欲望，以及壓制這些欲望。所以對於自由意志這個千古爭議，我們的答案是，如果我們認為人類有自由意志，那麼可能也要認為其他動物也具備，否則我們無法了解動物在實驗和野外中為何能夠展現各種自制行為。

讓我們來看一個例子：一個雌黑猩猩的嬰兒被另一個沒有惡意的年輕雌黑猩猩撿起來了。這是每天都會發生的事情，年輕的雌黑猩猩就是無法抗拒幼猩，總是想抱牠們。但是很不幸，牠們笨手笨腳的。黑猩猩媽媽很清楚這點，所以會跟著年輕雌黑猩猩，嗚咽懇求把孩子還回來。不過年輕雌黑猩猩會避開她。黑猩猩媽媽會忍住不追上去，因為她害怕抱走幼猩的年輕雌黑猩猩逃到樹上去，可能會讓自己的寶貝受傷。基於同樣的理由，黑猩猩媽媽也不會抓回幼猩。想想看兩頭雌黑猩猩一邊一個抓住幼猩的手或腳，尖叫拉扯的情況。我曾經親眼見過這個場面，真是讓人驚恐萬分。因此黑猩猩媽媽需要保持平靜與鎮定。她可能會裝作完全不在意，在一旁漫不經心坐著，嚼樹葉或是草，展現出毫無威脅的樣子。一旦幼猩安全攀在自己的肚子上，態度會完全改變。我曾見過這樣的雌黑猩猩轉身朝著年輕雌黑猩猩，發出尖銳的憤怒吼叫聲，追著她跑了好長一段距離，完全釋放壓抑許久的憤怒。整件事情讓我們知道黑猩猩母親會壓抑極度的擔憂和惱怒，只為了自己孩子的安全。

就如同之前所敘述的，地位低的靈長類動物在面對地位高的同類時，會壓抑或隱藏欲望，但是反過來也一樣。科學家在南非對這個現象進行了實驗，他們訓練了一頭在群裡面地位低的雌長尾猴，讓她成為打開裝食物容器的專家，稱她為「提供者」（provider），整群猴子中就只有她知道怎樣打開那個容器。她夠聰明，知道高階猴子沒有在附近等著偷她的食物時才會去打開容器。她會等到所有高階猴子都在安全距離之外時才展露技巧。對於那些高階猴子來說，牠們也學到要離那個容器多遠，提供者才會去打開容器。

在三個猴群中反覆進行了許多次相同的實驗，研究人員指出，高階猴子展露了無比的耐心與謹慎。牠們會待在一個「看不到的圓圈」之外，通常是待在樹上，可以盯著裝食物的容器，這個圓圈的半徑大約有十公尺。當提供者打開容器，會雙手快速抓取食物塞到頰囊中。長尾猴棲息在陸地上，頰囊是一個很有用的構造。只要她的頰囊中塞滿了桃子、杏子和無花果乾，就不會介意其他連忙跑過來的猴子把自己趕跑並且把剩下的食物也塞到頰囊中。她只會到僻靜的角落享受得到的食物。如果高階的猴子無法自我克制與等候，整件事情都不會發生，也沒有任何猴子可以得到好處。

還有其他許多自我壓抑的例子。只要家裡同時養了大型犬和小型犬，牠們一起玩耍的時候就可以看到自我壓抑所發揮的效果。自我控制最值得一提的表現是如廁訓練。犬類天生就有在窩巢之外排便的傾向，貓則是會在有土能夠遮蓋糞便的地方排便。人類馴養的寵物還是需要加以訓練，不過牠們與生俱來的傾向有利於訓練。對於兒童來說，如廁訓練通常是一生中控制身體功能和自我控制的第一步。佛洛伊德對此有詳加研究，認為是追求「解放」之樂的「本我」（id），和遵守社會規則與期盼的「超我」（superego）之間激烈的爭鬥。不過說到猿類，雖然牠們和人類非常類似，但是你可能會認為牠們不可能進行如廁訓練。野生猿類在樹木上移動，每天晚上都築另一個巢，看起來不會在意自己大小便的場所，反正大小便都會落到地上。不過人類曾經訓練在家中養大的猿類如廁。

一九三〇年代，家樂夫妻在家中把小黑猩猩格娃養大，對於她的排便訓練，留下了將近六千條紀錄。他們同時也記錄自己兒子唐納德（Donald）訓練控制大小便的過程。用他們話來說，是要比較兩個「生物體」的成長。一開始黑猩猩學習速度慢很多，但是大約過了百日之後便明顯進步，兩個生物體排便錯誤的次數便相同了，這個數字持續減少。從開始訓練起大約一年，格娃和唐納德都到了最後階段，能夠及時指出自己要便便了，兩者發出的訊號都是用手壓住生殖器，只不過格娃也會用腳壓住，以其他的手腳蹣跚前進，到牠的養父母面前發出聲音，到後來只用聲音指出自己要上廁所。一種動物原本不需要控制排便，卻用意志力控制了身體的這項功能，這讓我印象極為深刻。

對於動物而言，盲目依照衝動行事，後果不堪設想。動物的情緒反應，總是會依據現場狀況及評估可行方案而變化。可以說牠們全部都具備了自我控制的能力。除此之外，為了避免懲罰與衝突，群體裡面的成員需要調整自己的欲望，或至少是在行為上能夠配合周遭成員的意志。妥協是最重要的事情。由於社會性生物很久以前就在地球上出現了，這種調整在人類和其他社會性動物中已經根深柢固而且發揮相同的影響。基於這個理由，我個人雖然不太相信什麼自由意志，但我們的確需要密切關注認知凌駕內在衝動的方式。對抗衝動，讓某種行為由其他的行為取代，而得到比較好的結果，這可以看成是理性作用的跡象，而且對於井然有序的社會而言是必需的，所以美國心理學家羅伊・鮑梅斯特（Roy Baumeister）會說：「聽起來可能很矛盾，但是自由意志讓人們能夠遵守規則。」

所以我認為，人們習慣上認定只有人類才具備自由意志，使得這個亙古的爭論持續擴大。我們到底是怎樣才會那麼確定，人類有自由意志而其他的動物卻沒有？為什麼我們會認為只有人類才能決定未來的自由？從上面所提及的證據看來，造成差異的理由並不是能夠控制情緒和衝動，或甚至是知道自身的欲望。我喜歡能夠加以測試的答案，因為這個爭執由來已久，要是我們為此抱持偏見，將無法得到答案。在得到答案之前，我暫時的答案是如果人類的自由意志是演化出來的，那麼不太可能一開始只在人類這個物種上演化出來。

站在我這邊

現在我們才能夠談論動物的情緒，突顯出我們想要忘記對動物情緒的認識是多麼淺薄。

相較於心理學家對於人類所做的研究，我們落後了好幾光年。我們給幾種情緒冠上名稱，描述和這些情緒相關的表情，記錄下讓這些情緒出現的狀況，但是我們缺乏能夠定義情緒並且研究情緒（及其好處）所需要的架構。由於人類情緒研究也缺乏這樣的架構，我們動物行為學家可能也沒有落後得那麼遠。生物學家總是從生存與演化的角度思考，動物行為學家想要知道情緒如何影響行為，這很合邏輯。比起感覺面，我們更在意行動面，情緒的價值在於情緒引起的行為，包括了嬰兒因飢餓而哭泣，以及大象因憤怒而奔馳。情緒會演化出來是有原因的，因為天擇「看不到」感覺，只會注意到能夠造成結果的行動。不過情緒演化出來的過程依然是個謎。

更為難解的是要怎樣調節情緒才能確保得到更佳的結果。情緒本身並非每次都知道怎樣才對生物體最好。大部分的時間可以，但是有的時候個體最好忽視情緒，或是改變行為。我們人類使用了一些有趣的字眼描述我們處理這個問題的方式，例如執行功能（executive function）、主動控制（effortful control）和情緒調節（emotion regulation）。對於計畫活動和組織生活而言，這些能力都很重要，但是我們幾乎不會把這些詞用在動物身上，因為我們有偏見，認為動物只有少數幾種情緒，而且無法違背情緒。但是在延宕滿足的實驗中，動物不但顯示了自我控制的能力，還出現彼此衝突的情緒，這些情緒會造成相反的結果。牠們會在戰鬥與逃跑之間猶豫，會想要讓幼獸斷奶或是屈服於牠們的脾氣，避開攻擊者或是和攻擊者和好，進行交配或是擊退對手。

我有一個男學生很倒楣，被一頭年輕的雄黑猩猩當成競爭者。這頭黑猩猩的名字是克勞斯（Klaus）。每次那個學生經過的時候，克勞斯都會張牙舞爪，把泥土或是自己屎尿朝他丟去，表達極度的厭惡。克勞斯對我和其他人絕對不會這樣。事實上，我們認為克勞斯善良又有趣。有天克勞斯在戶外區對一頭雌黑猩猩求歡，這次很幸運雌猩猩首肯了，但就在這當兒，牠的人類對手出現了。克勞斯拋下了雌黑猩猩，直接朝他走去，展現出生氣的樣子，所有的毛髮都豎立起來，顯然求歡的欲望沒有超過牠要炫耀的念頭，可能是他成長到絕對需要展示自己階級地位的年紀，而最好的對手莫過於另一個物種中年紀相近的雄性個體了。克勞斯可能盤算過，這場和雌黑猩猩的幽會可以稍微延後一下。

我們現在需要注意這種盤算，人類隨時都在進行相同的盤算。我們熟練地操控自己的情緒和欲望，能夠順從其中一些而排拒其他。我們會設定優先順序，做出最佳的決定，這項傑出的能力往往歸功於人類的大腦皮質。他們說人類的前額隆起，那個部位的腦特別大，負責了更高等的認知功能，並且能夠控制衝動。我們認為人類的前額「高貴」，並且很久以前就開始比較各種族之間的前額大小，例如有「亞利安人額頭」（Aryan forehead）這類極度惡劣的說法。額頭幾乎和頭顱容量大小幾乎沒有關係，而且人類的腦和猿類、猴類的腦之間，在結構上沒有差異。人類大腦皮質相對於腦中其他部位的比例並沒有特別之處。最新的神經元數量統計支持這個說法。在人腦中，大腦皮質中的神經元數量為全部腦部的百分之十九，其他靈長類動物也是一樣。人類的腦和猿類的腦在胎兒時期大小是相同的，但是隨著懷孕時間的增加，人類的腦持續長大，猿類的腦發育到一半時生長速度便趨緩，因此成年人類的腦部大小是猿類的三倍大，同時有比較多神經元（總共八百六十億個）。我們的計算中心並沒有不同，但運算能力絕對比較強。沒有人說人類的認知能力不特別，只不過現在我們應該了解到，智能與情緒之間的交互作用一如前額葉比例，在所有的靈長類動物中可能都是相同的。

有許多情緒在不知不覺中受到控制，也牽涉到社會關係，因此我對於心理學家一般用來測試人類情緒的方式有意見：他們讓受試者一個人坐在椅子上面對電腦螢幕，或是接受腦部掃描，但事實上人類絕大部分的情緒都是在社會背景中演化而來。情緒並非個人化的，會牽涉到人與人之間的關係。美國神經科學家吉姆．寇恩（Jim Coan）使用了不同的研究方式。他讓人類受試者躺在掃描器中，記錄聽到將會受到輕微電擊時的神經反應。腦部掃描的結果顯示受試者會擔心接下來會痛。但是如果讓一位女性參與實驗，她可以握著受試者丈夫的手，那麼這種恐懼便會消失，會把接下來要遭受的電擊看成小小的刺激。除此之外，女性和丈夫之間的關係越好，緩衝的效果也越顯著。但沒有施行過男性受電擊而女性握手的實驗，據推測結果可能相同。另一項研究則發現，握手會讓伴侶之間的腦波同步，明確指出依附關係和身體接觸能夠改變情緒反應。

我在聽了寇恩的演講之後，上前讚美他的實驗設計。他告訴我，絕大部分的心理學家相信人類這個物種在獨自一人時產生的反應才算是標準反應，他們認為人類單獨時才處於最原始的狀況。不過寇恩相信實際的狀況完全相反：人類在其他人包圍的狀況下得到的感覺，才是真實的普通狀況。對於生活中的壓力，人類極少獨自面對，我們總是會倚靠他人。在實驗中，女性如果能夠聞到丈夫或情人穿過衣服的味道，壓力顯然就比較小。熟悉的味道能夠增強自信心，這種效應或許可以解釋有些人一個人在家的時候，會穿伴侶的衣服，或是睡在床上伴侶通常睡的那一側。西方文化偏好獨立自主，但是在人類的內心深處並不是真正獨自一人的。生物學家都知道，人類必須過著社會性生活（人類無法離開群體生活，如果孤獨一人心裡會受苦），因此人類處在社會中才能表現出常態，社會背景能夠減緩情緒衝擊。我的卡布欽猴也差不多，牠們一直發出聯絡彼此的叫聲，知道其他成員依然在附近，藉此得到安全感。牠們經由聲音交流。

最會攪亂情緒的狀況是個體被迫離開原先成長的環境。人類天生就無法獨自生存，其他的靈長類動物也是。我在剛果民主共和國首都金夏沙外的巴諾布猿天堂保護區研究巴諾布猿時，頭一次檢視了成長環境對於情緒的影響。那些巴諾布猿是心理受到創傷的不幸孤兒。盜捕者和盜獵者一直殺害野生的巴諾布猿（以及其他許多野生動物），做為肉類來源。攀附在死去巴諾布猿上的幼猿會「救回來」再帶去賣掉。這當然不合法，那些在市場上販售的活幼猿會遭到沒收，帶到保護區中，請當地的婦女擔任代理母親（maman），扶養幼猿長大。代理母親會抱著幼猿到處行動，用奶瓶餵奶。過了幾年之後，這些巴諾布猿會來到有圍欄保護的森林中，加入當地巴諾布猿群體，數年後再放回野外。

我的合作伙伴桑納・克雷（Zanna Clay）著手研究這些巴諾布猿孤兒的同理心。同理心其中一個指標，是旁觀者對鬥爭引發的痛苦會做出什麼反應：牠們可能會雙手擁抱發出叫聲的輸家，溫柔握住輸家的手並且拍拍牠。牠們可能會一手抱著輸家的肩膀離開。這些行動能夠安慰輸家，牠們的尖叫聲會猛然終止。

每當這一大群巴諾布猿爆發衝突時，桑納就會錄影，我們便可研究整個過程中的種種細節。我們觀察到那些巴諾布猿孤兒會表現出輕微的同理心。但是讓我們驚訝的是，真正具有憐憫之情的伙伴，要屬那些在群裡面出生並且由自己母親扶養長大的巴諾布猿。這樣的巴諾布猿更願意安慰痛苦或悲傷的伙伴。我們認為，這些巴諾布猿的表現才是正常的，那些孤兒巴諾布猿的同理能力受到了嚴重的傷害。

我們知道對兒童來說，情緒調節有多麼重要，他們需要控制住自己的悲傷才能夠表現出同理心。幼兒聽到或看到其他兒童哭泣，自己也會覺得傷心，結果變成了兩個兒童在哭泣。後來才哭的兒童不像先哭的兒童那麼悲傷，通常也更容易甩開悲傷，讓他可以注意到先哭的兒童並且安慰對方。兒童如果沒有辦法舒緩自己的情緒，就會被情緒壓倒，無法對他人展露關懷。

在巴諾布猿中，同理心也是以相同方式運作。巴諾布猿孤兒難以調節自己的情緒，母親養大的巴諾布猿便沒有這種現象，牠們學會如何打起精神。桑納為了測試這個想法是否正確，觀察每頭巴諾布猿處理自己情緒的方式。她發現比起母親帶大的巴諾布猿，孤兒巴諾布猿從一種情緒狀態轉變為另一種情緒時，花得時間比較長，悲傷時間也比較久。比較少安慰其他成員的巴諾布猿，受到拒絕或是啃咬的時候，也會持續發出尖叫。這幾乎就像是一個個體先要有了自己的「情緒房子」之後，才能準備好拜訪其他個體的情緒房子。我們之所以能夠了解巴諾布猿孤兒有這樣的缺陷，是因為人類用難以想像的方式虐待牠們，在牠們還需要懷抱的年紀時母親便死在盜獵者陷阱或是子彈之下。盜獵者可能還會把牠們用鍊子繫在樹上好幾個月。牠們很少對巴諾布猿同伴展露出同理心。

這項研究讓我知道在研究動物的情緒之外，我們也應該探索動物如何管理情緒。不同物種之間可能有顯著的差異，不同的個體之間也是，後者是依照個性而定的。自我調節是一個熱門的研究領域，同時也用於研究人類孤兒。例如一九八九年，羅馬尼亞的暴君尼古拉・希奧塞古（Nicolae Ceau escu）被推翻後，那些孤兒過的日子讓全世界的人都深受震撼。一位英國記者泰莎・鄧洛普（Tessa Dunlop）報導說：「當我第一次走進這棟位於錫雷特（Siret）的灰色建築，第一個反應就是要馬上走出去。四面八方都有半裸的兒童跳過來，抓住我的衣服，尿臭與汗臭撲天蓋地而來，令人胃部翻騰。」這些孤兒在沒有關愛與親情之下長大，管理者虐待他們，還引發兒童的暴力行為，例如要求年長的兒童打年幼的兒童。我們從腦部研究得知在那些機構長大的兒童，杏仁體變大而且過度活躍，那個腦區和情緒的處理有關，他們也過度關注負面資訊，很容易驚恐。他們的情緒調節和心理健康都受到了嚴重的損傷，因此這些羅馬尼亞的孤兒院也稱為「心靈的屠宰場」。

單獨長大的動物也有相似之處，例如酪農業實行恐怖的做法：在小牛出生之後就把牠和母牛分開。這使得母牛和小牛的情緒都受到嚴重的傷害。比起和母牛一起長大的小牛，這些小牛的社會行為既不熟練也不活躍，同時很容易緊張。牠們的情緒評估一團混亂，很容易就失去平衡。我們幾乎完全不了解這些過程，原因之一是長久以來禁止研究動物的情緒，另一個原因是一般人認為動物是「荒誕者」，並沒有控制情緒的能力。但是對於牛、巴諾布猿和其他許多動物而言，情緒智能非常重要。牠們並不像是飄盪在感覺之河上的小舟，牠們有能夠幫助控制方向的船舵和船槳。在沒有關愛和依附狀況下成長，就等於失去了這些工具，因此失去雙親的孤兒往往難以情緒平衡。

第七章

感知

動物到底感覺到什麼？

當然，當時我身為猿類的感覺，現在我只能用人類的說法表達出來，因此我的表達內容會是錯誤的。

——小說家法蘭茲·卡夫卡（Franz Kafka），一九一七年

當有人問我大象是否具備意識，有的時候我會回嘴：「如果你告訴我意識是什麼，我就可以告訴你大象是否具備意識。」這往往可以讓對方閉嘴。沒有人知道我們到底在談論些什麼。

我的答案並不公平，對於提問的人和大象而言，甚至有點嚴苛。實際上我認為這些龐然大物具有意識。我的團隊研究亞洲象，並且首度證明牠們能夠認得鏡中的自己，這通常視為具備自我意識（self-awareness）的跡象。我們測試了大象合作技巧，例如他們是否知道，自己需要其他協助，才能完成一項聯合任務。大象表現得和猿類一樣好，遠勝絕大部分的動物。牠們的行動充滿了思慮與聰慧，每每讓我驚訝。舉例來說，在泰國和印度鄉間的年輕大象，脖子會繫上鈴鐺，這樣可以讓人知道牠們的去向（也讓菜園和廚房裡的人不要被突然出現的大象嚇到）。有的時候大象會把草塞到鈴鐺中，讓鈴鐺啞了，如此到處行走便不會洩露蹤跡。這是需要想像力才能夠得到的解決方案，顯然沒人為牠們示範，草也不可能意外塞在鈴鐺裡，好讓牠們知道有這種效果。人類會有意識地在腦中盤算因果，再得出漂亮的解決方

案。如果人類是這樣做的，那麼缺乏意識的大象如何能夠想到這個解決問題的方式？

在某一次研討會中，我聽到某位著名的哲學家說他要解釋人類的意識，還宣稱基於人腦中大量的神經元，意識是合理的結果。他說神經元之間連結越多，造就的意識便越強。他還播放了神經元樹突生長的影片，看起來非常了不起，但是依然完全無法讓我了解意識是怎麼產生的。他最為驚人的結論，是在說比起其他動物，人類的意識根本不在同一個層級。他說到目前為止，人類是

大象會用鼻子圍住悲傷的伙伴，安慰對方，蹣跚前進。大象是深具同理心與情緒的生物，但是科學界並不知道牠們的感覺。由於一直有人認為感覺和意識需要有腦中大量的神經元才能夠產生，最近發現大象腦中神經元的數量是人類的三倍，讓那種先入為主的成見受到動搖。

最具有意識的生物，好像這是自然而然的結論。但是我無法從他神經元和突觸數量的相關理論推導出這項結論，因為人類不是唯一具備大量神經元和突觸的生物。人類的腦有一點四公斤，有些動物的腦比人類還要大，例如抹香鯨的腦重達八公斤。

我想這也罷了，人類具備的神經元是比較多，從這裡來看他的理論似乎站得住腳。當時的人總是理所當然認為人類腦中神經元最多，後來我們開始數到底有多少，現在我們知道大象四公斤的腦中，神經元實際上是人腦的三倍。這個發現讓許多人摸不著頭緒。我們是否該改寫人類意識的相關說法？說人類比大象更具意識的證據在哪？只是因為大象不會說話嗎？或是因為牠們腦中有些部位的神經元並沒有牽涉到高階功能？這似乎是一個好論點，但是我們並不清楚腦中哪些部位牽涉到意識。大象的身體重達三公噸，光在象鼻裡面便有四萬條肌肉（更別提大象的陰莖也具備抓握能力），每走一步肌肉都需要精密的控制與協調（想想看小象在象媽媽和象阿姨腳邊行走的情況），而且大象的嗅覺相關基因是所有生物中最多的。我們真能確定，大象對於自己身體以及所處環境的認識，要少過人類嗎？身體的複雜性、能夠運動部位，還有接收到的感官，無疑是意識的起源。從這方面來看，大象不輸於任何生物。

並不是所有的哲學家都同意「意識需要巨大的腦」這項推測。隨著動物研究以及人類動物關係學（anthrozoology）的興起，許多思想開放的哲學家開始思考動物感知，展開了進一步的研究。他們了解到，就算我們無法知道大象的感覺是什麼，依然能夠承認他們具有感覺。在不了解意識到底是什麼的狀況下，我們怎麼能夠排除這項可能性？想要解決這個問題的人，會說有許多種不同意識，例如自我意識（self-awareness）、存在意識（existential consciousness）、身體意識（body awareness）、反思意識（reflective consciousness）等。這個概念已經夠模糊了，如今又增加模稜兩可的新定義，讓問題更為複雜。

因此我帶著些許惶恐不安，精神滿滿地攻入動物感知與意識這個一團亂的領域之中。

肉類與感知

在動物意識這項爭議的背後，潛藏著一個許多科學家不願觸及的議題：人道對待動物。顯然人類沒有好好對待動物，至少對待絕大部分動物時都很糟糕。如果認為動物是遲鈍的自動機器，並不具備感覺和意識，那麼我們會覺得輕鬆許多，科學界一直也是這樣看待動物。如果動物看起來像是石頭，那麼堆起來再用力踩踏也就不會有什麼關係了。但如果動物不是這樣，那麼我們就有嚴重的倫理難題了。現在這個時代，農場有如工廠，動物的感知問題就像是房間中的大象那麼明顯，卻受到忽略。動物園中有成千上萬頭動物，實驗室中有數百萬頭動物，人類家中共有數億頭動物。但是在畜牧業中，實際上有數十億頭動物。地球上陸生脊椎動物中，野生只占了其中生物質量的百分之三，人類占了四分之一，其他將近四分之三幾乎都是牲畜。

在傳統農場中，牲畜有名字，在牧場中吃草，在泥地中打滾，或是用塵沙洗去身上髒污。這些牲畜雖然沒有過上田園般的生活，但是要比現在狀況要好多了：牛和豬關在狹小的不鏽鋼圍欄中，數千隻雞擠在不見天日的棚子裡，牛隻不在戶外嚼食青草。我們讓這些動物踩在自己的排泄物上。由於我們幾乎都看不到這些動物，絕大部分的人都不知道牠們悲慘的狀況。我們看到的只有切好的肉塊，上面沒有連著腳、頭，或是尾巴。我們不需要深思肉品在切分包裝之前的模樣。到這裡，我只談到對待動物的方式，還沒有說到事實上我們是在吃動物，這才是我最關心的事。

我是生物學家，因此不會去質疑自然界中生命的循環。所有的動物在自然界中的角色，不是吃其他動物，就是被其他動物吃，人類同時扮演這兩種角色。人類的祖先屬於這個由肉食動物、食植動物和雜食動物組成的巨大生態系中，會吃其他生物，也會成為獵食者的餐點。就算現在人類幾乎不會成為獵物，依然有大批生物吞食人類的屍體。塵歸塵、土歸土。

與人類親緣關係最接近的靈長類動物，在森林中憑藉大膽高明的技巧、密切的合作，捕捉猴子和小羚羊。牠們會津津有味吃下這些獵物，發出愉快的叫聲。他們也會花上好幾個小時，用樹枝釣螞蟻和白蟻。有些黑猩猩族群食用了大量動物蛋白質（某座森林裡的牠們幾乎吃光了紅疣猴〔red colobus monkeys〕），有些族群吃得少。雄黑猩猩如果用肉類交換性，成功機會加倍。

人類也非常看重肉食，只要有機會能吃到就會吃。人類不像肉食動物具有尖爪或利牙。不過人類從演化歷史的早期開始，除了吃果實、蔬菜、堅果之外，也吃下了脊椎動物、昆蟲、貝類、蛋類等，而且不只是補充而已，根據最新的人類學研究，現今世界各地狩獵—採集文化中的百分之七十三，食物來源中的動物占了一半以上。人類複雜的牙齒、比較短的小腸，以及較大的腦，都反映出我們動植物都吃的特性。

肉類的吸引力也影響了人類的社會演化過程。果實體積小又分布得廣，採收果實是一個個體便能夠完成的工作，但是獵捕動物需要團隊合作。光靠一個人也無法把長頸鹿或是長毛象帶回家。我們的祖先和猿類之所以有所區分，在於能夠獵捕身軀比自己還要大的動物，整個過程需要同心協力和彼此互助，這兩者是複雜社會的根基。我們的合作天性、分享食物的傾向、對於公平的感覺、甚至倫理道德，都源自我們祖先為了維繫生命的狩獵行為。除此之外，平均來說肉食動物的腦部要比食植動物來得大，這樣的腦也需要比較多的能量才能夠茁壯並且維持運作，食用動物的蛋白質並且有效處理食物（例如發酵與烹飪），也被視為人類祖先神經結構增大的助力。食用肉類能夠得到大量的熱量、脂肪、蛋白質和重要的維生素B12，有助於腦部長得更大。如果沒有肉類，人類可能無法如同現在這樣的聰明。

不過這些說法都並不意味著我們應當維持目前的飲食內容，或是持續吃肉。人們對於動物蛋白質的評價可能過高了。人們生活在各種時代與各種可能性的環境當中，而且將來可能有優質的肉類替代食品，例如培養肉或是植物肉，其中含有我們所需的各種維生素。

就算我對於吃肉這件事沒意見，但是人類也一直以錯誤的方式飼養、運輸與宰殺牲畜。有的時候處理的狀況有失體面甚至極為殘酷。對此，工業化國家的許多年輕人在實驗發展無肉餐飲，不過這個領域中依然有許多困難要解決。二〇一四年，美國人道研究會（Humane Research Council）調查發現，在七名宣稱自己是素食者的人中，只有一位持續吃素超過一年。我欽佩他們的努力，但最多只能以尚欠完整又沒信條的方式，讓家裡的廚房中不會出現哺乳動物的肉。

偶爾吃肉的彈性素食主義（flexitarianism）以及降低肉食份量的減肉主義（reducetarianism）則有很大的進展。以植物為基礎的食物革命正在展開，有望強迫肉類生產者改變做法。如果人類食用肉類的份量能夠減半，將會大幅改善牲畜的生活。或許我們可以更進一步，在培養皿中生產沒有中樞神經系統的肉類，逐漸不再需要吃真正的動物。我認為追求這個目標是一項道德義務。如果我們不像以往那樣聽信神話故事，能夠誠實面對人類的演化歷史，那麼就可以知道我們注定是要成為素食者，但現在並不是。

在這些持續發燒的爭議中，「感知」這個詞廣受引用並且成為反駁的武器。除了環保這個迫切的原因之外，感知是人類需要尊重所有生命形式的三個理由之一。這三個理由分別是：所有的活物應當有與生俱來的尊嚴，每種生命形式都注重自身的存在與生存，以及生物具備感知與感受痛苦的能力。我會一一說明這三個理由。不論是動物、植物或是其他種類的生物，這三個理由一概適用。

我們人類平白無故就賦予某種特別的生物尊嚴，這完全是人類自己的決定。或許不應該如此，但是我們就是這樣。我大概不會賦予臥室中的蚊子或是花園中的雜草尊嚴，但是我了解這是自私自利的選擇。我比較尊重美麗的蝴蝶或是栽種的薔薇，顯然我們判定誰有尊嚴的原因很主觀。唯一客觀的標準可能是生物的智能和年紀。對於腦部較大的生物，我們比較看重，對於腦部小的生物就看輕了，這依然是人類的偏見，因為人類本身屬於腦部比較大的生物。人類同樣也偏好自己所屬的哺乳動物，我們認為海豚比鱷魚高等，我們認為猴子比鯊魚厲害。不過我一直對這種評斷心生懷疑，因為太符合自然階梯的概念了，這個階梯還缺乏科學依據。一直以來，人類頌揚長壽。我在喬治亞州的家周圍長著許多白橡木，其中有些可能超過兩百歲了。我非常敬重這些高大的樹木，我對於一些高齡生物也是，例如年老的大象、海龜或龍蝦。在歐洲有些城市的市集廣場，中心長著超過千歲的老樹，這些廣場往往因為這些樹就取名為椴樹廣場（Lindenplatz）。對自然有所尊重的人絕對不會輕易移走這種美麗的樹木，那種事就像用推土機把教堂剷平。

對於地球上所有的生物而言，維持生存是那三個理由中最容易了解的，因為每種生物都希望能夠生存下來。各式各樣的生物無不全力以赴，不是避免要被飢餓的敵人吃掉，就是要找尋足夠的能量以維持生存與繁殖。他們可能不是有意識進行這些事，但是努力維持生命是生活的一部分，沒有一種生物例外。就算是單細胞生物也會快快游開有毒物質。植物會釋放有毒化合物，以便抵抗敵人，並且把化合物釋放到空氣中或是土壤裡，警告同類有吃草的牛或是啃葉子的昆蟲來襲。生物體維持生存的希望通常彼此衝突，一個生物體要生存，無法不侵害到其他生物體的利益。對於所有動物而言就是如此，因為牠們缺乏把陽光轉換成能量的能力。為了生存，動物必須消化其他有機成分才能得到能量。所有的動物會傷殘或是殺害其他的生物。即使最注重有機方式的農夫也免不了侵害到其他生命形式的利益，耕地會奪去野生動物的棲地，用天然殺蟲劑會消滅昆蟲，人類也會吃掉那些植物。人類存在於自然的網絡之中，會持續比較自身的利益以及其他生物的利益，最後通常會選擇自己的利益。

這三個理由中，感知最為複雜。感知（sentience）的定義是要具備體驗、感覺或知覺的能力。從定義最廣的角度來說，每個生物體都具備了感知能力，例如真核細胞會持續維持細胞內部的化學組成平衡。為了維持恆定（homeostasis），細胞需要偵測細胞內部的氧氣與二氧化碳濃度、酸鹼值高低等，而且還要「知道」需要採取哪些行動才能夠恢復平衡，例如進行滲透作用。美國的微生物學家詹姆斯・夏皮羅（James Shapiro）更為極端，他宣稱「所有的活細胞與生物體都是具有認知（感知）能力的實體，會刻意展開行動與交互作用，以確保自身的生存、生長與繁殖。」神經科學家達馬吉歐也有類似的看法，他在一九九九年出版的書《感覺現況》（*The Feeling of What Happens*）中說到與內在體驗相關的例子：

> 為了偵測內部的平衡就是需要感知能力。為了能夠實際執行可行的做法，就是需要固有的記憶並且以行動展現。需要有技巧才能夠做出事前準備行為或是事後的改正行為。如果上面這些聽起來都像是腦部具備的重要功能，的確是如此。不過實際上我談的並不是腦，因為在小小的細胞中並沒有神經系統。

廣義的感知定義也能夠用於植物之上。雖然植物的動作非常緩慢，讓他們的「行為」難以察覺，但是植物的確能夠偵測到環境的變化（光線、雨水、噪音等），採取措施對抗威脅。舉例來說，和綠色花椰菜親緣關係相近的阿拉伯芥（cress）葉片中具備抗蟲的硫代葡萄糖苷（Glucosinolates）。科學家在阿拉伯芥附近製造出吃葉子毛毛蟲的震動，會讓阿拉伯芥製造更多硫代葡萄糖苷，播放鳥鳴聲就不會。植物的「行為」可以非常複雜，例如向日葵具有向日性（heliotropism），它在白天會朝著太陽在天空的軌跡移動，到了晚上又會改變方向，朝著太陽升起的東方。我在「行為」這個詞前後加上了引號，因為追根究柢，所謂植物的行為就是釋放化合物和改變生長方向。有些植物的反應速度更快，例如食肉的捕蠅草在昆蟲落到葉片上時，葉片會快速閉合，或是含羞草受到觸碰時葉片快速閉合下垂。有趣的是，麻醉劑能夠讓動物失去意識，也能夠讓這些植物失去觸覺和運動的能力。

對於植物精密的防禦措施、警訊傳遞與互動支持的系統，科學家目前只知道皮毛而已，但是這些系統的確意味著有的時候植物處於「不想被吃」的狀態。不過宣稱植物受到攻擊時釋放氣體是植物「感到疼痛而哭泣」就太過頭了。說植物主動對抗威脅，並且為了生存而努力是可以的，但是如果要感覺疼痛，植物必須要能夠體驗到自己所處的狀況。植物體內的確有類似動物神經系統的電訊通路，但是沒有人知道，刺激這些通路是否會引起什麼主觀的狀態，特別是植物並沒有腦部能夠接收與思索這些訊息。對大部分的科學家而言，如果沒有腦，便沒有意識，因此我們不會把感知能力的標籤貼在植物上。植物對於環境變化可以做出適當的反應，維持體內液體、營養和化合物的平衡，但不會感覺到任何事。能夠對環境的變化有反應並不等於體驗到環境的變化。

感知的狹義定義是指能夠主動感覺到狀態，例如感到疼痛或是快樂。如果我們質疑動物有感覺，並且否認植物有這種感知能力，那麼我們也不該認為缺乏中樞神經系統的動物有感知能力。舉例來說，我們不知道牡蠣或是蛤蜊是否能夠體驗到自己內在的狀況，因為牠們沒有腦，只有一些神經索和神經節（一團神經元）。這些動物像是植物一般，牡蠣不會動，蛤蝌很少動，躲不掉外在刺激。牠們除了緊閉外殼之外，缺乏其他讓痛覺有意義的器官。因此就狹義的感知定義來說，我不認為雙殼類軟體動物具有感知能力。

姑且不論我的意見是怎樣，我們應該保持一貫性，要麼認為植物和雙殼類軟體動物有感知，不然就是因為這兩類生物都沒有腦，因此認為兩者都沒有感知能力，其他沒有腦的生物也是，例如真菌（一群不屬於動物也不屬於植物的有趣生物）、微生物、海綿、水母等。這些生物屬於完全不同的生物類群，但這點並不重要，因為所有的生物都以相同原理運作。同時我們可以回想一下，科學界長久以來低估動物的能耐，這並不能保證我們現在沒有低估植物的能力。

如果談到具有腦的生物，牠們具有感知能力的機率便大幅提升了。現在每個人都認為大象、猿類、狗、貓、鳥等具有感知能力，但是我們也應該考量那些腦部比較小的動物。英國貝爾弗斯特（Belfast）女王大學（Queen's University）的貝瑞．馬吉（Barry Magee）和羅伯特．艾爾伍德（Robert Elwood）以濱蟹（shore crab）進行實驗。在有光照射的時候，濱蟹會躲進黑暗的角落，但是一進去會受到電擊。這些螃蟹很快就學到，要避開那些會受到電擊的區域。這超出所謂類反射迴避（reflex-like aversion）——像是植物用化合物驅退來啃食的昆蟲——因為這些螃蟹要能夠回想起自己是在什麼樣的狀況下遭受電擊。牠們應該真的感覺到痛，如果沒有記住這個體驗，又怎麼會改變行為？情況還更複雜，因為在對寄居蟹進行相同的實驗時，假使寄居蟹具有非常適合保護腹部的貝殼，那麼對這個貝殼的電擊要比較強，才會讓寄居蟹拋棄這個貝殼。如果貝殼不好，用比較輕微的電擊就可以。顯然寄居蟹會在負面經驗與適當貝殼之間找尋平衡點。

假如節肢動物如同這些實驗所指出的，能夠感覺到疼痛，那我們應該認為牠們具有主動感覺的狀態，也就是具備感知能力。那麼活活下鍋煮的龍蝦和我們殺死的無數昆蟲，也有具有感知。至於那些感知狀態是否和哺乳動物的感知狀態相同，並不是重點。重點在於這些動物有感覺而且能夠記憶。從這裡延伸，我認為要把這項規則擴及所有具有中樞神經系統的動物，直到發現反駁的證據為止。所以說，當美國加州沙克研究院（Salk Institute）要製造人豬混合體（含有這兩種生物細胞的個體），費盡心力要避免這種人造生物體「具有感知」。他們想阻止人類細胞停留在混合體的腦部，這樣混合體才不會具有人類的心智，我聽到這消息的時候完全搞不懂。那些科學家完全高估了一些人類細胞跑到腦部能造成的影響，也低估了豬，因為豬本來就有感知能力。

克律西波斯的狗

克律西波斯（Chrysippus）是公元前三世紀的希臘哲學家，傳說他講了一個故事：有頭獵犬走到了有三條路的叉口，牠聞了兩條路，都沒有獵物的味道，所以毫不猶豫就走第三條路，也沒有聞這條路的味道。根據這位哲學家的說法，那條狗已經得到合乎邏輯的結論，牠想的是如果獵物沒有走那兩條路，必定是走第三條路。一些偉大的思想家，還有英國國王詹姆斯一世，都引用克律西波斯的狗，說明沒有語言時也可以思考。

小鼠在迷宮中遇到叉路，往往會猶豫幾秒鐘再繼續行走。最近的研究指出，小鼠會設想自己未來的狀況，以便決定要走哪條路。我們知道齧齒類動物會在腦部海馬回（hippocampus）重播之前動作的順序。小鼠在迷宮中猶豫，可能是在看到新的路徑時，在腦中和舊路徑比對。牠必須具備了原始的自我感覺，才可以區別過往的經驗和將要採取的行動，進而加以比較。至少進行這些實驗的科學家如此推測。我覺得這些實驗非常吸引人，因為在這個思想實驗中，我們認為人類需要有自我感覺才能進行相同的決策。我們把這種自我感覺的推測當成證據，應用到其他生物上。這種外推法通常可以相信，不過還是有風險，因為這個想法立基於我們只有一種方法可以解答這個問題。

克律西波斯的狗是一個漂亮的例子，說明了可見到的推理思考過程。對我來說，主要的問題不是語言在思考中所扮演的角色，而是這種推理思考過程是否代表了意識的具備。所幸現在我們有方法能夠測試。美國的心理學家普雷馬克夫妻（David and Ann Premack）拿兩個盒子放到他們的黑猩猩莎拉（Sarah）面前，其中一個放入蘋果，另一個放入香蕉。幾分鐘之後，莎拉會看到某位實驗人員津津有味吃著蘋果或是香蕉，接著這位實驗人員離開房間，讓莎拉有機會檢查那兩個箱子。這時莎拉得要選擇：她並沒有看到實驗人員怎樣拿到水果的，也無從確定水果是從那兩個箱子裡面拿出來。不過她一定會去檢查一個箱子，箱子裡就是實驗人員沒有吃的那種水果。她得到的結論應該是，實驗人員從某個箱子中拿出了水果，因此另一個箱子中應該還有原本裝著的水果。普雷馬克夫妻指出，大部分動物不會有這樣的推測，只會看研究人員吃下水果，就這樣。相較之下，黑猩猩總是會想要搞清楚整件事情的來龍去脈，研究其中的道理，填補空缺的步驟。

在另一項實驗中，黑猩猩前面會放上兩個有蓋子的杯子，牠們事前就已經學到，其中只有一個裝著葡萄。研究人員蓋著杯蓋搖晃杯子。黑猩猩一如所料，偏好去拿那個裝了葡萄、發出聲音的杯子。不過如果研究人員搖晃空杯子，這當然不會發出聲音。黑猩猩這時會選另一個杯子。因為那一個杯子沒有發出聲音，這個杯子裡面一定有葡萄。這就像是在兩條路中都沒有聞到獵物味道的狗，會選擇第三條路。

我在伯格斯動物園中也見過類似的因果關係推論。在室內的那群黑猩猩看到我們推著一大箱牠們愛吃的葡萄柚穿過門，到牠們居住的戶外島嶼上，牠們似乎都對這件事非常感興趣。但是當我們帶著空箱子回到建築時，大混亂爆發了，這二十五頭黑猩猩看到那些水果不見了，全都大聲高叫，彷彿節慶來到。牠們就像是期待復活節找彩蛋的小孩子，一定是想到那些葡萄柚還留在島上，而他們白天會待在島上。

動物的意識難以研究，但是我們可以研究剛才提到的那些例子，逐漸認識動物的意識，因為人類如果沒有意識也無法完成那些工作。倘若我們不能有意識的思考，就無法為宴會做好準備，會為未來規畫的動物一定也是如此。最新的神經科學研究指出，意識是一種具有適應性的能力，能夠讓我們想像未來，並且和以往的點點滴滴記憶連接在一起。我們會說在腦中有個「工作區」，其中會有意識地把某個事件存放在那兒，直到下個事件來臨。用大鼠厭惡味道的實驗來當例子。我們知道大鼠會避開有毒的食物，即使吃下這類食物要數個小時之後才會吐出來也是一樣。單純的聯想並不能解釋這種現象。可能是大鼠有意識記住最近發生的事情，會反思各種接觸到的食物，決定哪一種最有可能讓自已不舒服？我們在食物中毒大吐特吐的時候，便會回想吃了什麼特別的食物或是在哪家餐廳吃飯，不然自己的消化系統怎會受到重大的衝擊。

由於現在有越來越多的證據，指出大鼠能夠在腦中「重播」過去事件的記憶，說牠們可能也有一個能回顧記憶的心智「工作區」，並不算太誇張。這種記憶稱為「事件記憶」（episodic memory），和「聯想學習」（associative learning）不同。狗聽到「坐下」的命令就坐下，因此得到了狗餅乾，這樣的學習是聯想學習。訓練者為了產生連結，必須馬上給狗報酬，要是中間隔了幾分鐘，那麼就沒有用了。事件記憶和聯想學習不同，指的是能夠回想起特殊事件，有的時候是很久以前的事件，舉例來說，就如同人類能夠回想起很久以前的婚禮。我們會記得當時穿的服裝、天氣、眼淚，誰和誰跳舞，哪位長輩最後醉倒在桌下。這種特殊的記憶需要有意識才能達成，就如同普魯斯特在《追憶似水年華》中，從嘗到一口浸著茶的瑪德蓮蛋糕，開始追憶自己的童年。這些記憶回想起來可以栩栩如生，並且也能詳細描述。

對於在野外需要採集食物的黑猩猩而言，事件記憶必定發揮功用，因為牠們每天會去探訪十幾株結果的樹木。森林中的樹木太多了，黑猩猩不可能隨便去找任一棵樹。荷蘭的靈長類學家卡林．揚馬特（Karline Janmaat）在象牙海岸的塔依國家公園進行研究，他發現猿類能夠憶起之前吃過的餐點。牠們會去找的樹木，都是前些年吃過果實的樹木。如果牠們偶然遇見了結滿成熟果實的樹木，會大吃一頓，發出滿足呼嚕聲，過了幾天會再回到那棵樹。揚馬特說，這些黑猩猩會在前往這些樹的路徑上築巢，天亮前便會醒來，平常牠們討厭幹這種事情，因為可能會遇到花豹。雖然黑猩猩深懷恐懼，但是他們會展開長途旅程，前往那顆特別的無花果樹。牠們的目的是要比松鼠和犀鳥等其他的動物早一步吃到滿樹的成熟無花果。黑猩猩厲害的地方，在於巢要是離那顆無花果樹比較遠，就會比較早起，巢近的黑猩猩會比較晚起，結果便是同時抵達。這意味著黑猩猩能夠依照距離計算途經時間。這種種現象讓揚馬特相信塔依國家公園中的黑猩猩能夠主動回想起過往的經驗，以便事前計畫，好吃到豐盛的早餐。

英國劍橋大學的尼琪・克萊頓（Nicky Clayton）進行了一項經典的實驗，她研究了西叢鴉（western scrub jay），看牠們能否記得自己之前藏起來的食物。這些鳥有不同的食物可以藏，有些容易腐壞（例如蠟蟲〔wax worm〕），有些耐放（像是花生）。藏好食物四個小時後，叢鴉會去找蠟蟲，這是牠們喜歡的食物，之後才去找堅果。但是五天之後，牠們的行動完全反過來，不會去找蟲子，這個時候蟲子早就腐敗噁心了，但是過了這麼久牠們還記得藏花生的地方。克萊頓的實驗中含有多個對照組，讓她確定叢鴉的確能夠想起藏食物的地點和時間。這些鳥類的頭部深處能夠處理相關的資訊，以便做出正確的選擇。

我們也研究了後設認知（metacognition），這是指「知道自己知道某些事」。舉例來說，如果有人要我挑選回答一九七〇年代的流行明星還是科幻電影的問題，我馬上會回答說要選流行明星，因為我知道自己比較清楚這方面的內容。這種實驗也曾經對動物進行過（猴類、猿類、鳥類、海豚、大鼠），顯示牠們對於自己所知內容有不同程度的信心。有些任務牠們能夠毫不猶豫地完成，有些則無法下定決心，出現疑慮的模樣。在一項早期的研究中，研究人員讓名叫納圖亞（Natua）的海豚區分高音和低音。牠對這項任務顯得自信滿滿，還能輕鬆分辨出聲音的高低，從他游泳的速度就可以分辨出來。如果高低音差距得很大，納圖亞會全力游動，造成的波浪能夠淹過發出聲音的電子設備，讓研究人員不得不用塑膠布蓋住。如果聲音高低很接近，納圖亞游動的速度會減緩，頭部晃動。他不會選擇觸壓答案板，而是觸壓「退出」的板子（要求換下一題），表示這他知道自己可能無法通過測試。這種後設認知發揮了作用，同時可能牽涉到意識，因為需要動物判斷自己的記憶和知覺是否準確。

就算這些實驗和其他的研究沒有辦法直接告訴我們，動物是如何知覺到自己的記憶（像是普魯斯特那樣滔滔不絕地回憶往事），但是我們也難以否認，動物有可能在腦中知識和經驗時間中來回移動。這樣的論點可以擴展到情緒上，因為對於有些動物而言，光是具備感知能力並不夠。感知通常涉及到對事物的體驗，這種過程可以無意識進行。對於所有的哺乳類動物和鳥，以及其他腦部較大的動物，我們得認為牠們可能也具備意識，這個意識不僅是為了記憶與思考，也和情緒活動有關。我猜想動物能夠有意識搜尋自己的經驗和記憶，也能夠明確認知到名為「情緒」的身體騷動。意識可能有助於牠們的決策，以了解自己所處環境中發生的事件。

總的來說，我的想法是感知可分成三個階層。第一階層是能感覺到環境以及自己內部的狀態，以便維持恆定並且確保自身的存在。這種「自我保護感知」（self-preserving sentience）是完全自動而且無意識的，植物、動物和其他生物都具備這種感知能力，也可能是其他感知能力的基礎。第二階層是狹義定義的感知，和快樂、痛苦與其他感覺的體驗有關，能夠被記憶。這種形式的感知有助學習與行為改變，我們最好假設所有具備腦的動物（不論腦的大小）都有這種感知能力。第三階層的感知是「意識」，不只是能夠記得內在和外在的狀況，並且評估狀況、加以判斷，同時把事件合理地連接在一起，例如克律西波斯故事中的主角。意識的感知讓個體具備感覺，同時幫助解決問題。我們不知道意識的感知是從何處哪種生物開始具備的，但是我猜想在演化歷史中它很早就出現了。

演化不需奇蹟

二〇一六年，我參與籌辦了一場研討會，主題是人類與動物的情緒與感覺，會議地點在西西里島上古城埃里切（Erice）的一座城堡，當地海拔將近七百五十公尺。在研討活動的空檔，我和潘克沙普在古城的鵝卵石街道上散步，眺望壯麗的地中海。潘克沙普和我聊到動物的感覺。我表現出一種語帶保留、不想太突出的態度，說道：「我認為我知道牠們的感覺，但是還是有所疑慮。」潘克沙普浮現和善又悲傷的表情，搖頭說：「首先，我們有很多扎實證據指出動物有感覺。第二，來一些有根據的猜測又有何妨？」他認為我應該站出來清楚表達自己的想法。我現在相信他是正確的，也將會盡力說明他的看法，並且解釋為何他一輩子都必須為了這個看法而奮鬥。

潘克沙普不幸在這場會議後的一年去世了。他創建了情感神經科學（affective neuroscience）

這個領域，並且對這個學門做出了極為重要的貢獻。他把人類的情緒和動物的情緒放在一起談，並且首先發展出涵蓋這種連貫性的神經科學研究。當時他必須對抗固有勢力，其中最難以對付的是史金納創立的行為主義學派。史金納認為，人類的情緒無關緊要，動物有情緒這件事情值得懷疑。對他來說，研究情感的神經科學荒謬無比，因此潘克沙普得到的研究經費少得可憐。雖然沒錢，但是在推動動物情緒成為重要領域的過程中，他的貢獻無人能及。他也因為利用了大鼠發出的超音波，研究大鼠的快樂、玩耍與笑聲，成為著名的科學家。他發現大鼠會主動追尋幫自己搔癢的手指，可能是和腦中類鴉片成分的報償有關。他的研究也發現，情緒來自於大腦皮層之下的腦部區域而非大腦皮層之中，所有的脊椎動物都有這樣的構造，大腦皮層是演化晚期才擴大的。他在一九九八年出版了巨作《情感神經科學：人類和動物的情緒基礎》（*Affective Neuroscience: The Foundations of Human and Animal Emotions*），以學術書而言非常暢銷。他超越了自己所屬的時代，影響了許多動物科學家，包括了天寶・葛蘭汀和我。

在二〇一六年埃里切的會議中，潘克沙普和巴瑞特僵持了很久。巴瑞特認為情緒是由語言和文化在心智中建構出來。情緒不是刻印在腦中，而是由過往的經驗和現實中不同時間的判斷交織而成。她認為不可能指出某種特殊的情緒。這個立場和潘克沙普強調大腦皮層之下結構的看法完全相左。這兩位科學家都沒有打算讓步，兩人反覆說明自己的論點，有如自己都沒有聽進對方所說的話。我不認為我們需要如此激烈的爭論，因為只要能夠在情緒和感覺之間畫下一條明顯的界線，就能夠看出兩方的立場都有道理。潘克沙普幾乎說的都是情緒，巴瑞特談論的是感覺。對她而言，感覺和情緒是同一件事，但是對潘克沙普、我和其他許多科學家來說，這兩者得區分開來。情緒反應在身體的改變與行為之上，可以觀察到，也能夠測量。由於全世界人類的身體構造都一樣，總的來說情緒也是共通的，包括表現情緒的方式，例如戀愛、高興和生氣的時候。就算我們在語言不通的國家，依然能夠感受到當地人的情緒。相形之下，感覺是私人的體驗，會因狀況而改變，也會因人而不同。有些人覺得痛苦的事物，可能讓有些人覺得愉悅。情緒與感覺之間並沒有一對一的對應關係。每種語言都具備自己描述個人主觀狀態的概念，而且人們的感覺以及讓感覺出現的原因，會受到成長背景和經驗的影響。

身體和感覺有密切的關聯。我們在描述感覺時，往往會使用肢體語言，例如把手放在胸口或是肚子上、握著拳頭、拍手，或是緊緊抱著自己，好像身體要四分五裂的樣子。舉例來說，哭泣絕不只是發出聲音而已。哭泣時呼吸會變得困難，心跳不規律，橫膈膜會往下掉，喉嚨會哽咽，臉上沾滿鼻涕淚水。哭泣時是用全身在哭泣。詹姆斯更說，身體改變並不是情緒表現的方式，而就是情緒本身。當這個議題還備受爭議時，由神經認知學家勞利・紐曼瑪（Lauri Nummenmaa）所領導的芬蘭研究團隊，描繪某些情緒下的身體圖譜。這些科學家

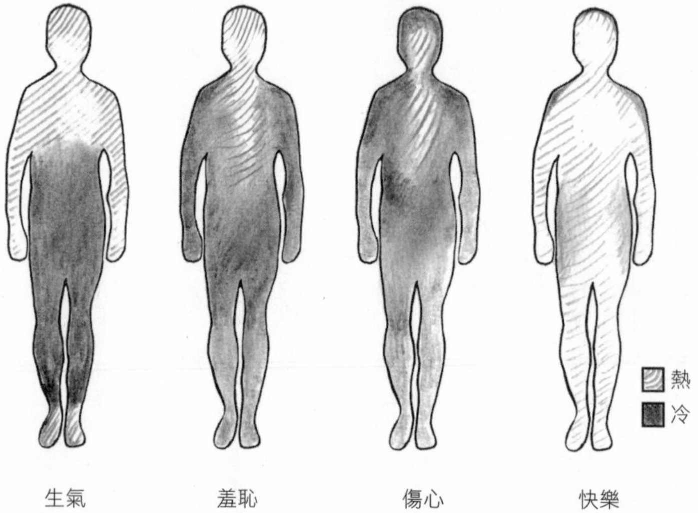

情緒會影響心智，也會影響身體。詢問來自三種不同文化的人們，在某種情緒下身體哪些部位出現了特別的感覺，並且用顏色標示在身體剪影上，這些人都認為憤怒主要影響了頭部和驅幹，快樂則遍及全身。羞愧則相反，讓頭臉發熱而身體其他部位變冷。悲傷的時候身體幾乎都麻木而沒有感覺。

要求受試者標明和某些情緒相關的身體部位，消化系統、喉嚨與噁心有關，上肢和生氣、快樂有關，胃部和恐懼、焦慮有關。母語為芬蘭語、瑞典語和臺語（Taiwanese）的人，所標示出的圖譜都幾乎相同，這三種語言幾乎沒有關聯性，因此研究人員認為不同的文化中表達情緒的方式必然是相同的。

這個結論也無法排除我們以各種方式討論感覺。我的姻親是法國人，荷蘭人總是以溫和的方式說明感覺，想要讓自己聽起來平靜又理性，讓我驚訝的是，法國人會以最抒情與最激情的方式描述感覺，特別是對愛與食物的感覺。我和妻子已經結婚幾十年，這些文化差異沒有影響我們的關係，不過有的時候會產生誤會、笑料，或是誤會還可以被當成笑料講。在傳達感覺時，荷蘭人和法國人似乎是從不同的星球來的，這一點支持巴瑞特的主張：感覺是後天建構的，但是如果牽涉到身體、聲音和臉部表情，文化界線便消失了。當自己支持的足球隊輸了，荷蘭球迷和法國球迷的表情完全相同。

這種種混亂終歸一句話：語言影響了對於人類情緒的科學研究。我們專注在語言上，同時強調語言中的細節，把大部分的注意力放在標籤上而非感覺本身。潘克沙普從下而上的神經科學研究則從反方向入手，由腦部深處開始，這和人類外加的標籤以及語言中的概念幾乎沒有關聯。感覺雖然不是潘克沙普專注研究的目標，但是他認為不論是人類還是大鼠都有感覺。感覺只是情緒的一部分。

最佳的證據之一，要屬引起人類愉悅或是狂喜的藥，在大鼠身上也會造成反應。這些藥物改變大腦的機制已經得到解答，大鼠會受到這些藥物的吸引，腦部變化和人類腦部變化也相同。事實上大鼠對於新藥物的反應（受到吸引或是想要避開），完全可以用來當成人類歡迎還是排拒這種藥物的指標。如果人類和大鼠的主觀體驗不同，很難解釋這種現象。

但並不是每個人都喜歡這種言外之意。有很多人對動物的感覺輕描淡寫，或是把動物的感覺隱藏在引號之間的語詞或是暗示之中。一九四九年，瑞士的心理學家華爾特・赫斯（Walter Hess）獲頒諾貝爾獎，他發現如果用電刺激貓的下視丘，就會引起攻擊性反應。毛髮豎起、發出嘶嘶叫聲的貓咪，會拱起背部、揮動尾巴、伸出利爪，好準備攻擊。貓的血壓會升高、瞳孔會放大，身上還會出現其他發怒的跡象。當電刺激消失之後，貓會平靜下來並且恢復正常。不過對於貓的這種情緒反應行為，赫斯使用的詞彙是「佯怒」（sham-rage）。退休之後，他後悔使用這個說法，並且承認含糊其辭是為了避免激發美國研究人員的怒火，這些人員難以想像，光刺激大腦皮層之下的區域，就能夠激發出完整的情緒反應。事實上，赫斯一直覺得貓真的在發怒。

赫斯和潘克沙普這些歐洲科學家所顧慮的「美國研究人員」，就是行為主義學者。這個學派的活動擴及世界各地，但是主要興盛的地區是北美洲的大學。行為主義學派一開始時發展迅速，他們想要建立一個能夠解釋人類與動物行為的統一架構。這個學派的名稱由來便在於他們著重可以觀察到的行為，藐視無法觀察到的事物，例如意識、思想與感覺。行為主義學者說，心理學家需要拋開「意識這個枷鎖」，他們認為幾乎不須討論心智中發生的事情，而是要多研究真實的行為。

在行為主義學派出現後大約半個世紀，美好的發展出現了巨大的轉變：認知主義革命來臨了。一九六〇年代，心理學家開始集中研究人類的心智過程，並且探索意識與思考。他們批評行為主義狹隘，將之掃到一旁。在這種狀況下，行為主義學派本來可以接納一些重要的認知觀念，獲得新生並且趕上潮流。但是行為主義學派選擇把人類這個物種和其他動物區分開來。顯然他們也難以辯駁說人類無法思考或是意識不到自己，但是就動物而言，行為主義學派多少還站得住腳。於是這個學派就把賭注下在動物身上，認為人類之外的動物只是受到刺激便有反應的機器，然後把這種研究方式選擇性應用在人類身上。因為這種做法，行為主義學派在人類和其他動物之間挖出了一道鴻溝，這道鴻溝只會隨著時間擴大。

結果就是世界各地大學的心理系中開始有了兩群截然不同的研究人員。研究人類行為的那一群漫不經心地認為，各種複雜的心智過程必定伴隨高度意識，他們提出的這些能力可能過於複雜，例如某個人知道另一個人知道自己知道其他人所不知道的事情。另一群教職員研究動物，稱為比較心理學家，他們採用完全相反的研究方向，可以避免論及任何心智過程，而且偏好最簡單的解釋。他們用經驗學習這樣的詞彙來解釋動物的學習，也不管這些動物的腦袋是大或小、是狩獵者還是獵物、在天上飛或是在水裡游、是冷血還是溫血等。如果有科學家膽敢說某些動物因為自身的演化史而具備特別的能力，就會受到激烈的抵抗，因為違背「效果律」（law of effect）的例外並不受歡迎。由於生物學、生態學和演化學都排斥行為主義，行為主義能夠持續那麼久也實在讓人驚訝。

人類心理學做出了非常大量的假設。動物心理學家則少到不行，這兩群科學家之間的區別，產生了詹姆斯多年前就觀察到的問題，他強調人類和其他動物之間在演化過程中的連續性：

> 連續性的概念的確具備了預言的能力，因為我們應該真心設想意識最初出現的各種可能方式，這樣意識才不會像是之前從未存在、從天外飛來的特性。

很不幸，那時只有這個「天外飛來」，才能調解人類智能與動物智能之間針鋒相對的看法。所以我們經常會聽到一種說法，指出人類在演化過程中必定有了一次非比尋常的躍進。顯而易見，沒有現代的學者敢提什麼「生命的火花」之類的想法，更別說某種創造論，但是我們很熟悉類似的概念。有數不清的書在討論人類為何與眾不同，其中如同某本書的宣傳語所說：「人類獨一無二，因為人類的一隻腳位於和人類一起演化出來的生物當中，另一隻腳站在特殊的地位，具有自我意識，能夠了解我們是宇宙中獨特的存在。」每本討論人類特殊論（human exceptionalism）的書，或多或少以不同的方式說明人類有多麼幸運：具備了特殊的大腦功能（不過這個大腦功能依然是一團謎）、文化與文明的影響力，或是一連串微小改變累積成顯著的結果。馬克思的德國哲學家朋友恩格斯（Friedrich Engels）甚至寫了一篇文章，標題是〈勞動在從猿到人轉變過程中的作用〉（The Part Played by Labour in the Transition from Ape to Man）。

不論理論的內容是如何，我們都被迫相信一個麻花般扭曲的學說，而不是緩慢平順發展的演化理論。但是這些扭曲之所以有出現的必要，只是因為科學界忽略了動物具備的能力。長久以來我們都對動物抱持極微主義者（minimalist）式的推測，相比之下人類的認知成就則是難以企及。要是動物的智能並非遠不可及的呢？

現在我們正處於遲到的認知革命之中，這項革命認同其他動物也具有認知能力。年輕一代的科學家拋棄了限制。他們漸漸提升動物的地位。在網際網路上經常出現演化認知（evolutionary cognition）領域令人興奮的科學突破，這個領域從演化的角度探究人類和動物的智能。在連帶出現的驚人影片中，主角是猿類、鴉類、海豚、大象等，牠們展現出了因果關係思維、心智理論（theory-of-mind，能夠理解自己以及周圍同類的心理狀態之能力）、建立計畫、自我意識與文化傳遞。這個新的研究領域大幅提高了我們對於動物知能的尊重，以至於我們不再需要任何奇蹟，就能夠解釋人類的心智，因為心智的基本特徵早就已經出現了。

在此同時，神經科學中重大的發現也打開了腦部這個黑盒子，我們得以一窺究竟，也漸漸不需要使用以前那些理論，就能夠解釋動物為何能夠解決問題。行為主義學派正在慢慢死去，只能偶爾抬起頭來想要阻止目前的種種發展。潘克沙普一生都受到行為主義學派的阻礙，當時這個主義處於全盛時期，動物有如機器的觀念大為流行，他像是被逐出師門的學徒，比如他會抱怨「終極不可知論」（terminal agnosticism）阻止所有人去研究意識的起源。

在西方世界中，人們一直很喜歡用機械作為比喻。我們把難以了解的生物過程比喻成機器。人們當然了解機器，畢竟機器是人類設計出來的。我們說心臟像是幫浦，說身體像是自動機（automaton），腦部像是電腦。我們覺得生物的道理太混亂難解了，便想要把生物學轉變成類似牛頓的物理學。其中最有名的是十七世紀的法國哲學家笛卡兒，他熱切地推動這種機械觀：

> 我想請你思索一下，人類的熱情、食欲、記憶、想像等功能，是在身體中機械般的器官運作下產生，這些器官的運作就像是時鐘或是其他自動機器，由組合起來的配重與齒輪發揮作用。

這種時鐘的比喻一出現就備受爭議，到現在都沒有停止，其中顯著的缺點便是每種生物都會生長與發育，所有的生物過程彼此緊緊相繫。腦看起來比較像是果凍而不是機器，其中有數不清的連結，結構渾然一體。而且腦部是身體的一部分，不應該單獨看待。相較之下，人造的機械是由各種零件組合而成，最初分別製造，在鐘錶匠的桌上才第一次搭配在一起。組裝完成之後，各個零件上除了原本設計來相互連結的部位，不需要彼此對話與依賴。機器中的零件也不需要遠距離溝通，而我們最近才發現身體中的各部位時時都在溝通，例如腦部與腸道微生物群的溝通，或是母親與胎兒的心跳同步。鐘錶裡面的零件多多少少是各自獨立的，鐘錶拆開之後組合回去依然可以運作。但是沒有一種生物拆開重組之後還能夠運作。你把某個部位（例如肝臟）移除之後，就不用再去看什麼整體了，那個「機器」已經壞掉，實際上不是壞掉而是死掉了。

把動物看成反應有限的「輸入—輸出」系統，這是潘克沙普幾乎無法忍受的。生物體和機械一點都不相像，那些時鐘和電腦的比喻完全幫不上忙。他對於動物的內心活動深感興趣，而且就像是其他生物學家一樣，認為動物和人類之間有連續性（continuity）。

我們的確無法直接觀測到動物的感覺，但這並不是障礙。畢竟科學界長久以來就一直在研究無法觀測到的事物。由天擇推動的演化過程無法直接觀測，大陸飄移說和大霹靂理論也是，但是相關的理論受到大量證據的支持，我們幾乎把這些理論當成了事實。心理學也有類似狀況，例如心智理論。沒有人了解心智理論如何運作，但是心智理論依然視作兒童發展過程中的重要事件。在上面種種例子中，我們蒐集證據，看是否與理論相符。即使有「地球是圓的」這種說法，但在一九六七年從太空中拍到第一張地球彩色照片之前，都一直缺乏直接證據。很多人說動物的感覺和意識是看不到的，因此動物的感覺和意識超出了科學研究的極限。我們不應該接受這種說法。潘克沙普說得很聰明：

> 如果我們相信其他動物的經驗狀態存在，比如意識，那麼理論就必須隨證據輕重調整，而非只看最終證據。

魚也是會哭的

說來也許奇怪，我是靈長類學家，但是非常喜歡魚。我小時候週六會騎自行車去捕捉棘魚（stickleback）、蠑螈和各式各樣的水生生物。我把這些生物放在瓶瓶罐罐中養著，數量越來越多，後來我生日的時候得到第一個水族箱，之後我就一直有水族箱，現在我家裡面有兩個落地式水族箱，就鑲在牆壁中。

我飼養的魚幾乎都沒有死。我有一條大型鯰魚（Plecostomus），已經超過二十五歲了。有一群三間鼠魚（clown loach）至少有十五歲。雖然這些三間鼠魚看起來像是動畫電影中的主角尼莫（Nemo），但不是小丑魚（clownfish）。小丑魚棲息在海洋中，而三間鼠魚生活在內陸淡水中，而且屬於不同科。牠們身形雖大但是游動起來輕盈，還會猛然前衝。看著牠們成群翻騰，別具趣味。三間鼠魚總是成群活動，身體接觸頻繁，通常會擠在狹小的空隙中。養好水族箱的祕密就是其中要有許多可供躲藏的角落。一條三間鼠魚如果看到空隙中有一個朋友，就會加入，兩條魚擠在空隙中朝外看。經常六條全部都擠在一起。我會用「朋友」這個詞，是因為牠們認得彼此。我是經由慘痛的經驗得知這一點，因為有時候我想把新的鼠魚放進去。領域性魚類會驅逐其他個體，新來的鼠魚並沒有受到攻擊，但是受到冷落的對待，始終都無法加入到原有的小團體中。

有些魚很注重社會活動，不只在大群之中，也會形成小群，認得其中每個成員。三間鼠魚是熱帶淡水魚，通常會成群游動。

我很喜歡那些鼠魚的社交活動，其他種類的魚，個體之間的互動也比大部分的人所知道的要複雜許多。有些配對的魚相處得很好，會一直並排慢慢游動，有些配對則是口角、擺出姿態，不讓對方進食。彼此的關係那麼差，我知道牠們不會產下後代。有些魚類會照顧後代，例如許多慈鯛類的魚，以及我小時候養的那些棘魚。棘魚爸爸在讓卵受精以後，會拍動水流讓卵得到比較多的氧氣。小魚孵出來之後，牠會集中幼魚，並且把走散的幼魚吸入口中，回到巢中吐出來。只有水族愛好者才有機會就近觀察這些互動，也因此我始終無法了解為何魚類那麼不受到人類重視，好像牠們是次要的生命形式，不值得受到關注。

討論到感知的時候，通常會遭遇到一個問題，便是魚是否感到疼痛，五十年前這問題就有了。沒有人會踢懷孕的狗，也沒有人會把牠的哀鳴聲當成機器的噪音，聽說只有位著名的笛卡兒主義者會這樣做（但笛卡兒本人很寵愛自己的狗）。但是提到魚，人們往往抱持懷疑。造成混淆的原因之一，是魚類在四處游動或躲避危險時，並不一定感到疼痛。魚類和許多動物一樣，在神經軸突上有許多受體，用以偵測周邊組織的損傷，稱為「傷害感受」（nociception）。這種反應是自動產生的，就像是我們手指碰到熱爐子時，感覺到疼痛之前手便縮回來了。傷害受器（nociceptor）把訊息送到腦部，腦部指揮身體消除或是遠離威脅。人們一直爭辯說魚類就只有這種反射式的痛覺系統。

這是否意味掛在魚鉤上扭動的魚什麼感覺都沒有？漁業界當然就是要我們這樣想。許多研究說魚類缺乏大腦皮層，也就沒有感覺疼痛的系統。此外魚類在痛苦的時候不會發出叫聲，讓這種混淆情況變得更嚴重。我們人類把高頻率的噪音視為疼痛的最佳指標，魚類不會哭，我們就認為魚類是會有多痛？其實，魚類有其他溝通方式。我可以用我家後院中的金魚來好好說明。

雖然我喜歡野生動物，但是我得說我的喜愛到鷺鳥為止。這些美麗的鳥類得到的適應能力是刺穿獵物，牠們這項本領太過高強了，偏偏金魚在育種的時候完全朝著顯眼的方向前進，那可是非常糟糕的不良適應特徵。結果便是鷺鳥可以在幾個小時之內吃光整個池塘裡的金魚。有天我看到一隻鷺鳥靠近我某座池塘，便決定架起防鳥網。這頭鷺鳥沒有辦法捉到魚，往後就不會再過來了。

但是有一條金魚被網子纏住了，半個身體垂在水中。在我剪斷網子把魚解救出來之前，牠應該掙扎了好一陣子，身上鱗片被網子刮下來，那部位成了白色的條狀斑塊。之後其他的魚都很擔心害怕，好幾天都不從躲藏的角落裡出來，甚至不吃東西。牠們可能注意到同伴之前的掙扎（大概持續了數個小時）。不過有趣的是，另一個池塘中的魚受到了同樣程度的驚嚇，也躲在池塘底部。我不相信心電感應，可是這個狀況看起來沒道理。第二個池塘中的魚無法直接知道那條網子上的魚經歷何等掙扎。

大約一個世紀之前，奧地利科學家發現了「驚嚇成分」（Schreckstoff），這個德文字中的 schrecken 指的是突然受到驚嚇時的反應。如果一頭熊從窗戶爬了進來，我會 schreck 得半死。Stoff 的意思是「東西」。遭物理傷害或是被掠食者殺死的生物，受到驚嚇後釋出化學物質，當中的訊息便是「驚嚇成分」。對於傳送訊息的個體來說，釋放出「驚嚇成分」可能為時已晚，但是能夠警告其他的魚有時間採取反應措施，讓同樣的事情不會發生在牠們身上。這種警訊只對接受者有利，對傳送者沒有，這點已經夠讓人困惑。就我來說，問題是這種成分怎樣從一個池塘跳到另一個池塘。後來我才想到，這兩個池塘共用同一個濾水器。

那條受傷的金魚過了兩個月才康復（身上的白斑消失），之後其他的魚在一個星期內恢復了正常。由於有這種化學警告系統，即便牠們無法直接知道有魚受傷，但是仍表現出正確的躲避掠食者反應。科學界目前還不知道驚嚇成分是什麼（一種類似醣類的分子），也無法解決魚類感覺這個問題。

在生理上，魚類和哺乳類非常接近，兩者對於緊急事件的反應都利用到腎上腺素，在擁擠或受到騷擾的狀況下，體內的皮質醇便增加。一條魚整天躲在水槽裡面最偏僻的角落，考量到空間狹隘，牠可能真的會死於壓力。魚類也有多巴胺（dopamine）、血清張力素（serotonin）和異亮胺酸催產素（isotocin），異亮胺酸催產素的作用和催產素相同，能夠影響社會行為。

魚類憂鬱的研究不該讓我們驚訝。讓魚沮喪的方法之一是使牠們酒精成癮，魚在數個星期的飲酒狂歡之後，研究人員就不再餵食酒精，強迫魚進入酒精戒斷狀態。這些魚就像是憂鬱的人類，了無生趣，變得被動且內向，以往會常在水面上游動，如今則沉到水槽底，往往動也不動。魚類通常充滿好奇心，在豐富的環境中活得最好，但是現在牠們覺得無聊，不會在水槽中四處探索。我要提醒的是，說魚類「無聊」或是「憂鬱」，並不是人類感情投射的講法，要是給這些看起來可憐的魚類二氮平（diazepam）之類的抗憂鬱藥物，牠們馬上就會活躍起來，並且待在水面附近的時間也增加了。一種藥物對於人類和魚都有效果，意味著兩者的神經結構高度相似。

痛覺的情況也類似。英國的魚類科學家維多莉亞．布萊斯威特（Victoria Braithwaite）在她於二〇一〇年出版的書《魚感覺得到痛嗎？》（*Do Fish Feel Pain?*）舉出了魚類智能的例子，並且描述魚類對於負面刺激的反應。把刺激性化合物（例如醋）注射到魚類皮膚之下，魚會在沙石上抹動好把醋擦去。牠們也會失去胃口，心情煩亂，避免接觸新奇的物體。在給予牠們嗎啡之類的止痛藥物之後，這些反應隨之消失。魚類也會想要避免疼痛，而非你所想的那種來自傷害感受系統的反射動作。牠們會記得受到疼痛刺激的場所，並且避開這些場所。同樣的論點也可以應用到螃蟹身上，牠們會記得受到的負面刺激，應該能夠是有所感覺。經由這項研究和其他的結果，現在的共識是魚類能夠感受到疼痛。

讀者可能會問，為什麼要經過那麼久才能得到這個結論，但是還有另一個例子更讓人困惑。長久以來，科學對於嬰兒也是抱持同樣的看法。把嬰兒看成是次於人類的生物個體，他們只會發出「混亂的聲音」，微笑只是「放出氣體」的結果，他們不會感覺到疼痛。嚴肅的科學家對嬰兒進行了許多折磨試驗，例如用針刺，用熱水和冷水刺激，以及用頭帶綁住，好證明嬰兒沒有感覺。嬰兒的反應也被當成是缺乏情緒的反射動作。這樣的結果，就是醫生不使用止痛麻醉劑，經常弄痛嬰兒（例如在進行割禮或是侵入性治療的時候）。醫生只會使用箭毒（curare）這種讓肌肉放鬆的藥物，好讓嬰兒不會抵抗。直到一九八〇年代，學界才證實嬰兒的表情扭曲與哭聲完全是疼痛的反應，手術的過程這才有所改變。現在我們對於這些實驗難以置信，只會驚訝為什麼沒有人早點注意到嬰兒的疼痛反應！

科學不只懷疑動物的疼痛，也懷疑任何不會說話的生物體會疼痛。好像是科學只注意到詞語能夠明白表示的感覺之上，例如「你這樣做會讓我感受到尖銳的疼痛」。我們加諸在語言上的重要性，其實非常荒謬，並且讓我們一百多年來對於無法用文字表達的疼痛和意識抱持著不可知的論點。

公開透明

研究動物的智能和情緒，會產生矛盾的效應：得到的結果會反過來抵制研究。我自己的研究發現，有時候就讓我受到狠狠的攻擊。我們可以把醋注射到魚的身體裡面？讓猴子接受認知任務？圈養海豚或是在家中飼養寵物嗎？有些人認為行為學研究沒有必要，因為動物很聰明而且有人類般的情緒，這不是每個人都知道的事情嗎？但是這點我難以苟同，如果真的是那樣，我們就不需要如此努力讓這些概念為大眾所接受。不要忘了許多年來，動物一直被描述成自動機器，並不具備有意義的知覺和情緒。那個「每個人都知道」的說法對現況沒有幫助。

如果人類一直都離動物遠遠的，從來不和動物混在一起，也不探究牠們的能力，那麼我們就會對動物一無所知，可能也不會在乎牠們。對於不會感動自己的事物，我們往往也不為其擔憂。因此我堅決相信，許多人在家中有動物為伴，並且經常前往動物園與自然保留區，能夠就近欣賞動物，對於人類和其他動物之間的關係能產生巨大的正面影響。許多住在城市中的人越來越遠離自然，把自然看成是迪士尼電影中的景象，這和自然中需要奮力求生的嚴酷事實完全不相符。和動物在一起能夠大幅影響我們的認知，同時也會促使我們更了解動物，在意動物的保育。看到全班小朋友在動物園中奔跑，填寫老師發下來的問卷，讓我心中充滿樂觀，因為我看到了對於動物的熱情，以及對知識的渴望。這可以總結成威爾森（E. O. Wilson）所說的「親生物性」（biophilia）：人類的內心深處與自然和其他動物聯繫在一起。

很久之前人類和動物之間便有互動，這是為了生活樂趣，也是為了生命續存。拋下這些互動對人類來說未必是好事，對動物而言也一樣，可能讓動物的處境比現在還要受到漠視。

如果現在還有能夠讓動物棲身的地方，狀況可能就會不同，但是不幸我們所處的世界已經不是這個樣子了。解放動物這個概念本身就有問題，有些馴養的物種和人類接觸的時間很久，已經無法離開人類獨立生活。野生動物也是一樣，有的別無選擇，只能選擇與人類住得相近，或是在人類的保護之下才能生存。隨著人類的城市逐漸擴大，許多動物被迫只能在城市中發展出生態區位。有一些動物已經演化到在人造環境中生活，例如在北美洲的城市土狼（urban coyote），我家的後院就有牠們出沒。此外還有紅領綠鸚鵡（ring-necked parakeet）這種色彩鮮豔的熱帶鳥類，已經有成先上萬隻在歐洲城市中發出刺耳的叫聲。城市中的動物，基因庫的確發生了變化，好適應新的環境。另一方面，失去原有棲地又無法適應人造環境的動物則陷入重大的困境中。我可以舉出許多例子，但是悲哀之處在於，我最先想到的是和人類親緣關係最接近的動物：猿類。

用一個最不現實的方法來解釋好了。如果我明天轉生成為紅毛猩猩，你讓我選擇住在婆羅洲森林裡，或是世界上最好的動物園中，我可能不會選擇婆羅洲。我們看到的景象是年輕的紅毛猩猩攀附在火燒森林之後殘存的小樹上。農民把來吃果實的紅毛猩猩當成有害動物，用槍枝射殺牠們。其他的紅毛猩猩遷徙到已經滿出來的印尼保護區中。這些大型猿類需要高品質的食物，不能只是安排到其他的棲息地中。新的棲息地也在衰退與縮小。顯然紅毛猩猩復育中心需要我們的全力支持，但是我們所面對的嚴重猿類「難民」問題，幾乎無望解決。估計最近二十年來，在婆羅洲有十萬頭紅毛猩猩消失了（占了所有族群的一半）！類似狀況也影響到其他瀕危的物種，例如犀牛（在肯亞牠們和攜帶武器的護衛一起行動）、山地大猩猩（野生數量不到千頭）、加州神鷲（經由圈養野放計畫才從瀕臨滅絕的邊緣拉回來）、小頭鼠海豚（這種小型鼠海豚在科爾蒂斯海〔Sea of Cortez〕約只剩不到三十頭），我還可舉出很多例子。我們可以抱持理想，認為野生動物在自然棲地中才能自由生活，但是如果擁有自由卻無法存活又有何用？

對於研究用的動物，情況正在改變。越是和人類相近的動物，越容易納入人類的道德範疇，因此黑猩猩最早受益於這項改變。二〇〇〇年，紐西蘭立法禁止利用猿類進行研究，當時西班牙也賦予這些動物法律權益。不過這兩個國家都一直沒有真正利用猿類從事研究。因此當一位西班牙記者來訪問我的時候，我忍不住說如果西班牙禁止鬥牛，會更讓人讚嘆。等到荷蘭與日本通過了類似法律之後，猿類的地位才算是有所改善，因為這兩個國家之前真的使用猿類進行研究。由於法律禁止使用安樂死來控制族群數量，這兩國政府都得花很多錢安置之前待在實驗室中的黑猩猩，其中有些需要特殊的防護與照顧，因為他們感染了疾病。二〇一三年，美國也加入了這個行列。美國沒有立法禁止生物醫學領域利用黑猩猩進行實驗，只是不提供研究資金，意思是相同的。

雖然我的一些非侵入性的行為學研究因此受到了限制，但是我完全支持這項決定。我一直是路易斯安那州黑猩猩避難所的董事，這是世界上最大的退休黑猩猩收養機構。全國各實驗室和機構的黑猩猩來到這裡，在種滿樹木的大型島嶼上度過餘生。黑猩猩避難所的環境是除了自然棲地之外最好的。由於收容的黑猩猩越來越多，我們正忙著建設新的島嶼。

至於依然留在研究領域和農牧業中的動物，我把希望放在「透明化」。社會決定了人類和動物之間的關係，以及我們利用動物的方式，但是這些動物不能再藏於黑影之中。人們根本不知道許多地方發生過什麼事情，才能夠輕易認為沒有什麼需要在意的事情發生。研究單位的大門應該要隨時敞開，農場有責任公開飼養動物的方式。理想狀況下，超級市場的肉類包裝上有條碼，我們用手機掃碼就能夠看到獨立機構所拍攝的牲畜照片，好自行判斷那些動物的生活狀況。如果所有圈養動物的地區都像是動物園那般呈現在公眾眼前，公眾壓力和消費者的偏好能夠發揮功效，動物的處境將會快速改善。

我在照顧靈長類動物的機構工作多年，我認為最重要的步驟是立法規定，如果不能讓牠們具有社會生活，就不能夠飼養牠們。還有許多機構擁有許多分籠飼養的狒狒。不論我們認為這些研究有多麼重要，至少要讓這些動物能夠過著社會生活。當然我得承認，這樣的生活並非毫無壓力，其中會發生許多激烈的衝突與爭鬥，但是也有建立關係、彼此理毛與玩耍的機會。由於我所研究的一直都是過著群體生活的靈長類，從經驗得知牠們在有社會生活的狀況下繁衍得好。不論是彼此爭吵或是理毛，牠們都一起過活。有個例子可以說明一起過活有多重要。有回在約克斯田野工作站，我們在黑猩猩的戶外活動區搭建了一個全新的木製攀爬架，上面高掛著繩子和網子，這樣牠們待在上面時可以看到好幾公里遠的風景。在緊鑼密鼓的施工期間，我們把整群黑猩猩關在室內幾個星期。我們為這座新架子感到自豪，也期盼看到黑猩猩的反應。我們想像整群黑猩猩回到戶外時，牠們會迫不急待爬到架子上欣賞風景。只不過在室內生活的期間，牠們得在不同的地區分開活動，現在牠們在意的事情顯然不同。

首先發生的是激動的再會，牠們對新架子幾乎看都不看，只是看著彼此，發出興奮與快樂的叫聲。牠們結伴走動，撫摸、親吻與擁抱許久未見的朋友和親人。對牠們來說，密切互動的時刻是最重要的，新的攀爬架子可以等一下再研究。這讓我再次領悟到如果要好好地飼養牠們，注重社會生活絕對要比實體設施重要。

反對群體飼養的研究人員會說，這樣他們每天都需要找實驗動物來。這種說法欠缺說服力，因為很容易就可以訓練靈長類動物從群體中出來，訓練好之後只要呼喚牠們的名字，把門打開就可以了。實際上有許多實驗是在牠們喜歡做而且自願參加的狀況下完成的。日本的靈長類研究所（Primate Research Institute）中，戶外圈養區中有小隔間，黑猩猩隨時都可以進去，自己操縱電腦螢幕，也可以依照自己的意願隨時離開。研究人員經由攝影機知道牠們在螢幕上看的是哪位研究人員的資料。藉由先進的無線科技和微晶片技術，我們其實不需要持續接觸這些動物，便能讓牠們在半自由的狀況下研究牠們。例如在約克斯田野工作站，上百頭恆河猴是成群在大型戶外區生活，這不需要什麼創意和技術，幾乎任何研究單位都可以建立這樣的設備。在理想的狀況下，靈長類研究機構應該要拋掉小籠子和束縛椅，直接觀察這些動物和伙伴一起生活的狀況。對於猴子來說比較好，產出的研究結果也會比較優質。在許多地方，科學家和資訊科技專家通力合作，完成了這個目標。公開透明是讓那些機構改變做法的關鍵。靈長類中心應該要對媒體與公眾開放，讓他們能夠親身或是經由網路攝影機觀看內部運作的狀況。人類本身也是具有社會性的靈長類，大部分的人本來就知道最適合猴子的生活環境是如何。

我們的話題從關於感知的討論開始，到現在則是思考要如何對待人類所照顧的動物。這樣的話題轉變很自然而且時機剛好，現在科學界和社會都準備好拋棄機械論式的動物觀。只要我們一直抱持這樣的觀念，就沒有人需要擔心倫理，悲哀的是可能有些人就是這樣。如果用另一個角度，認為動物是有感知的個體，那麼我們就有義務要顧慮牠們的處境以及遭受的痛苦。現在就是該這樣。我們行為科學家亟需推動這件事，不只是因為我們的研究中用到了動物（這已經是個夠充分的理由），同時在動物智能與情緒的戰場上，我們位於最前線，正在推動新的動物觀，要協助進行必須的改變。我們有方法去闡明哪些狀況會傷害動物、哪些狀況有利於動物。我們可以提供動物不同的環境，看牠們偏好哪一種：雞喜歡泥土地還是水泥地？豬真的喜歡爛泥嗎？動物的安樂是可以測量出來的，這方面研究已經完全科學化了。

當然，如果我們依然相信動物沒有感覺，就不可能走到這一步。

結論

早期的動物行為學者研究魚類、鳥類與齧齒類，想要找出共同的行為模式。如果某些行為是接連發生的，例如嚇呆與逃跑、威脅與攻擊，動物行為學者便推論這些行為可能來自相同的動機。當時我還是個學生，幾乎都只討論這些「行為系統」（behavior system），並且親手畫出仔細圖片，描繪出動物依序展現的動作。動物會從這個行為系統轉換到另一個行為系統，我們會觀察棘魚之字型游動的方式，這個行為的目的是吸引雌魚在自己的巢中產卵。這種系統性研究方式既優雅又客觀，但是搔不著癢處：行為背後的動機從何而來？這些動機本身又是什麼？我們在討論這些問題時，總是小心翼翼，避免某些暗示情緒的詞彙。但是回顧過往研究，許多行為系統的根源似乎是個體內在的狀況，例如恐懼和憤怒。

如果我們想一下對於動物行為動機的另一個說法，就會覺得沒有人討論情緒是非常奇怪的。當時流行的觀念是動物有本能，某種特殊的狀況會刺激一連串天生就有的行為，也就是預設的反應，例如在某些行動適合某種情況。這聽起來很呆板，要是產生出的行為很僵硬，在充滿變化的環境中可是大為不妙。

想像一頭雄性動物如同機器那般，看到一頭雌性，便自動產生了性興奮，並且預設會展現出求偶行為，接近對方然後交配。有的時候這種方式可能成功，但是如果對象強烈反抗時會如何？如果旁邊有一頭嫉妒的高地位雄性時該怎麼辦？或是想像在這個時候，掠食者會採取什麼行動？顯然完全自動的反應會讓那頭雄性陷入麻煩。現在科學家幾乎完全不再討論本能反應了，這些反應完全缺乏彈性。

如果我們從情緒的角度來思考，看到有吸引力的交配對象，會引發強烈的欲望，同時也會仔細進行狀況評估。這樣的欲望會讓個體繁衍的機會提到最高。其他種類的情緒也是，例如動物在面對掠食者時、要保護後代時、在階級中往上爬時、和其他個體都對同一份食物有興趣時。這些狀況都會激發情緒，情緒的出現通常是為了個體的最佳利益。但是情緒只會讓身體和心智先準備好，不會直接造成某些特定的動作。有的時候僵住不動要比逃跑好，有的時後分享食物要比引發爭鬥好，有的時候需要引導性伴侶到隱密的地方之後再交配。情緒能夠讓行為產生彈性。

人工智慧領域了解到這種優勢，因此想要讓機器人配備「情緒」，這樣做的原因之一在於促進機器人與人類的互動，同時也讓機器人的行為具備了合乎邏輯的架構。配備情緒的好處在於情緒能夠指出需要注意力集中的方向、幫助事件的記憶，以及準備好與環境的接觸。

比起給予機器遭遇每種狀況時所需要的明確指示，情緒是比較理想的建構行為方式。科學家在設計情緒機器人時，遇到了定義問題，這很有趣，例如「機器人覺得快樂，因為目前狀況一切良好。如果機器人的馬達一直持續運作，或是正在得到新能源，便會特別快樂。」機器人情緒這個領域正在成長，正式的名稱是「情感運算」（affective computing）。這個領域的出現意味個體具備了行為導向的內在狀態，也就是組織行為的最佳方式，就像是演化賦予了人類情緒。人類是這樣運作的，大部分的動物也是。我們完完全全是情緒生物。

對我來說，問題不在於動物是否有情緒，而是科學為什麼忽略情緒那麼久？一開始並不是這樣的，達爾文早就寫下關於情緒的著作，但是直到最近，情緒一直備受忽略。我們為什麼會否定或是嘲諷如此明顯的事實呢？原因當然是我們把情緒和感覺連接在一起。就算是研究人類，感覺也是棘手的領域。當情緒浮現出來、讓我們察知，感覺才會出現。我們意識到自己的情緒時，能夠經由文字表達出來，讓其他人知道這種情緒。人們看到的是臉上的表情，但是聽到的是口中說出的感覺。我說我「高興」，人們當然會相信我，除非他們看到我的臉才知道我可能並不高興。有的時候一對夫妻行為舉止看起來高興，結果一個月後離婚了。和這對夫妻親近的人可能會事先知道，不知道的話，可能會訝異自己怎麼沒有看出來。人類善於區分說出來的感覺和表達出的情緒，而且比起說出來的感覺，往往更信賴自己看到的情緒。

動物如人類那樣具備情緒的可能性，讓許多頑固的科學家覺得噁心反胃，原因之一在於動物從來都不會說出自己的感覺，另一個原因是感覺的存在便預設了有某種程度的意識，這些科學家不願意認為動物有意識。不過想到動物的行動和人類相近、和人類有相同的生理反應與臉部表情，同時有相同的腦部結構，卻說牠們的內在活動和人類完全不同，這不是很奇怪嗎？語言和這個問題無關，大腦皮層的大小也不是能夠坐實有差異的理由，神經科學界很久以前就拋棄「感覺來自大腦皮層」的概念。感覺來自於大腦中更深層的部位，這些部位與身體緊密的相連。感覺也可能不是情緒造成的奇妙副產物，而本身就是情緒的重要成分，兩者無法分開。畢竟生物體需要區分該遵循哪些情緒、該壓抑或忽略另一些情緒。如果知道自己的情緒是處理情緒的最佳方式，那麼感覺就是情緒密不可分的部分。不論人類還是其他生物都是。

不過現在這些都只是推測而已。就科學來說，感覺比情緒還要難以研究。將來我們或許能夠測量其他種類動物自身的私有經驗，但是現在必須滿足於研究可以見到的外在表現。我們在這方面已經有所進展，我預測情緒科學將會成為動物行為學研究中下一個新開發的領域。我們現在陸續發現了各種新的認知能力，我們需要知道缺乏情緒的認知會是怎樣。情緒讓各種事物充滿意義，並且鼓動了認知以及我們的生活。我們以前小心翼翼地繞過情緒，現在應該要直接了當地面對情緒，畢竟所有的動物都受到了情緒的驅動。

致謝

身為靈長類動物學家的我，主要興趣在於牠們的社會活動，在這些活動中，情緒一直會出現。在靈長類的政治行為、衝突化解、關係連結、公平感覺和合作關係中，情緒全都參與其中。我一開始觀察牠們自發的社會行為，但是後來測試了牠們的心智能力，例如臉部辨識以及對其他個體的同理心之後，應是我更仔細去研究情緒的時候了，也就有了這本書。我認為這本《瑪瑪的最後擁抱》和我前一本書《你不知道我們有多聰明：動物思考的時候，人類能學到什麼？》是一起的，後者談的是動物的智能。雖然一本書談情緒，另一本談智能，但是事實上情緒和智能密不可分。

我很幸運，在烏特列茲大學中受教於靈長類臉部表情專家范霍夫。臉部是靈魂之窗，討論臉部表情時不可能不提到情緒。在人類也是，情緒研究始於臉部。因此我在很早的時候就優遊於動物情緒這個領域，而當時絕大部分的科學家都想要避開這個議題。

在研究過程中我有許多一起工作的伙伴，包括了同事、合作者和學生與博士後研究員，我要感謝他們，下面是這幾年的伙伴：Sarah Brosnan, Sarah Calcutt, Matthew Campbell, Devyn Carter, Zanna Clay, Tim Eppley, Katie Hall, Victoria Horner, Lisa Parr, Joshua Plotnik, Stephanie Preston, Darby Proctor, Teresa Romero, Malini Suchak, Julia Watzek, and Christine Webb。協助本書中提到的研究伙伴有：Victoria Braithwaite, Jan van Hooff, Harry Kunneman, Desmond Morris, Christine Webb。我也要感謝伯格斯動物園、約克斯國家靈長類研究中心，以及金夏沙附近的巴諾布猿天堂保護區提供我進行研究的機會。埃默里大學與烏特列茲大學的學術環境與基礎設施讓這些研究能夠進行。我很喜歡那些和我一起從事研究的猴子和猿類，牠們讓我的生活更為多采多姿，其中最重要的當然是瑪瑪，這位已逝的首領雌性是本書中的核心角色，對我有深遠的影響。

我要感謝我的經紀人蜜雪兒·泰斯勒（Michelle Tessler），以及諾頓圖書公司的編輯約翰·葛拉斯曼（John Glusman），他們熱心閱讀初稿，並且提供許多重要的意見。我的妻子凱薩琳（Catherine）總是支持與縱容我，並且幫忙我把日常的文字轉換成有風格的文章。我們之間的愛與友情帶來無與倫比的感覺，我也因此享受到了許多第一手的人類情感經驗。

參考資料

Adang, O. 1999. *De Machtigste Chimpansee van Nederland*. Amsterdam:Nieuwezijds.

Alexander, R. D. 1986. Ostracism and indirect reciprocity: The reproductive significance of humor. *Ethology and Sociobiology* 7:253–70.

Alvard, M. 2004. The Ultimatum Game, fairness, and cooperation among big game hunters. In *Foundations of Human Sociality: Ethnography and Experiments from Fifteen Small- Scale Societies*, ed. J. Henrich et al., 413–35. London: Oxford University Press.

Anderson, J. R., et al. 2017. Third- party social evaluations of humans by monkeys and dogs. *Neuroscience and Biobehavioral Reviews* 82:95–109.

Anderson, J. R., A. Gillies, and L. C. Lock. 2010. Pan thanatology. *Current Biology* 20:R349–R351.

Andrew, R. J. 1963. The origin and evolution of the calls and facial expressions of the primates. *Behaviour* 20:1–109.

Andrews, K., and Beck, J. 2018. *The Routledge Handbook of Philosophy of Animal Minds*. Oxford:

Routledge.

Apicella, C. L., F. W. Marlowe, J. H. Fowler, and N. A. Christakis. 2012. Social networks and cooperation in hunter- gatherers. *Nature* 481:497–501.

Appel, H. M., and R. B. Cocroft. 2014. Plants respond to leaf vibrations caused by insect herbivore chewing. *Oecologia* 175:1257–66.

Arbib, M. A., and J. M. Fellous. 2004. Emotions: From brain to robot. *Trends in Cognitive Sciences* 8:554–61.

Aureli, F., R. Cozzolino, C. Cordischi, and S. Scucchi. 1992. Kin- oriented redirection among Japanese macaques: An expression of a revenge system? *Animal Behaviour* 44:283–91.

Bailey, M. B. 1986. Every animal is the smartest: Intelligence and the ecological niche. In *Animal Intelligence,* ed. R. Hoage and L. Goldman, 105–13. Washington, DC: Smithsonian Institution Press.

Baron- Cohen, S. 2005. Autism—'autos': Literally, a total focus on the self? In *The Lost Self: Pathologies of the Brain and Identity,* ed. T. E. Feinberg and J. P. Keenan, 166–80. Oxford: Oxford University Press.

Barrett, L. F. 2016. Are emotions natural kinds? *Perspectives on Psychological Science* 1:28–58.

Bartal, I. B.- A., et al. 2016. Anxiolytic treatment impairs helping behavior in rats. *Frontiers in Psychology* 7:850.

Bartal, I. B.- A., J. Decety, and P. Mason. 2011. Empathy and pro- social behavior in rats. *Science* 334:1427–30.

Barton, R. A., and C. Venditti. 2013. Human frontal lobes are not relatively large. *Proceedings of the National Academy of Sciences USA* 110:9001–9006.

Baumeister, R. F. 2008. Free will in scientific psychology. *Perspectives on Psychological Science* 3:14–19.

Bekoff, M. 1972. The development of social interaction, play, and metacommunication in mammals: An ethological perspective. *Quarterly Review of Biology* 47:412–34.

Beran, M. J. 2002. Maintenance of self- imposed delay of gratification by four chimpanzees (*Pan troglodytes*) and an orangutan (*Pongo pygmaeus*). *Journal of General Psychology* 129:49–66.

Berns, G. S., A. Brooks, and M. Spivak. 2013. Replicability and heterogeneity of awake unrestrained canine fMRI responses. *PLoS ONE* 8:e81698.

Biro, D., T. Humle, K. Koops, C. Sousa, M. Hayashi, and T. Matsuzawa. 2010.

Chimpanzee mothers at Bossou, Guinea, carry the mummified remains of their dead infants. *Current Biology* 20:R351–R352.

Bloom, P. 2016. *Against Empathy: The Case for Rational Compassion*. New York: Ecco.

Boesch, C. 1994. Cooperative hunting in wild chimpanzees. *Animal Behaviour* 48:653–67.

Bosch, O. J., et al. 2009. The CRF System mediates increased passive stresscoping behavior following the loss of a bonded partner in a monogamous rodent. *Neuropsychopharmacology* 34:1406–15.

Braithwaite, V. 2010. *Do Fish Feel Pain?* Oxford: Oxford University Press.

Brosnan, S. F., and F. B. M. de Waal. 2003a. Regulation of vocal output by chimpanzees finding food in the presence or absence of an audience. *Evolution of Communication* 4:211–24. Bibliography 291

———. 2003b. Monkeys reject unequal pay. *Nature* 425:297–99.

———. 2014. The evolution of responses to (un)fairness. *Science* 346:314–322.

Brotcorne, F., et al. 2017. Intergroup variation in robbing and bartering by longtailed macaques at Uluwatu Temple (Bali, Indonesia). *Primates* 58:505–16.

Buchanan, T. W., S. L. Bagley, R. B. Stansfield, and S. D. Preston. 2012. The empathic, physiological resonance of stress. *Social Neuroscience* 7:191–201.

Burkett, J., et al. 2016. Oxytocin- dependent consolation behavior in rodents. *Science* 351:375–78.

Burrows, A. M., B. M. Waller, L. A. Parr, and C. J. Bonar. 2006. Muscles of facial expression in the chimpanzee (*Pan troglodytes*): Descriptive, comparative and phylogenetic contexts. *Journal of Anatomy* 208:153–67.

Calcutt, S. E., T. L. Rubin, J. Pokorny, and F. B. M. de Waal. 2017. Discrimination of emotional facial expressions by tufted capuchin monkeys (*Sapajus apella*). *Journal of Comparative Psychology* 131:40–49.

Call, J. 2004. Inferences about the location of food in the great apes. *Journal of Comparative Psychology* 118:232–41.

Campbell, M. W., and F. B. M. de Waal. 2011. Ingroup- outgroup bias in contagious yawning by chimpanzees supports link to empathy. *PloS ONE* 6:e18283.

Caruana, F., et al. 2011. Emotional and social behaviors elicited by electrical stimulation of the insula in the macaque monkey. *Current Biology* 21:195–99.

Chamberlain, D. B. 1991. Babies don't feel pain: A century of denial in medicine. Lecture at the 2nd International Symposium on Circumcision, San Francisco, CA.

Chen, P. Z., R. L. Carrasco, and P. K. L. Ng. 2017. Mangrove crab uses victory display to "browbeat" losers from re- initiating a new fight. *Ethology* 123:981–88.

Chester, D. S., and C. N. DeWall. 2017. Combating the sting of rejection with the pleasure of revenge: A new look at how emotion shapes aggression. *Journal of Personality and Social Psychology* 112:413–30.

Churchill, W. S. 1924. Shall we commit suicide? *Nash's Pall Mall Magazine*.

Churchland, P. S. 2011. *Braintrust: What Neuroscience Tells Us about Morality*. Princeton, NJ: Princeton University Press.

Clay, Z., and F. B. M. de Waal. 2013. Development of socio- emotional competence in bonobos. *Proceedings of the National Academy of Sciences USA* 110:18121–26.

Clayton, N. S., and A. Dickinson. 1998. Episodic- like memory during cache recovery by scrub jays. *Nature* 395:272–74.

Coan, J. A., H. S. Schaefer, and R. J. Davidson. 2006. Lending a hand: Social regulation of the neural response to threat. *Psychological Science* 17:1032–39.

Coe, C. L., and L. A. Rosenblum. 1984. Male dominance in the bonnet macaque: A malleable relationship.

In *Social Cohesion: Essays Toward a Sociophysiological Perspective*, ed. P. R. Barchas and S. P. Mendoza, 31–63. Westport, CT: Greenwood.

Cordain, L., et al. 2000. Plant- animal subsistence ratios and macronutrient energy estimations in worldwide hunter- gatherer diets. *American Journal of Clinical Nutrition* 71:682–92.

Crick, F. 1995. *The Astonishing Hypothesis: The Scientific Search for the Soul*. New York: Scribner.

Curtis, V. A. 2014. Infection- avoidance behaviour in humans and other animals. *Trends in Immunology* 35:457–64.

Custance, D., and J. Mayer. 2012. Empathic- like responding by domestic dogs (*Canis familiaris*) to distress in humans: An exploratory study. *Animal Cognition* 15:851–59.

Damasio, A. R. 1994. *Descartes' Error: Emotion, Reason, and the Human Brain*. New York: Putnam.

——— . 1999. *The Feeling of What Happens: Body and Emotion in the Making of Consciousness*. New York: Harcourt.

Darwin, C. 1987. *The Correspondence of Charles Darwin*, vol. 2: *1837– 1843*. Ed. F. Burkhardt and S. Smith. Cambridge: Cambridge University Press.

——— . 1998 [orig. 1872]. *The Expression of the Emotions in Man and Animals*. New York: Oxford University Press.

Davila Ross, M., S. Menzler, and E. Zimmermann. 2007. Rapid facial mimicry in orangutan play. *Biology Letters* 4:27–30.

de Montaigne, M. 2003 [orig. 1580]. *The Complete Essays*. London: Penguin.

de Waal, F. B. M. 1982. *Chimpanzee Politics*. London: Jonathan Cape.

———. 1986. The brutal elimination of a rival among captive male chimpanzees. *Ethology and Sociobiology* 7:237–51.

———. 1989. *Peacemaking Among Primates*. Cambridge, MA: Harvard University Press.

———. 1997a. The chimpanzee's service economy: Food for grooming. *Evolution and Human Behavior* 18:375–86.

———. 1997b. *Bonobo: The Forgotten Ape*. Berkeley: University of California Press.

———. 2007 [orig. 1982]. *Chimpanzee Politics: Power and Sex among Apes*. Baltimore: Johns Hopkins University Press.

———. 2008. Putting the altruism back into altruism: The evolution of empathy. *Annual Review of Psychology* 59:279–300.

———. 2011. What is an animal emotion? *The Year in Cognitive Neuroscience, Annals of the New York Academy of Sciences* 1224:191–206.

———. 2013. *The Bonobo and the Atheist: In Search of Humanism Among the Primates*. New York: Norton.

———. 2016. *Are We Smart Enough to Know How Smart Animals Are?* New York: Norton.

de Waal, F. B. M., and L. M. Luttrell. 1985. The formal hierarchy of rhesus monkeys: An investigation of the bared- teeth display. *American Journal of Primatology* 9:73–85.

———. 1988. Mechanisms of social reciprocity in three primate species: Symmetrical relationship characteristics or cognition? *Ethology and Sociobiology* 9:101–18.

de Waal, F. B. M., and J. Pokorny. 2008. Faces and behinds: Chimpanzee sex perception. *Advanced Science Letters* 1:99–103.

Dehaene, S., and L. Naccache. 2001. Towards a cognitive neuroscience of consciousness:

Basic evidence and a workspace framework. *Cognition* 79:1–37.

Descartes, R. 2003 [orig. 1633]. *Treatise of Man*. Paris: Prometheus.

Dimberg, U., P. Andreasson, and M. Thunberg. 2011. Emotional empathy and facial reactions to facial expressions. *Journal of Psychophysiology* 25:26–31.

Dimberg, U., M. Thunberg, and K. Elmehed. 2000. Unconscious facial reactions to emotional facial expressions. *Psychological Science* 11:86–89.

Douglas, C., et al. 2012. Environmental enrichment induces optimistic cognitive biases in pigs. *Applied Animal Behaviour Science* 139:65–73.

Dugatkin, L. A. 2011. *The Prince of Evolution: Peter Kropotkin's Adventures in Science and Politics*. CreateSpace.

Easterlin, R. 1974. Does economic growth improve the human lot? In *Nations and Households in Economic Growth: Essays in Honor of Moses Abramovitz*. Ed. M. Abramovitz, P. David, and M. Reder, 89–

125. New York: Academic Press.

Eibl- Eibesfeldt, I. 1973. *Der vorprogrammierte Mensch: Das Ererbte als bestimmender Faktor im menschlichen Verhalten*. Vienna: Verlag Fritz Molden.

Ekman, P. 1998. Afterword: Universality of emotional expression? A personal history of the dispute. In *Darwin,* ed. P. Ekman, 363–93. New York: Oxford University Press.

Ekman, P., and W. V. Friesen. 1971. Constants across cultures in the face and emotion. *Journal of Personality and Social Psychology* 17:124–29.

Essler, J. L., W. V. Marshall- Pescini, and F. Range, 2017. Domestication does not explain the presence of inequity aversion in dogs. *Current Biology* 27:1861–65.

Evans, T. A., and M. J. Beran. 2007. Chimpanzees use self- distraction to cope with impulsivity. *Biology Letters* 3:599–602.

Fehr, E., H. Bernhard, and B. Rockenbach, 2008. Egalitarianism in young children. *Nature* 454:1079–83.

Fessler, D. M. T. 2004. Shame in two cultures: Implications for evolutionary approaches. *Journal of Cognition and Culture* 4:207–62.

Filippi, P. et al. 2017. Humans recognize emotional arousal in vocalizations across all classes of terrestrial vertebrates: Evidence for acoustic universals. *Proceedings of the Royal Society* B 284:20170990.

Finlayson, K., J. F. Lampe, S. Hintze, H. Wurbel, and L. Melotti. 2016. Facial indicators of positive emotions in rats. *PLoS ONE* 11:e0166446.

Flack, J. C., L. A. Jeannotte, and F. B. M. de Waal. 2004. Play signaling and the perception of social rules by juvenile chimpanzees. *Journal of Comparative Psychology* 118:149–59.

Foerster, S., et al. 2016. Chimpanzee females queue but males compete for social status. *Scientific Reports* 6:35404.

Fouts, R., and T. Mills. 1997. *Next of Kin*. New York: Morrow.

Frankfurt, H. G. 1971. Freedom of the will and the concept of a person. *Journal of Philosophy* 68:5–20.

———. 2005. *On Bullshit*. Princeton, NJ: Princeton University Press.

Fruteau, C., E. van Damme, and R. Noe. 2013. Vervet monkeys solve a multiplayer "forbidden circle game" by queuing to learn restraint. *Current Biology* 23:665–70.

Fruth, B., and G. Hohmann. 2018. Food sharing across borders: First observation of intercommunity meat sharing by bonobos at LuiKotale, DRC. *Human Nature* 29:91–103.

Fry, D. P. 2013. *War, Peace, and Human Nature: The Convergence of Evolutionary and Cultural Views*. Oxford: Oxford University Press.

Furuichi, T. 1997. Agonistic interactions and matrifocal dominance rank of wild bonobos (*Pan paniscus*) at Wamba. *International Journal of Primatology* 18:855–75.

———. 2011. Female contributions to the peaceful nature of bonobo society. *Evolutionary Anthropology* 20:131–42.

Gadanho, S. C., and J. Hallam. 2001. Robot learning driven by emotions. *Adaptive Behavior* 9:42–64.

Garcia, J., D. J. Kimeldorf, and R. A. Koelling. 1955. Conditioned aversion to saccharin resulting from exposure to gamma radiation. *Science* 122:157–58.

Gazzaniga, M. S. 2008. *Human: The Science Behind What Makes Your Brain Unique*. New York: Ecco.

Gesquiere, L. R., et al. 2011. Life at the top: Rank and stress in wild male baboons. *Science* 333:357–60.

Ghiselin, M. 1974. *The Economy of Nature and the Evolution of Sex*. Berkeley: University of California Press.

Godfrey- Smith, P. 2016. *Other Minds: The Octopus, the Sea, and the Deep Origins of Consciousness*. New York: Farrar, Strauss and Giroux.

Goldstein, P., I. Weissman- Fogel, G. Dumas, and S. G. Shamay- Tsoory. 2018. Brain-to-brain coupling during handholding is associated with pain reduction. *Proceedings of the National Academy of Sciences USA* 115:201703643.

Goleman, D. 1995. *Emotional Intelligence*. New York: Bantam.

Goodall, J. 1986a. *The Chimpanzees of Gombe: Patterns of Behavior*. Cambridge, MA: Belknap.

———. 1986b. Social rejection, exclusion, and shunning among the Gombe chimpanzees. *Ethology and Sociobiology* 7:227–36.

———. 1990. *Through a Window: My Thirty Years with the Chimpanzees of Gombe*. Boston: Houghton Mifflin.

Grandin, T., and C. Johnson. 2009. *Animals Make Us Human: Creating the Best Life for Animals*. Boston:

Houghton Mifflin.

Greenfeld, L. 2013. Are human emotions universal? *Psychology Today*. Haeckel, E. 2012 [orig. 1884]. *The History of Creation, Or the Development of the Earth and its Inhabitants by the Action of Natural Causes*, vol. 1. Project Gutenberg.

Hampton, R. R. 2001. Rhesus monkeys know when they remember. *Proceedings of the National Academy of Sciences USA* 98:5359–62.

Hare, B., and S. Kwetuenda. 2010. Bonobos voluntarily share their own food with others. *Current Biology* 20:R230–R231.

Hebb, D. O. 1946. Emotion in man and animal: An analysis of the intuitive processes of recognition. *Psychological Review* 53:88–106.

Herculano- Houzel, S. 2009. The human brain in numbers: A linearly scaledup primate brain. *Frontiers in Human Neuroscience* 3:1–11.

——— . 2016. *The Human Advantage: A New Understanding of How Our Brain Became Remarkable*. Cambridge, MA: MIT Press.

Herculano- Houzel, S., et al. 2014. The elephant brain in numbers. *Frontiers in Neuroanatomy* 8:46.

Hillman, K. L., and D. K. Bilkey. 2010. Neurons in the rat Anterior Cingulate Cortex dynamically encode cost– benefit in a spatial decision- making task. *Journal of Neuroscience* 30:7705–13.

Hills, T. T., and S. Butterfill. 2015. From foraging to autonoetic consciousness: The primal self as a consequence of embodied prospective foraging. *Current Zoology* 61:368–81.

Hobaiter, C., and R. W. Byrne. 2010. Able- bodied wild chimpanzees imitate a motor procedure used by a disabled individual to overcome handicap. *PLoSONE* 5:e11959.

Hockings, K. J., et al. 2007. Chimpanzees share forbidden fruit. *PLoS ONE*2:e886.

Hofer, M. K., H. K. Collins, A. V. Whillans, and F. S. Chen. 2018. Olfactory cues from romantic partners and strangers influence women's responses to stress. *Journal of Personality and Social Psychology* 114:1–9.

Hoffman, M. L. 1981. Is altruism part of human nature? *Journal of Personality and Social Psychology* 40:121–37.

Horgan, J. 2014. Thanksgiving and the slanderous myth of the savage savage. *Scientific American Cross-Check Blog*.

Horner, V., and F. B. M. de Waal. 2009. Controlled studies of chimpanzee cultural transmission. *Progress in Brain Research* 178:3–15.

Horner, V., D. J. Carter, M. Suchak, and F. B. M. de Waal, 2011. Spontaneous prosocial choice by chimpanzees. *Proceedings of the Academy of Sciences USA* 108:13847–51.

Horowitz, A. 2009. *Inside of a Dog: What Dogs See, Smell, and Know*. New York: Scribner.

Hrdy, S. B. 2009. *Mothers and Others: The Evolutionary Origins of Mutual Understanding*. Cambridge, MA: Belknap.

James, W. 1950 [orig. 1890]. *The Principles of Psychology*. New York: Dover.

Janmaat, K. R. L., L. Polansky, S. D. Ban, and C. Boesch. 2014. Wild chimpanzees plan their breakfast time, type, and location. *Proceedings of the National Academy of Sciences USA* 111:16343–48.

Jasanoff, A. 2018. *The Biological Mind: How Brain, Body, and Environment Collaborate to Make Us Who We Are*. New York: Basic Books.

Kaburu, S. S. K., S. Inoue, and N. E. Newton- Fisher. 2013. Death of the alpha: Within-community lethal violence among chimpanzees of the Mahale Mountains National Park. *American Journal of Primatology* 75:789–97.

Kaminski, J., et al. 2017. Human attention affects facial expressions in domestic dogs. *Scientific Reports* 7:12914.

Kano, T. 1992. *The Last Ape: Pygmy Chimpanzee Behavior and Ecology*. Stanford, CA: Stanford University Press.

Kellogg, W. N., and L. A. Kellogg. 1967 [orig. 1933]. *The Ape and the Child: A Study of Environmental Influence upon Early Behavior*. New York: Hafner.

King, B. J. 2013. *How Animals Grieve*. Chicago: University of Chicago Press.

Koepke, A. E., S. L. Gray, and I. M. Pepperberg. 2015. Delayed gratification: A grey parrot (*Psittacus erithacus*) will wait for a better reward. *Journal of Comparative Psychology* 129:339–46.

Kraus, M. W., and T. W. Chen. 2013. A winning smile? Smile intensity, physical dominance, and fighter performance. *Emotion* 13:270–79.

Kropotkin, P. 2009 [orig. 1902]. *Mutual Aid: A Factor of Evolution*. New York: Cosimo. Ladygina-Kohts, N. N. 2002 [orig. 1935]. *Infant Chimpanzee and Human Child: A Classic 1935 Comparative Study of Ape Emotions and Intelligence*. Ed. F. B. M.

de Waal. Oxford: Oxford University Press.

Lahr, J. 2000. *Dame Edna Everage and the Rise of Western Civilisation: Backstage with Barry Humphries*, 2nd ed. Berkeley: University of California Press.

Langford, D. J., et al. 2010. Coding of facial expressions of pain in the laboratory mouse. *Nature Methods* 7:447–49.

Lazarus, R., and B. Lazarus. 1994. *Passion and Reason*. New York: Oxford University Press.

LeDoux, J. E. 2014. Coming to terms with fear. *Proceedings of the National Academy of Sciences USA* 111:2871–78.

Leuba, J. H. 1928. Morality among the animals. *Harper's Monthly* 937:97–103.

Limbrecht- Ecklundt, K., et al. 2013. The effect of forced choice on facial emotion recognition: A comparison to open verbal classification of emotion labels. *GMS Psychosocial Medicine* 10.

Lindegaard, M. R., et al. 2017. Consolation in the aftermath of robberies resembles post- aggression consolation in chimpanzees. *PLoS ONE* 12:e0177725.

Lipps, T. 1903. Einfuhlung, innere Nachahmung und Organenempfindungen. *Archiv für die gesamte Psychologie* 1:465–519.

Lorenz, K. 1960. *So kam der Mensch auf den Hund*. Vienna: Borotha- Schoeler.

———. 1966. *On Aggression*. New York: Harcourt.

———. 1980. Tiere sind Gefuhlsmenschen. *Der Spiegel* 47:251–64.

Magee, B., and R. E. Elwood. 2013. Shock avoidance by discrimination learning in the shore crab (*Carcinus maenas*) is consistent with a key criterion for pain. *Journal of Experimental Biology* 216:353–58.

Maslow, A. H. 1936. The role of dominance in the social and sexual behavior of infra- human primates: I. Observations at Vilas Park Zoo. *Journal of Genetic Psychology* 48:261–77.

Masson, J. M., and S. McCarthy. 1995. *When Elephants Weep: The Emotional Lives of Animals*. New York: Delacorte.

Mathuru, A. S., et al. 2012. Chondroitin fragments are odorants that trigger fear behavior in fish. *Current Biology* 22:538–44.

Matsuzawa, T. 2011. What is uniquely human? A view from comparative cognitive development in humans and chimpanzees. In *The Primate Mind,* ed. F. B. M. de Waal and P. F. Ferrari, 288– 305. Cambridge, MA: Harvard University Press.

McConnell, P. 2005. *For the Love of a Dog*. New York: Ballantine Books.

McFarland, D. 1987. *The Oxford Companion to Animal Behaviour.* Oxford: Oxford University Press.

Mendl, M., O. H. P. Burman, and E. S. Paul. 2010. An integrative and functional framework for the study of animal emotion and mood. *Proceeding of the Royal Society B* 277:2895–904.

Michl, P., et al. 2014. Neurobiological underpinnings of shame and guilt: A pilot fMRI study. *Social Cognitive and Affective Neuroscience* 9:150–57.

Miller, K. R. 2018. *The Human Instinct: How We Evolved to Have Reason, Consciousness, and Free Will*. New York: Simon and Schuster.

Mogil, J. S. 2015. Social modulation of and by pain in humans and rodents. *PAIN* 156:S35–S41.

Mulder, M. 1977. *The Daily Power Game*. Amsterdam: Nijhoff.

Nagasaka, Y. et al. 2013. Spontaneous synchronization of arm motion between Japanese macaques. *Scientific Reports* 3:1151.

Neal, D. T., and T. L. Chartrand. 2011. Amplifying and dampening facial feedback modulates emotion perception accuracy. *Social Psychological and Personality Science* 2:673–78.

Nishida, T. 1996. The death of Ntologi: The unparalleled leader of M Group. *Pan Africa News* 3:4.

Norscia, I., and E. Palagi. 2011. Yawn contagion and empathy in *Homo sapiens*. *PloS ONE* 6:e28472.

Nowak, M., and R. Highfield. 2011. *SuperCooperators: Altruism, Evolution, and Why We Need Each Other to Succeed*. New York: Free Press.

Nummenmaa, L., E. Glerean, R. Hari, and J. K. Hietanen. 2014. Bodily maps of emotions. *Proceedings of the National Academy of Sciences USA* 111:646–51.

Nussbaum, M. 2001. *Upheavals of Thought: The Intelligence of Emotions*. Cambridge: Cambridge University Press.

O'Brien, E., S. H. Konrath, D. Gruhn, and A. L. Hagen. 2013. Empathic concern and perspective taking: Linear and quadratic effects of age across the adult life span. *Journals of Gerontology, Series B: Psychological Sciences and Social*

Sciences 68:168–75.

O'Connell, C. 2015. *Elephant Don: The Politics of a Pachyderm Posse*. Chicago: University of Chicago Press.

O'Connell, M. 2017. *To Be a Machine*. London: Granta.

Ortony, A., and T. J. Turner. 1990. What's basic about basic emotions? *Psychological Review* 97:315–31.

Osvath, M., and H. Osvath. 2008. Chimpanzee (*Pan troglodytes*) and orangutan (*Pongo abelii*) forethought: Self- control and pre- experience in the face of future tool use. *Animal Cognition* 11:661–74.

Panksepp, J. 1998. *Affective Neuroscience: The Foundations of Human and Animal Emotions*. New York: Oxford University Press.

——— . 2005. Affective consciousness: Core emotional feelings in animals and humans. *Consciousness and Cognition* 14:30–80.

Panksepp, J., and Burgdorf, J. 2003. "Laughing" rats and the evolutionary antecedents of human joy? *Physiology and Behavior* 79:533–47.

Panoz- Brown, D., et al. 2018. Replay of episodic memories in the rat. *Current Biology* 28:1–7.

Parr, L. A. 2001. Cognitive and physiological markers of emotional awareness in chimpanzees (*Pan troglodytes*). *Animal Cognition* 4:223–29.

Parr, L. A., M. Cohen, and F. B. M. de Waal. 2005. Influence of social context on the use of blended and graded facial displays in chimpanzees. *International Journal of Primatology* 26:73– 103.

Paukner, A., S. J. Suomi, E. Visalberghi, and P. F. Ferrari. 2009. Capuchin monkeys display affiliation toward humans who imitate them. *Science* 325:880–83.

Payne, K. 1998. *Silent Thunder: In the Presence of Elephants*. New York: Simon and Schuster.

Pepperberg, I. M. 2008. *Alex and Me*. New York: Collins.

Perry, S., et al. 2003. Social conventions in wild white- faced capuchin monkeys: Evidence for traditions in a neotropical primate. *Current Anthropology* 44:241–68.

Pinker, S. 2011. *The Better Angels of Our Nature: Why Violence Has Declined*. New York: Viking.

Pittman, J., and A. Piato. 2017. Developing zebrafish depression-related mod- els. In *The Rights and Wrongs of Zebrafish: Behavioral Phenotyping of Zebrafish*, ed. A. V. Kalueff, 33–43. Cham: Springer.

Plotnik, J. M., and F. B. M. de Waal. 2014. Asian elephants (*Elephas maximus*) reassure others in distress. *PeerJ* 2:e278.

Plotnik, J. M., F. B. M. de Waal, and D. Reiss. 2006. Self- recognition in an Asian elephant. *Proceedings of the National Academy of Sciences USA* 103:17053–57.

Premack, D., and A. J. Premack. 1994. Levels of causal understanding in chimpanzees and children. *Cognition* 50:347–62.

Proctor, D., R. A. Williamson, F. B. M. de Waal, and S. F. Brosnan. 2013. Chimpanzees play the Ultimatum Game. *Proceedings of the National Academy of Sciences USA* 110:2070–75.

Proust, M. 1982. *Remembrance of Things Past,* 3 vols. New York: Vintage Press.

Provine, R. R. 2000. *Laughter: A Scientific Investigation*. New York: Viking.

Pruetz, J. D., et al. 2017. Intragroup lethal aggression in West African chimpanzees (*Pan troglodytes verus*): Inferred killing of a former alpha male at Fongoli, Senegal. *International Journal of Primatology* 38:31–57.

Range, F., L. Horn, Z. Viranyi, and L. Huber. 2008. The absence of reward induces inequity aversion in dogs. *Proceedings of the National Academy of Science USA* 106:340–45.

Rawls, J. 1972. *A Theory of Justice*. Oxford: Oxford University Press.

Rilling, J. K., et al. 2011. Differences between chimpanzees and bonobos in neural systems supporting social cognition. *Social Cognitive and Affective Neuroscience* 7:369–79.

Romero, T., M. A. Castellanos, and F. B. M. de Waal. 2010. Consolation as possible expression of sympathetic concern among chimpanzees. *Proceedings of the National Academy of Sciences* 107:12110–15.

Rowlands, M. 2009. *The Philosopher and the Wolf: Lessons from the Wild on Love, Death and Happiness*. New York: Pegasus.

Rozin, P., J. Haidt, and C. McCauley. 2000. Disgust. In *Handbook of Emotions,* ed. M. Lewis and S. M. Haviland- Jones, 637– 53. New York: Guilford.

Sakai, T. et al. 2012. Fetal brain development in chimpanzees versus humans. *Current Biology* 22:R791–R792.

Salovey, P., M. Kokkonen, P. N. Lopes, and J. D. Mayer. 2003. Emotional intelligence. In *Feelings and Emotions: The Amsterdam Symposium,* eds. T. Manstead, N. Frijda, and A. Fischer, 321–340. Cambridge: Cambridge University Press.

Sanfey, A. G., J. K. Rilling, J. A. Aronson, L. E. Nystrom, and J. D. Cohen. 2003. The neural basis of economic decision- making in the ultimatum game. *Science* 300:1755–58.

Sapolsky, R. M. 2017. *Behave: The Biology of Humans at Our Best and Worst*. New York: Penguin.

Sarabian, C., and A. J. J. MacIntosh. 2015. Hygienic tendencies correlate with low geohelminth infection in free- ranging macaques. *Biology Letters* 11:20150757.

Sarabian, C., R. Belais, and A. J. J. MacIntosh. 2018. Feeding decisions under contamination risk in bonobos. *Philosophical Transactions of the Royal Society B* 373.

Sato, N., L. Tan, K. Tate, and M. Okada. 2015. Rats demonstrate helping behavior toward a soaked conspecific. *Animal Cognition* 18:1039–47.

Sauter, D. A., O. LeGuen, and D. B. M. Haun. 2011. Categorical perception of emotional facial expressions does not require lexical categories. *Emotion* 11:1479–83.

Scheele, D., et al. 2012. Oxytocin modulates social distance between males and females. *Journal of Neuroscience* 32:16074– 79.

Schilder, M. B. H., et al. 1984. A quantitative analysis of facial expression in the plains zebra. *Zeitschrift für Tierpsychologie* 66:11–32.

Schilthuizen, M. 2018. *Darwin Comes to Town: How the Urban Jungle Drives Evolution*. New York: Picador.

Schneiderman, I., et al. 2012. Oxytocin during the initial stages of romantic attachment: Relations to couples' interactive reciprocity. *Psychoneuroendocrinology* 37:1277–85.

Schoeck, H. 1987. *Envy: A Theory of Social Behaviour.* Indianapolis: Liberty Fund.

Schwing, R., X. J. Nelson, A. Wein, and S. Parsons. 2017. Positive emotional contagion in a New Zealand parrot. *Current Biology* 27:R213–R214.

Shapiro, J. A. 2011. *Evolution: A View from the 21st Century*. Upper Saddle River, NJ: FT Press Science.

Sherif, M., et al. 1954. *Experimental study of positive and negative intergroup attitudes between experimentally produced groups: Robbers' Cave Study*. Norman: University of Oklahoma Press.

Sherman, R. 2017. *Uneasy Street: The Anxieties of Affluence*. Princeton, NJ: Princeton University Press.

Singer, T., B. Seymour, J. P. O'Doherty, K. E. Stephan, R. J. Dolan, and C. D. Frith. 2006. Empathic neural responses are modulated by the perceived fairness of others. *Nature* 439:466–69.

Skinner, B. F. 1965 [1953]. *Science and Human Behavior.* New York: Free Press.

Sliwa, J., and W. A. Freiwald. 2017. A dedicated network for social interaction processing in the primate brain. *Science* 356:745–49.

Smith, A. 1937 [orig. 1759]. *A Theory of Moral Sentiments*. New York: Modern Library.

——— . 1982 [orig. 1776]. *An Inquiry into the Nature and Causes of the Wealth of Nations*. Indianapolis: Liberty Classics.

Smith, J. D., J. Schull, J. Strote, K. McGee, R. Egnor, and L. Erb. 1995. The uncertain response in the bottlenosed dolphin (*Tursiops truncatus*). *Journal of Experimental Psychology: General* 124:391–408.

Sneddon, L. U. 2003. Evidence for pain in fish: The use of morphine as an analgesic. *Applied Animal Behaviour Science* 83:153–62.

Sneddon, L. U., V. A. Braithwaite, and M. J. Gentle. 2003. Do fishes have nociceptors? Evidence for the evolution of a vertebrate sensory system. *Proceedings of the Royal Society, London B* 270:1115–21.

Springsteen, B. 2016. *Born to Run*. New York: Simon and Schuster.

Stanford, C. B. 2001. *Significant Others: The Ape-Human Continuum and the Quest for Human Nature*. New York: Basic Books.

Stomp, M., et al. 2018. An unexpected acoustic indicator of positive emotions in horses. *PLoS ONE* 13:e0197898.

Suchak, M., and F. B. M. de Waal. 2012. Monkeys benefit from reciprocity without the cognitive burden. *Proceedings of the National Academy of Sciences USA* 109:15191–96.

Tan, J., and B. Hare. 2013. Bonobos share with strangers. *PloS ONE* 8:e51922.

Tan, J., D. Ariely, and B. Hare. 2017. Bonobos respond prosocially toward members of other groups.

Scientific Reports 7:14733.

Tangney, J., and R. Dearing. 2002. *Shame and Guilt*. New York: Guilford.

Teleki, G. 1973. Group response to the accidental death of a chimpanzee in Gombe National Park, Tanzania. *Folia primatologica* 20:81–94.

Tinklepaugh, O. L. 1928. An experimental study of representative factors in monkeys. *Journal of Comparative Psychology* 8:197–236.

Tokuyama, N., and T. Furuichi. 2017. Do friends help each other? Patterns of female coalition formation in wild bonobos at Wamba. *Animal Behaviour* 119:27–35.

Tolstoy, L. 1975 [orig. 1904]. *The Lion and the Dog*. Moscow: Progress Publishers.

Tottenham, N., et al. 2010. Prolonged institutional rearing is associated with atypically large amygdala volume and difficulties in emotion regulation. *Developmental Science* 13:46–61.

Tracy, J. 2016. *Take Pride: Why the Deadliest Sin Holds the Secret to Human Success*. New York: Houghton.

Tracy, J. L., and D. Matsumoto. 2008. The spontaneous expression of pride and shame: Evidence for biologically innate nonverbal displays. *Proceedings of the National Academy of Sciences USA* 105:11655–60.

Troje, N. F. 2002. Decomposing biological motion: A framework for analysis and synthesis of human gait patterns. *Journal of Vision* 2:371–87.

Tybur, J. M., D. Lieberman, and V. Griskevicius. 2009. Microbes, mating, and morality: Individual differences in three functional domains of disgust. *Journal of Personality and Social Psychology* 97:103–22.

van de Waal, E., C. Borgeaud, and A. Whiten. 2013. Potent social learning and conformity shape a wild primate's foraging decisions. *Science* 340:483–85.

van Hooff, J. A. R. A. M. 1972. A comparative approach to the phylogeny of laughter and smiling. In *Non- verbal Communication,* ed. R. Hinde, 209– 241. Cambridge: Cambridge University Press.

van Leeuwen, P., et al. 2009. Influence of paced maternal breathing on fetalmaternal heart rate coordination. *Proceedings of the National Academy of Sciences USA* 106:13661–66.

van Schaik, C. P., L. Damerius, and K. Isler. 2013. Wild orangutan males plan and communicate their travel direction one day in advance. *PLoS ONE* 8:e74896.

van Wyhe, J., P. C. Kjargaard. 2015. Going the whole orang: Darwin, Wallace and the natural history of orangutans. *Studies in History and Philosophy of Biological and Biomedical Sciences* 51:53–63.

Vianna, D. M., and P. Carrive. 2005. Changes in cutaneous and body temperature during and after conditioned fear to context in the rat. *European Journal of Neuroscience* 21:2505–12.

Wagner, K., et al. 2015. Effects of mother versus artificial rearing during the first 12 weeks of life on challenge responses of dairy cows. *Applied Animal Behaviour Science* 164:1–11.

Walsh, G. V. 1992. Rawls and envy. *Reason Papers* 17:3–28.

Warneken, F., and M. Tomasello. 2014. Extrinsic rewards undermine altruistic tendencies in 20- month-olds. *Motivation Science* 1:43–48.

Wathan, J., et al. 2015. EquiFACS: The Equine Facial Action Coding System. *PLoS ONE* 10:e0131738.

Watson, J. B. 1913. Psychology as the behaviorist views it. *Psychological Review* 20:158–77.

Westermarck, E. 1912 [orig. 1908]. *The Origin and Development of the Moral Ideas*. Vol. 1. 2nd ed. London: Macmillan.

Wilkinson, R. 2001. *Mind the Gap*. New Haven, CT: Yale University Press.

Wilson, M. L., et al. 2014. Lethal aggression in Pan is better explained by adaptive strategies than human impacts. *Nature* 513:414–17.

Wispe, L. 1991. *The Psychology of Sympathy*. New York: Plenum.

Woodward, R., and C. Bernstein. 1976. *The Final Days*. New York: Simon and Schuster.

Wrangham, R. W. 2009. *Catching Fire: How Cooking Made Us Human*. New York: Basic Books.

Wrangham, R. W., and D. Peterson. 1996. *Demonic Males: Apes and the Evolution of Human Aggression*. Boston: Houghton Mifflin.

Yamamoto, S., T. Humle, and M. Tanaka. 2012. Chimpanzees'flexible targeted helping based on an understanding of conspecifics'goals. *Proceedings of the National Academy of Sciences USA* 109:3588–92.

Yerkes, R. M. 1941. Conjugal contrasts among chimpanzees. *Journal of Abnormal and Social Psychology* 36:175–99.

Yokawa, K., et al. 2017. Anaesthetics stop diverse plant organ movements, affect endocytic vesicle recycling and ROS homeostasis, and block action potentials in Venus flytraps. *Annals of Botany*: mcx155.

Young, L., and B. Alexander. 2012. *The Chemistry Between Us: Love, Sex, and the Science of Attraction*. New York: Current.

Zahn- Waxler, C., and M. Radke-Yarrow. 1990. The origins of empathic concern. *Motivation and Emotion* 14:107–30.

Zamma, K. 2002. A chimpanzee trifling with a squirrel: Pleasure derived from teasing? *Pan Africa News* 9:9–11.

【Life and Science】MX0012

瑪瑪的最後擁抱：我們所不知道的動物心事

Mama's Last Hug: Animal Emotions and What They Tell Us about Ourselves

作　　者　法蘭斯・德瓦爾（Frans de Waal）
譯　　者　鄧子衿
封面設計　倪旻鋒
版面編排　極翔企業有限公司
總 編 輯　郭寶秀
責任編輯　力宏勳
協力編輯　陳怡君
行銷業務　許芷瑀

發 行 人　凃玉雲
出　　版　馬可孛羅文化
　　　　　10483 台北市 104 台北市民生東路 2 段 141 號 5 樓
　　　　　電話：02-25007696
發　　行　英屬蓋曼群島商家庭傳媒股份有限公司城邦分公司
　　　　　台北市中山區民生東路二段 141 號 11 樓
　　　　　客服服務專線：(886)2-25007718; 25007719
　　　　　24 小時傳真專線：(886)2-25001990; 25001991
　　　　　服務時間：週一至週五 9:00 ～ 12:00；13:00 ～ 17:00
　　　　　劃撥帳號：19863813　戶名：書虫股份有限公司
　　　　　讀者服務信箱：service@readingclub.com.tw
香港發行所　城邦（香港）出版集團有限公司
　　　　　香港灣仔駱克道 193 號東超商業中心 1 樓
　　　　　電話：(852) 25086231 傳真：(852) 25789337
　　　　　E-mail：hkcite@biznetvigator.com
馬新發行所　城邦（馬新）出版集團
　　　　　Cite (M) Sdn. Bhd.(458372U)
　　　　　41, Jalan Radin Anum, Bandar Baru Sri Petaling,
　　　　　57000 Kuala Lumpur, Malaysia.
　　　　　電話：（603）90578822　傳真：（603）90576622
　　　　　電子信箱：services@cite.com.my

輸出印刷　前進彩藝股份有限公司
初版一刷　2020 年 7 月
定　　價　520元

ISBN 978-986-5509-29-3

城邦讀書花園
www.cite.com.tw

ISBN 978-986-5509-29-3

國家圖書館出版品預行編目資料

瑪瑪的最後擁抱：我們所不知道的動物心事 / 法蘭斯・德瓦爾 (Frans de Waal) 著；鄧子衿譯. – 初版. – 臺北市：馬可孛羅文化出版：家庭傳媒城邦分公司發行, 2020.07
面；　公分. – (Life and science；MX0012)
譯自：Mama's last hug : animal emotions and what they tell us about ourselves

ISBN 978-986-5509-29-3(平裝)

1. 動物心理學　2. 猩猩　3. 動物行為

383.7　　　109008078